面向"十二五"高职高专机械电气类专业规划教材

机械制造基础

主　编　熊建强　刘　辉

副主编　徐　荣

参　编　王海涛　姚　实

　　　　葛　婧

合肥工业大学出版社

内容简介

本书是机械类专业基础课程教材。本书突出了高等职业教育注重实践能力和创业能力培养的特点,着重培养既能动脑又能动手的应用型技术人才。

本书是以"基础—方法—结构"为课程主线,系统而简明地阐述了热处理的原理和方法、工程材料的种类及其选择、毛坯成形方法和零件加工方法的基本理论和基本工艺。全书分三篇共12章,主要包括工程材料、铸造、锻压、焊接和金属切削加工等内容。每章后面都附有复习思考题,便于学生巩固所学内容。

本书可作为高等工科院校机械类、近机械类的专业教材,还可作为相关工程技术人员的参考用书。

图书在版编目(CIP)数据

机械制造基础/熊建强,刘辉主编.—合肥:合肥工业大学出版社,2014.12

ISBN 978-7-5650-2052-0

Ⅰ.①机… Ⅱ.①熊…②刘… Ⅲ.①机械制造—高等学校—教材 Ⅳ.①TH

中国版本图书馆 CIP 数据核字(2014)第 282364 号

机械制造基础

熊建强 刘 辉 主编　　　　　　　　责任编辑　马成勋

出　版	合肥工业大学出版社	版　次	2014 年 12 月第 1 版
地　址	合肥市屯溪路 193 号	印　次	2014 年 12 月第 1 次印刷
邮　编	230009	开　本	787 毫米×1092 毫米　1/16
电　话	总　编　室:0551—62903038	印　张	20.5
	市场营销部:0551—62903198	字　数	490 千字
网　址	www.hfutpress.com.cn	印　刷	合肥星光印务有限责任公司
E-mail	hfutpress@163.com	发　行	全国新华书店

ISBN 978-7-5650-2052-0　　　　　　　　　　定价:41.00 元

如果有影响阅读的印装质量问题,请与出版社发行部联系调换。

前　言

为了满足高等职业教育注重实践能力和创业能力的培养要求,着重培养既能动脑又能动手的应用型技术人才,我们特组织老师根据教育部基础课程教学指导委员会规定的"机械制造基础教学基本要求",经优化、整合编写了本书。

全书分三篇共 12 章。第 1 篇为"工程材料",主要阐述工程材料的性能、金属的内部结构与结晶、热处理方法和常用工程材料的选择。第 2 篇为"毛坯成型方法",主要阐述铸造、锻压和焊接等毛坯制造方法的工艺基础、成形方法和结构设计。第 3 篇为"金属切削加工",主要阐述零件加工方法的基础知识、常用加工方法综述和零件的结构设计。

本书主要有以下特点:

(1)以加工方法为主线,分别阐述了各自的基本理论和基本工艺,着重分析各种加工方法的原理、过程和结构工艺性。

(2)坚持"少而精"的原则,做到内容够用,重点突出。

(3)以项目驱动的方式编写,不仅注重学生获取知识和分析问题能力的培养,而且力求体现对学生工程素质和创新能力的培养。

(4)全面贯彻国家最新标准,如材料的标准、名词术语、符号及单位等。

(5)在各章的后面都附有复习思考题,以加强学生对基本概念的理解,培养学生分析问题和解决问题的能力。每章还附有小结,以供学生复习时使用。

(6)鉴于各院校实习条件不同,本书在编写过程中,是以课堂教学为主,适当增加了部分实习内容,将讲课教材与实习教材融为一体。这样不仅有助于体系完整,又可以根据实习条件灵活组织教学。对实习过的内容,在课堂上便于分析对比;对缺乏实习条件的内容,也便于在课堂教学中加以弥补。

本书由江西渝州科技职业学院熊建强、安徽广播电视大学刘辉任主编,安徽广播电视大学徐荣任副主编,安徽工程大学王海涛、合肥通用职业技术学院姚实、安徽文达信息工程学院葛婧参与了本书编写。

由于编者水平有限,书中错误与不妥之处在所难免,敬请读者批评指正。

编　者

2014 年 12 月

目　　录

第3篇 金属切削加工

绪　论

机械制造业是人类在生产实践中发展起来的一门既古老又充满活力的行业。几千年来,中国人民在机械制造的发展历史上写下了许多光辉的篇章。

1. 机械制造的概念

机械制造是指将毛坯(或材料)或其他辅助材料作为原料,输入制造系统,经过存储、运输、加工、检验等环节,最终实现符合要求的零件或产品,而从系统输出的过程。概括地讲,机械制造就是将原材料转变为成品的各种劳动的总和,过程如图0-1所示。

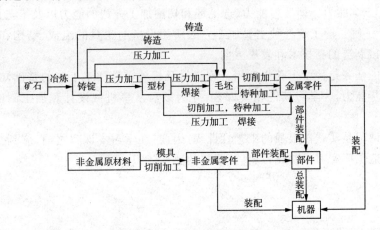

图0-1　机械制造框图

从图0-1可以看出,多数零件是先用铸造、压力加工或焊接等方法制成毛坯,再用切削加工的方法加工而成。为了改善材料的加工性能,在各工序中间常穿插各种不同的热处理。这就构成了本书的三大篇。

第1篇为"工程材料",主要阐述工程材料的性能、金属的内部结构与结晶、热处理方法和常用工程材料的种类及其选择。

第2篇为"毛坯的成型方法",分别阐述了铸造、锻压和焊接的工艺基础、常用成型方法、和结构设计。

第3篇为"金属切削加工",主要阐述零件加工方法的基础知识、常用加工方法综述和零件的结构设计。

2. 机械制造业在国民经济中的作用

机械制造业是所有与机械制造有关的企业及机构的总和,它是基础产业。在国民经济及生活中广泛使用的大量机器设备、仪器、工具都是由机械制造业提供的。因此,机械制造业不仅能提高人民生活水平,而且对科学技术发展,尤其是现代高新技术的发展有着积极的推动作用。如果没有机械制造业提供质量优良、技术先进的技术装备,将阻碍工业、农业、交通、科研和国防各部门的生产技术和整体水平,进而影响一个国家的综合生产力。"经济的竞争归根到底是制造技术和制造能力的竞争"。可见,机械制造业的发展水平是衡量一个国家经济实力和科技水平的重要标志之一。21 世纪是综合国力竞争的时代,我国要实现四个现代化,全面进入小康社会,就必须大力发展机械制造业及机械制造技术。

3. 课程的性质、目的及任务

机械制造基础是研究常用机械零件制造方法的综合性学科,也是工科院校、高职高专机械类各专业必修的课程。它主要传授各种工艺方法本身的规律性及其在机械制造中的应用和相互联系;金属零件的加工工艺过程和结构工艺性;常用工程材料的性能、改性、应用及对加工工艺的影响;工艺方法的综合分析等。

学习本课程的目的是:

① 提高三个能力。即选材能力、选毛坯和切削加工方法的能力以及工艺分析能力。

② 两个了解。即了解各种主要加工方法所用设备与工具的组成、结构和工作原理;了解现代机械制造的新技术和发展方向。

本课程的任务是使学生获得常用工程材料及机械零件加工工艺的基础知识,培养工艺实践的初步能力,为学习其他相关课程,并为以后从事机械设计和加工制造方面的工作奠定基础。

由于本课程是实践性很强的工艺性课程,因此,在学习本课程之前,应到工程训练中心或机械制造工厂实习或参观,以具备必要的感性认识。

第 1 篇

工 程 材 料

知识导读

工程材料包括金属材料和非金属材料。金属材料因具有良好的力学性能、物理性能、化学性能和工艺性能,成为机器零件最常用的材料。本篇主要介绍常用金属材料的性能以及为改善性能所采用的热处理方法,使读者掌握金属材料的成分、组织和性能之间的关系,为合理选材和制订加工工艺打下基础。

第 1 章　金属材料的性能

【本章知识点】

(1)了解材料的分类;

(2)熟悉金属材料各项力学性能(强度、硬度、塑性、韧性等)具体指标的物理意义及表示符号等;

(3)了解金属材料的物理性能、化学性能、工艺性能的含义。

【先导案例】

按国家标准规定,15 钢出厂时力学性能应不低于下列数值:$\sigma_b = 380MPa$,$\sigma_s = 230MPa$,$\delta = 27\%$,$\psi = 55\%$。如何判断购进的 15 钢是否合格?

工程上所用的各种金属材料、非金属材料和复合材料统称为工程材料。人类发现和使用的材料种类繁多,为了便于材料的生产、应用与管理,也为了便于材料的研究与开发,有必要对材料进行分类。

1.1　材料的种类

1.1.1　金属材料

金属材料是以过渡族金属为基础的纯金属及其含有金属、半金属或非金属的合金。金属材料因具有良好的力学性能、物理性能、化学性能和工艺性能,成为机器零件最常用的材料。金属材料的分类见表 1-1。

1.1.2　高分子材料

高分子材料是指分子量很大的化合物,它们的分子量可达几千甚至几百万以上。高分子材料因其原料丰富,成本低,加工方便等优点,发展极其迅速,目前在工业上得到广

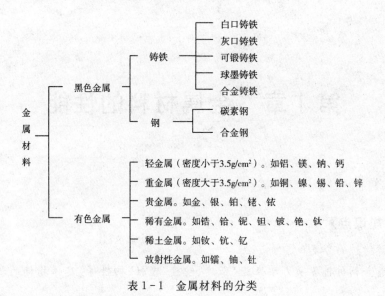

表 1-1　金属材料的分类

泛应用。高分子材料的分类见表 1-2。

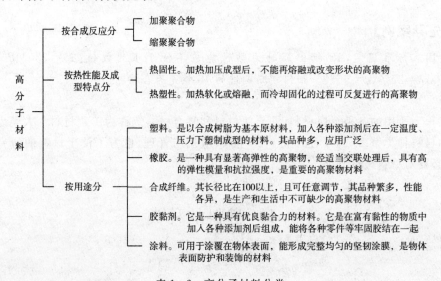

表 1-2　高分子材料分类

1.1.3　陶瓷材料

陶瓷是各种无机非金属材料的总称,是现代工业中很有发展前景的一类材料。今后将是陶瓷材料、高分子材料和金属材料三足鼎立的时代,它们构成固体材料的三大支柱。

陶瓷的种类繁多,工业陶瓷大致可分为普通陶瓷和特种陶瓷两大类。

(1)普通陶瓷(传统陶瓷)。除陶、瓷器之外,玻璃、水泥、石灰、砖瓦、搪瓷、耐火材料都属于陶瓷材料。一般人们所说陶瓷常指日用陶瓷、建筑瓷、卫生瓷、电工瓷、化工瓷等。普通陶瓷以天然硅酸盐矿物如粘土(多种含水的铝硅酸盐混合料)、长石(碱金属或碱土金属的铝硅酸盐）、石英、高岭土等为原料烧结而成的。

（2）特种陶瓷。它是以人工化合物为原料（如氧化物、氮化物、碳化物、硅化物、膨化无机氟化物等）制成的陶瓷，它具有特殊的化学、力学、电、磁、光学等性能，主要用于化工、冶金、机械、电子、能源行业。

1.1.4 复合材料

由两种或两种以上化学成分不同或组织结构不同、经人工合成获得的多相材料称为复合材料。它不仅具有各组成材料的优点，而且还具有单一材料无法具备的优越的综合性能。因此，复合材料发展迅速，在各个领域都得到广泛应用。如先进的 B—2 隐形战斗轰炸机的机身和机翼大量使用了石墨和碳纤维复合材料，这种材料不仅比强度大，而且具有雷达反射波小的特点。

复合材料依照增强相的性质和形态可分为纤维增强复合材料、层合复合材料与颗粒增强复合材料三类。

1. 纤维增强复合材料

纤维增强复合材料中承受载荷的主要是增强相纤维，而增强相纤维处于基体之中，彼此隔离，其表面受到基体的保护，因而不易遭受损伤；塑性和韧性较好的基体能阻止裂纹的扩展，并对纤维起到黏结作用，复合材料的强度因而得到很大的提高。常用的有玻璃纤维增强复合材料和碳纤维增强复合材料等。

2. 层合复合材料

层合复合材料是由两层或两层以上不同性质的材料复合而成，以达到增强的目的。三层复合材料是以钢板为基体，烧结铜为中间层，塑料为表面层制成的。它的物理、力学性能主要取决于基体，而摩擦、磨损性能取决于表面塑料层。中间多孔性青铜使三层之间有可靠的结合力。表面塑料层通常为聚四氟乙烯（如 SF—1 型）和聚甲醛（如 SF—2型）。这种复合材料比单一塑料提高承载能力 20 倍，导热系数提高 50 倍，热膨胀系数降低 75%，从而改善了尺寸稳定性，常用作无油润滑轴承、机床导轨、衬套、垫片等。夹层复合材料是由两层薄而强的面板或蒙皮与中间夹一层轻而柔的材料构成。面板一般由强度高、弹性模量大的材料组成，如金属板、玻璃等。而心部结构有泡沫塑料和蜂窝格子两大类，这类材料的特点是密度小、刚性和抗压稳定性好、抗弯强度高，常用于航空、船舶、化工等工业，如飞机、船舱隔板和冷却塔等。

3. 颗粒增强复合材料

颗粒增强复合材料中承受载荷的主要是基体，颗粒增强的作用在于阻碍基体中位错或分子链的运动，从而达到增强的效果。增强效果与颗粒的体积含量、分布、粒径、粒间距有关，粒径为 $0.01\sim0.1\mu m$ 时的增强效果最好。粒径小于 $0.1\mu m$ 时，位错容易绕过，难以对位错运动起阻碍作用；粒径大于 $0.1\mu m$ 时，会造成附近基体中应力集中，或者使颗粒本身破碎，反而导致材料强度降低。常见的颗粒复合材料有两类：一类是颗粒增强树脂复合材料，如塑料中添加颗粒状填料，橡胶用炭黑增强等；另一类是颗粒增强金属复合材料，如陶瓷颗粒增强金属复合材料。

1.2　材料的性能

金属材料的性能分为使用性能和工艺性能两种。使用性能是指金属材料在使用过程中反映出来的特性,它决定金属材料的应用范围、安全可靠性和使用寿命。使用性能又分为力学性能、物理性能和化学性能。工艺性能是指金属材料在制造加工过程中反映出来的各种特性,它决定材料是否易于加工或如何进行加工的重要因素。

在选用金属和制造机械零件时,主要考虑力学性能和工艺性能。在某些特定条件下工作的零件,还要考虑物理性能和化学性能。

1.2.1　金属材料的力学性能

金属材料的力学性能又称机械性能,是金属材料在外力作用下所反映出来的性能。力学性能是零件设计计算、选择材料、工艺评定以及材料检验的主要依据。

不同的金属材料表现出来的力学性能是不一样的。衡量金属材料力学性能的主要指标有强度、塑性、硬度、韧性和疲劳强度等。

1. 强度、弹性与塑性

(1)拉伸曲线

金属材料的强度、弹性与塑性一般可通过拉伸试验来测定。

拉伸试验是在拉伸试验机上进行的。试验时,先将被测金属材料制成如图 1-1 所示的标准试样,然后在试样的

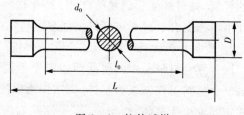

图 1-1　拉伸试样

两端逐渐施加轴向载荷,直到试样被拉断为止。在拉伸过程中,试验机将自动记录每一瞬间的载荷 F 和伸长量 Δl,并绘出拉伸曲线。

图 1-2 为低碳钢的拉伸曲线。由图可见,低碳钢试样在拉伸过程中,可分为弹性变形、塑性变形和断裂三个阶段。

当载荷不超过 F_e 时,拉伸曲线 Oe 段为一直线,表明试样的伸长量与载荷成正比,完全符合虎克定律,试样处于弹性变形阶段。当载荷 F_e 超过后试样除产生弹性变形外还将产生塑性变形。当载荷达到 F_s 时,试样开始产生明显的塑性变形,在拉伸曲线上出现了水平的或锯齿形的线段,这种现象称为"屈服"。当载荷继续增加到某一最大值 F_b 时,试样的局部截面缩小,产生"缩颈"。由于试样局部截面的逐渐减小,故载荷也逐渐降低,当达到拉伸曲线上的 k 点时,试样在缩颈处断裂。

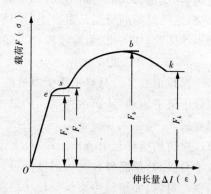

图 1-2　低碳钢的拉伸曲线

为使曲线能够直接反映材料的力学性能,可用应力(试样单位横截面上的拉力,$\dfrac{4F}{\pi d_0^2}$)代替载荷 F,以应变 ε(试样单位长度上的伸长量,$\dfrac{\Delta l}{l}$)取代伸长量 Δl。由此绘成的曲线,称作应力—应变曲线。$\sigma-\varepsilon$ 曲线和 $F-\Delta l$ 曲线形状相同,仅是坐标的含义不同。

(2)弹性

在拉伸图上,e 点是弹性变形的最大极限,以该点的应力值 σ_e 作为弹性指标,称为弹性极限。

$$\sigma_e = \frac{F_e}{A_0}(\mathrm{MPa})$$

式中:F_e——试样在不产生塑性变形时的最大载荷,N;

　　A_0——试样的原始横截面积,mm^2。

由于弹性极限是表示金属材料不产生塑性变形时所能承受的最大应力值,故是工作中不允许有微量塑性变形零件(如精密的弹性元件、炮筒等)的设计与选材的重要依据。

(3)强度

强度是指金属材料在静载荷作用下,抵抗塑性变形和断裂的能力。由于载荷的作用方式有拉伸、压缩、弯曲、剪切等形式,所以强度也分为抗拉强度、抗弯强度、抗剪强度等。工程上以屈服点和抗拉强度最为常用。

① 屈服点。

它是拉伸试样产生屈服现象时的应力。

$$\sigma_s = \frac{F_s}{A_0}(\mathrm{MPa})$$

式中:F_s——试样产生屈服时所承受的最大载荷,N;

　　A_0——试样的原始横截面积,mm^2。

对于许多没有明显屈服现象的金属材料,工程上规定以试样产生 0.2% 塑性变形时的应力,作为该材料的屈服点,称为条件屈服点,用 $\sigma_{r0.2}$ 表示,如图 1-3 所示。

② 抗拉强度。

它是金属材料在拉断前所能承受的最大应力。

$$\sigma_b = \frac{F_b}{A_0}(\mathrm{MPa})$$

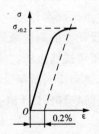

图 1-3　条件屈服点示意图

式中:F_b——试样在拉断前所承受的最大载荷,N;

　　A_0——试样的原始横截面积,mm^2。

屈服点 σ_s 和抗拉强度 σ_b 在选择、评定金属材料及设计机械零件时具有重要意义。由于机器零件或构件工作时,通常不允许发生塑性变形,因此多以 σ_s 作为强度设计的依据。对于脆性材料,因断裂前基本不发生塑性变形,故无屈服点可言,在强度计算时,则以为 σ_b 依据。

（4）塑性

塑性是金属材料产生塑性变形而不被破坏的能力。通常用伸长率 δ 和断面收缩率 ψ 表示材料塑性的好坏。

① 伸长率

伸长率是指试样拉断后标距增长量与原始标距之比，即

$$\delta = \frac{l_k - l_0}{l_0} \times 100\%$$

式中：l_k——试样断裂后的标距；

　　 l_0——试样原始标距。

必须指出，伸长率的数值与试样尺寸有关。因此，用长试样（$l_0/d_0 = 10$ 的试样）、短试样（$l_0/d_0 = 5$ 的试样）求得的伸长率分别以 δ_{10}（或 δ）和 δ_5 表示。

② 断面收缩率

断面收缩率是指试样拉断处横截面积的缩减量与原始横截面积之比，即

$$\psi = \frac{A_0 - A_k}{A_0} \times 100\%$$

式中：A_k——试样断裂处的最小横截面积；

　　 A_0——试样的原始横截面积。

δ 和 ψ 值愈大，材料的塑性愈好。良好的塑性不仅是金属材料进行轧制、锻造、冲压、焊接的必要条件，而且在使用时万一超载，由于产生塑性变形，能够避免突然断裂。

2. 硬度

金属材料抵抗更硬的物体压入其内的能力，称为硬度。它是衡量材料软硬的一个指标。

硬度是材料性能的一个综合物理量，表示金属材料在一个小的体积范围内抵抗弹性变形、塑性变形或断裂的能力。一般来说，硬度越高，耐磨性越好，强度也较高。

金属材料的硬度是在硬度计上测定的。常用的测定方法有布氏硬度法和洛氏硬度法，有时还用维氏硬度法。

（1）布氏硬度

布氏硬度的测试原理如图 1-4 所示。用一定直径的淬火钢球或硬质合金球，在一定压力下压入试样表面，并保持压力至规定时间后卸载，然后测得压痕直径 d，计算出压痕表面积，进而得到所承受的平均应力值，即为布氏硬度值 HB。

具体试验时，HB 值一般不需计算，而用带有刻度的放大镜测出 d 按已知的 F、D 值查表求得。当压头为淬火钢球时用 HBS 表示；当压头为硬质合金球时用 HBW 表示。

布氏硬度法因压痕面积大，故测试数据重复性好，且与强度之间有较好的对应关系。但同时也因压痕面积大而不适宜于产品零件及薄而小的零件；也因测试过硬的材料可能会导致压头变形而不适宜于测试硬度太高的零件，当选用淬火钢球时适宜于布氏硬度低于 450 以下的零件，当选用硬质合金球时适宜于布氏硬度在 450 以上、650 以下的零件。此外，还因测试过程相对较复杂，不适合于大批量生产的零件检验。

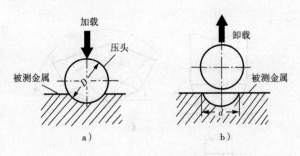

图 1-4　布氏硬度试验原理

（2）洛氏硬度

洛氏硬度的测试原理如图 1-5 所示。用一个锥顶角为 120°的金刚石圆锥体或一顶直径的钢球为压头,在规定载荷作用下压入被测金属表面,卸载后根据压痕深度来确定其硬度值,用符号 HR 表示。在实际测试时,可在硬度机上直接读出其硬度值大小。

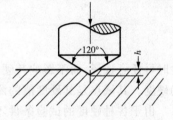

图 1-5　洛氏硬度试验原理

为了能用同一硬度计测定从极软到极硬材料的硬度,可采用不同的压头和载荷,组成了 HRA、HRB、HRC 三种不同的标尺,表 1-1 为这三种标尺的试验条件和应用范围。

表 1-1　常用洛氏硬度标尺的试验条件和应用范围

洛氏硬度	压头类型	总载荷/N	测量范围	应用范围
HRA	120°金刚石圆锥体	588.4	70~85HRA	高硬度表面、硬质合金
HRB	ϕ1.588mm 淬火钢球	980.7	20~100HRB	软钢、灰铸铁、有色金属
HRC	120°金刚石圆锥体	1471	20~67HRC	一般淬火钢件

洛氏硬度测试简单、迅速,因压痕小,可用于成品检验。它的缺点是测得的硬度值重复性较差,这对存有偏析或组织不均匀的被测金属尤为明显,为此,必须在不同部位测量数次取其平均值。

（3）维氏硬度

洛氏硬度法可采用不同的标尺来测定由极软到极硬金属材料的硬度值,但不同标尺的硬度值间没有简单的换算关系,使用上很不方便。为了能在同一种硬度标尺上测定由极软到极硬金属材料的硬度值,特制定了维氏硬度试验法。

维氏硬度的试验原理基本上和布氏硬度试验相同,如图 1-6 所示。它是用一个相对面夹角为 136°的金刚石正四棱锥体压头,在规定载荷 F 作用下压入被测试金属表面,保持一定时间后卸除载荷。然后再测量压痕投影的两对角线的平均长度 d,进而计算出压痕的表面积 S,最后求出压痕表面积上平均压力,以此作为被测试金属的硬度值,用符号 HV 表示。

维氏硬度的优点是试验时所加载荷小,压入深度浅,故适用于测试零件表面淬硬层及化学热处理的表面层（如渗碳层、渗氮层等）;同时维氏硬度是一个连续一致的标尺,试

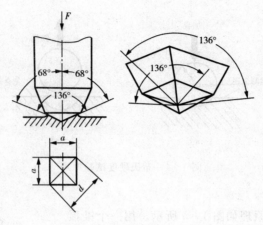

图 1-6 维氏硬度试验原理

验时可任意选择,而不影响其硬度值的大小,因此可测定从极软到极硬的各种金属材料的硬度。其缺点是其硬度值的测定较麻烦,工作效率不如测洛氏硬度高。

由于各种硬度的试验条件不同,故相互间无理论换算关系。但通过实践发现,在一定条件下存在着某种粗略的经验换算关系。如在 200~600HBS(HBW)内,HRC≈1/10HBS(HBW);在小于 450HBS 时,HBS≈HV。同时,硬度和强度间有一定换算关系,故在零件图的技术条件中,通常标注硬度要求。

3. 冲击韧性

金属材料在冲击载荷作用下,抵抗破坏的能力叫做冲击韧性。

冲击韧性通常采用摆锤式冲击试验机测定,如图 1-7 所示。测定时,一般是将带缺口的标准冲击试样(参见 GB/T229-1994)放在试验机上,然后用摆锤将其一次冲断,以试样缺口处单位截面积上所吸收的冲击功表示其冲击韧性,即

$$a_k = \frac{A_k}{A}(\text{J/cm}^2)$$

式中:a_k——冲击韧性值。根据试样缺口形状不同,有 a_{kV}、a_{kU} 两种表示法;

A_k——冲断试样所消耗的冲击功,J;

A——试样缺口处的截面积,cm^2。

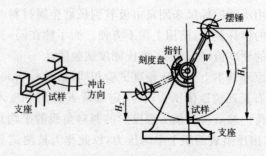

图 1-7 冲击试验原理

对于脆性材料(如铸铁等)的冲击试验,试样一般不开缺口,因为开缺口的试样冲击

值过低,难以比较不同材料冲击性能的差异。

a_k值愈低,表示材料的冲击韧性差。材料的冲击韧性与塑性之间有一定的联系,a_k值高的材料,一般都具有较高的塑性指标;但塑性好的材料其 a_k 值不一定高。这是因为在静载荷作用下能充分变形的材料,在冲击载荷下不一定能迅速地塑性变形。

冲击值的大小与很多因素有关。它不仅受试样形状、表面粗糙度、内部组织的影响,还与试验时的环境温度有关。因此,冲击值一般作为选择材料的参考,不直接用于强度计算。

必须指出,在冲击载荷作用下工作的机器零件,很少是受大能量一次冲击而破坏的,往往是受小能量多次冲击而破坏的。实验研究表明:材料承受小能量的多次重复冲击的能力,主要取决于强度,而不是决定于冲击韧性值。例如球墨铸铁的冲击韧性仅为 $15J/cm^2$,只要强度足够,就能用来制造柴油机曲轴。

4. 疲劳强度

工程中有许多零件,如发动机曲轴、齿轮、弹簧及滚动轴承等都是在交变载荷作用下工作的。

承受交变应力或重复应力的零件,在工作过程中,往往在工作应力远低于其强度极限时就发生断裂,这种现象称为疲劳断裂。疲劳断裂与在静载荷作用下的断裂不同,不管是脆性材料还是塑性材料,疲劳断裂都是突然发生的,均无明显的塑性变形的预兆,很难事先觉察到,故具有很大的危险性。

金属材料经无数次循环载荷作用下而不致引起断裂的最大应力,叫疲劳强度。当应力按正弦曲线对称循环时,疲劳强度以符号 σ_{-1} 表示。

由于实际测试时不可能做到无数次应力循环,故规定各种金属材料应有一定的应力循环基数。如钢材以 10^7 为基数,即钢材的应力循环次数达到 10^7 仍不发生疲劳断裂,就认为不会再发生疲劳断裂了。对于非铁合金和某些超高强度钢,则常取 10^8 为基数。

产生疲劳断裂的原因,一般认为是由于材料含有杂质、表面划痕及其他能引起应力集中的缺陷,导致产生微裂纹。这种微裂纹随应力循环次数的增加而逐渐扩展,致使零件有效截面逐步缩减,直至不能承受所加载荷而突然断裂。

为提高零件的疲劳强度,可采用的方法有:

◆ 设计上。尽量避免应力集中,如避免断面急剧变化。

◆ 工艺上。降低零件表面粗糙度,并避免表面划痕;采用表面强化,如喷丸处理、表面淬火等。

◆ 材料方面。保证冶金质量,减少夹杂、疏松等缺陷。

1.2.2　金属材料的物理、化学和工艺性能

1. 物理性能

物理性能是金属材料对自然界各种物理现象,如温度变化、地心引力等所引起的反应。

金属材料的物理性能主要有密度、熔点、热膨胀性、导热性、导电性和磁性等。由于

机器零件的用途不同，对物理性能的要求也有所不同。例如，飞机零件常选用密度小的铝、镁、钛合金来制造；设计电机、电器零件时，常要考虑金属材料的导电性等。

金属材料的物理性能有时对加工工艺也有一定的影响。例如，高速钢的导热性较差，锻造时应采用低的速度来加热升温，否则容易产生裂纹；而材料的导热性对切削刀具的温升有重大影响。又如，锡基轴承合金、铸铁和铸钢的熔点不同，故所选的熔炼设备、铸型材料等均有很大的不同。

2. 化学性能

金属材料的化学性能主要是指在常温或高温时，抵抗各种活泼介质的化学侵蚀的能力，如耐酸性、耐碱性、抗氧化性等。

对于在腐蚀介质中或在高温下工作的机器零件，由于比在空气中或室温时的腐蚀更为强烈，故在设计这类零件时应特别注意金属材料的化学性能，并采用化学稳定性良好的合金。如化工设备、医疗用具等常采用不锈钢来制造，而内燃机排气阀和电站设备的一些零件则常选用耐热钢制造。

3. 工艺性能

工艺性能是指金属对于零件制造工艺的适应性，它包括铸造性、锻造性、焊接性、切削加工性等。

在设计零件和选择工艺方法时，都要考虑金属材料的工艺性能。例如，灰铸铁的铸造性能优良，是其广泛用来制造铸件的重要原因，但它的可锻性极差，不能进行锻造，其焊接性也较差。又如，低碳钢的焊接性优良，而高碳钢则很差，因此焊接结构广泛采用低碳钢。

各种加工方法的工艺性能将在以后有关章节中分别介绍。

先导案例解决

将 15 钢制成 $\phi 10mm$ 的圆形短试样，然后作拉伸试验，得到如下数据：$P_b=34500N$，$P_s=21100N$，$l_1=65mm$，$d_1=6mm$。计算过程如下：

$$\sigma_b=\frac{P_b}{\frac{\pi}{4}d_0^2}=\frac{34500}{\frac{\pi}{4}\times10\times10^{-3}}=439.27MPa>380MPa$$

$$\sigma_s=\frac{P_s}{\frac{\pi}{4}d_0^2}=\frac{21100}{\frac{\pi}{4}\times10\times10^{-3}}=268.65MPa>230MPa$$

$$\delta=\frac{l_1-l_0}{l_0}\times100\%=\frac{65-50}{50}\times100\%=30\%>27\%$$

$$\psi=\frac{A_0-A_1}{A_0}\times100\%=\frac{\frac{\pi}{4}d_0^2-\frac{\pi}{4}d_1^2}{\frac{\pi}{4}d_0^2}\times100\%=\frac{10^2-6^2}{10^2}\times100\%$$

$$=64\%>55\%$$

小　结

1. 材料种类

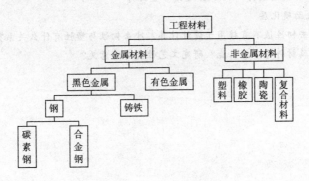

2. 材料的性能

性能指标		定　义
物理性能		金属材料对自然界各种物理现象引起的反应,包括密度、熔点、导电性等
化学性能		金属材料抵抗各种活泼介质的化学侵蚀的能力,如耐酸性、耐碱性、抗氧化性等
使用性能	力学性能 强度	金属材料在力的作用下抵抗塑性变形和断裂的能力,包括抗拉强度 σ_b、屈服点 σ_s、抗弯强度 σ_{bb} 等
	塑性	金属材料在载荷作用下产生塑性变形而不破坏的能力,衡量指标为伸长率 δ 和断面收缩率 ψ
	硬度	金属材料抵抗更硬的物体压入其内的能力,常用硬度测定方法有布氏硬度 HB、洛氏硬度 HR 和维氏硬度 HV
	韧性	金属材料在冲击载荷作用下抵抗破坏的能力,衡量指标为冲击韧性 α_K
	疲劳强度	金属材料经无数次交变载荷作用而不致引起断裂的最大应力值
工艺性能		工艺性能是指金属对于零件制造工艺的适应性,它包括铸造性能、锻造性能、焊接性能、切削加工性能等

复习思考题

1-1　比较下列力学性能指标的异同:σ_s 和 $\sigma_{r0.2}$、δ 和 δ_5、HBS 和 HBW,a_{kV} 和 a_{kU}。

1-2　一根标准拉伸试样的直径为 10mm、标距长度为 50mm。拉伸试验时测出试样在 26000N 时屈服,出现的最大载荷为 45000N。拉断后的标距长度为 58mm,断口处直径为 7.75mm。试计算 σ_s、σ_b、δ_5 和 ψ。

1-3 说明 HBS 和 HRC 两种硬度指标在测试方法、适用硬度范围以及应用范围上的区别。

1-4 下列各种工件应该采用何种硬度试验方法来测定其硬度?

① 锉刀　　　　　　　　　② 黄铜轴套

③ 供应状态的各种碳钢钢材　　④ 硬质合金刀片

⑤ 耐磨工件的表面硬化层

1-5 为什么冲击韧性值不直接用于设计计算?冲击韧性与塑性有什么关系?

1-6 什么叫金属材料的工艺性能?研究工艺性能有何意义?

第 2 章　铁碳合金

【本章知识点】

(1)了解晶体与非晶体的区别、金属的晶体构造和三种常见金属晶体结构;

(2)理解结晶的基本概念,清楚金属结晶的一般规律;

(3)理解晶粒大小对金属性能的影响和控制晶粒大小的措施;

(4)了解金属同素异晶转变的概念与结晶的区别,熟悉纯铁在不同温度下的晶体结构;

(5)掌握三种合金结构,了解匀晶、共晶、共析等相图;

(6)熟悉铁碳合金相图(包括相图中主要的点、线、区),掌握典型铁碳合金的结晶过程;

(7)了解铁碳合金的成分、组织和性能的变化规律及铁碳合金相图的应用。

【先导案例】

钢锯条在室温下弯曲很容易弯断,但当加热到一定温度后就不易弯断,为什么?

铁碳合金是最常用的材料。不同的金属材料具有不同的力学性能,即使是同一种金属材料,在不同的条件下其性能也不同。金属性能的这些差异,从本质上来说,是由内部结构所决定的。因此,了解金属原子的排列规律,对掌握金属性能变化是十分重要的。

2.1　金属的晶体结构与结晶

2.1.1　晶体的基本概念

1. 晶体与非晶体

一切固态物质可以分为晶体与非晶体两大类。在自然界中除了少数物质,如普通玻璃、松香等外,包括金属在内的绝大多数固体都是晶体。晶体的特点是:①组成晶体的原子、离子或分子规则排列,如图 2-1 所示;②具有固定的熔点,如铁的熔点为 1538℃,铜的熔点为 1083℃，铝的熔点为 660℃；③具有各向异性。

　　晶体和非晶体在一定条件下可以互相转化。例
如玻璃经高温长时间加热能变为晶态玻璃；而通常是
晶态的金属，如从液态急冷（冷却速度＞10^7℃/s），也
可获得非晶态金属。非晶态金属与晶态金属相比，
具有高的强度与韧性等一系列突出性能，故近年来
已为人们所重视。

　　2. 晶格、晶胞、晶格常数

　　为了便于表明晶体内部原子排列规律，把每个
原子看成一个点，点与点之间用假想的线条连接，便
形成一个空间格子，这种用来表示原子排列规律的

图 2-1　晶体中原子排列

空间格子叫晶格，如图 2-2a 所示。由于晶体中原子排列规则具有周期性，故将晶格中能
够完全反映晶格特征的最小几何单元称为晶胞，如图 2-2a 中黑粗线所示。为了研究晶
体结构，规定以晶胞的棱边长度 a、b、c 和棱面夹角 α、β、γ 来表示晶胞的形状和大小，如图
2-2b 所示。其中棱边长度称为晶格常数，单位为 Å（$1Å=1\times10^{-8}$cm）。

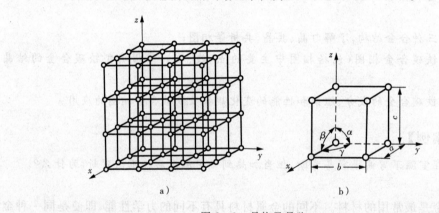

图 2-2　晶格及晶胞

　　晶格中原子所构成的平面称为晶面，原子所构成的方向称为晶向。各种晶体，由于
其晶格类型、晶格常数及晶面、晶向上的原子排列情况不同，故会表现出不同的物理、化
学和力学性能。

2.1.2　常见金属晶体结构

　　在金属晶体中，由于金属键的存在，使其内部原子（离子）的排列趋于尽可能紧密，构
成少数几种高度对称的简单的晶格形式，最常见的有以下三种：

　　1. 体心立方晶格

　　体心立方晶格的晶胞如图 2-3a 所示。该晶胞是一个立方体，故其晶格常数通常只
用一个常数 a 表示即可。原子排列特征是：在立方体的八个顶角及立方体的中心各有一
个原子。因每个顶角上的原子同时为周围八个晶胞所共有，故每个体心立方晶胞中实际

原子数为：$\frac{1}{8} \times 8 + 1 = 2$ 个（图 2 - 3b）。

晶格中原子排列的精密程度用致密度表示。所谓致密度是指晶胞中原子所占体积与该晶胞体积之比。体形立方晶胞含有两个原子，原子半径 $r = \frac{\sqrt{3}}{4}a$（图 2 - 3c），晶胞体积为 a^3，则其致密度为：$2 \times (4/3\pi r^3)/a^3 = 0.68$。这表明晶格中 68％ 的体积被原子所占据，其余 32％ 为空隙。致密度愈高，则晶格中原子排列就愈紧密。

属于体心立方晶格的金属有 α—Fe、Cr、Mo、W、V 等。

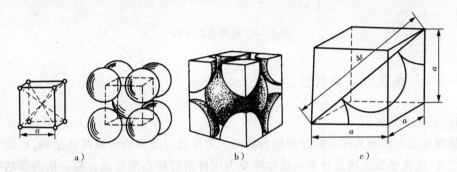

图 2 - 3　体心立方晶胞

2. 面心立方晶格

面心立方晶格的晶胞如图 2 - 4a 所示。该晶胞也是一个立方体，但其原子排列特征是：在立方体的八个顶角及立方体各面的中心各有一个原子。因每个顶角上的原子同时为周围八个晶胞共有，六个表面中心的原子同时为两个晶胞所共有，故每个面心立方晶胞中实际原子数为：$\frac{1}{8} \times 8 + \frac{1}{2} \times 6 = 4$ 个（图 2 - 4b）。其原子半径为 $\frac{\sqrt{2}}{4}a$，致密度为 0.74。

属于面心立方晶格的金属有 γ—Fe、Al、Cu、Ni、Pb 等。

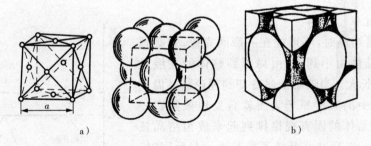

图 2 - 4　面心立方晶胞

3. 密排六方晶格

密排六方晶格的晶胞如图 2 - 5a 所示。该晶胞是一个六方柱体，其原子排列特征是：在六方柱体的十二顶角及上下底面的中心各有一个原子，在晶胞的中间还有三个原子。由图 2 - 5b 可见，每个密排六方晶胞的原子数为：$12 \times 1/6 + 2 \times 1/2 + 3 = 6$ 个。这种晶胞的晶格常数通常用六方底面的边长 a 和上下底面的间距 c 来表示。其致密度为 0.74。

属于密排六方晶格的金属有 Mg、Zn、Be 等。

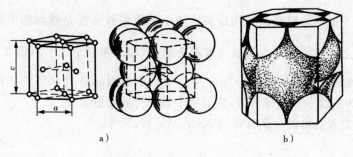

图 2-5 密排六方晶胞

2.1.3 金属的结晶过程

1. 结晶的概念

物质从液态转变为固态的过程称为凝固。如果通过凝固能形成晶体结构,则称为结晶。因此,绝大多数金属及合金从液体转变为固体的过程都是结晶过程。从内部结构来看,结晶就是原子从不规则排列(液态)过渡到按一定几何形状作有秩序排列(故态)的过程。

纯金属的结晶是在一定的温度下进行的,它的结晶过程可用冷却曲线来表示,如图 2-6所示。冷却曲线是用热分析法测定出来的。从图 2-6 可以看出,曲线上有一水平线段,这就是实际结晶温度,因为结晶时有结晶潜热释放出来,补偿了向周围空气散热所引起的温度下降。从图中还可看出,实际结晶温度低于理论结晶温度(平衡温度),这种现象称为"过冷"。过冷是金属结晶的必要条件。理论结晶温度与实际结晶温度之差称为过冷度,用 ΔT 表示,$\Delta T = T_0 - T_n$。冷却速度愈大,则金属的实际结晶温度愈低,因而过冷度愈大。

2. 结晶过程

液态金属结晶时,不可能在一瞬间完成,它必须经历一个结晶体由小到大、由局部到整体的发展过程,即形核与长大。当液态金属冷却到理论结晶温度以下时,液态中的某些原子集团就自发地聚集在一起,并按金属晶体的固有规律排列起来成为结晶核心,称为晶核。以后这些晶核不断长大。与此同时,液体中新的晶核又会不断产生和长大,直到相邻的小晶体彼此相接触,液体完全消失,结晶过程也就完成了。晶核在长大过程中并不总是沿各个方向均匀一致地长大,而与液一固相界面前沿的过冷情况以及散

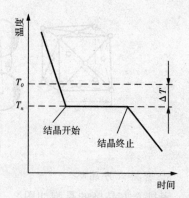

图 2-6 纯金属的冷却曲线

热条件等因素有关。在一定的过冷条件下,晶核沿着有利于散热的方向按树枝状方式生长。一般晶体棱角处的散热条件优于其他部位,因而犹如树枝一样先长出枝干,再长出

分枝,最后凝固的金属将填满枝间空隙。图2-7为树枝状晶体生长示意图。图2-8为液态金属结晶过程示意图。

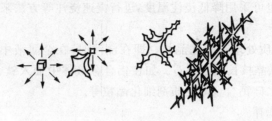

图 2-7　树枝状晶体生长示意图

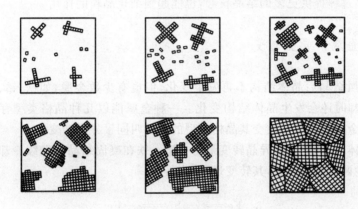

图 2-8　金属的结晶过程

3. 晶粒大小及其影响因素

晶粒大小对金属性能有重要的影响。在常温下,细晶粒金属晶界多,晶界处晶格扭曲畸变,提高了塑性变形的抗力,使其强度、硬度提高;细晶粒金属晶粒数目多,变形可均匀分布在许多晶粒上,使其塑性好。因此,在常温下晶粒越小,金属的强度、硬度越高,塑性、韧性越好。工程上大多希望通过使金属材料的晶粒细化来提高金属的力学性能,这种用细化晶粒来提高材料强度的方法,称为细晶强化。

金属结晶过程既然是由形核与长大两个基本过程所组成,那么结晶后的晶粒大小必然与形核速度及晶核长大速度有关。晶核的形核率 N,即单位时间内单位体积中所产生的晶粒数目。晶核长大速率 G,即单位时间内晶核长大的平均速度。

生产中采用控制晶粒大小的方法有:

(1)增加过冷度

液态金属结晶石的冷却速度愈快,则实际结晶温度愈低,过冷度就愈大。过冷度对形核率核长大速率的影响如图2-9所示。

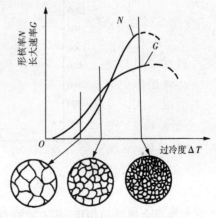

图 2-9　过冷度与形核率及长大速率的关系

由图可知,随着过冷度的增大,晶核形核率 N 和晶核长大速率 G 增大,但前者更快,因而 N/G 也增大,结果晶粒细化。在铸造生产中,为了提高铸件的冷却速度,可以用金属型代替砂型,同时也可采用降低浇注温度,进行慢速浇注等方法来细化晶粒。

(2)变质处理

生产中常采用变质处理来细化晶粒。即在浇注时,在金属液中加入细小的变质剂,增加形核率 N 或降低晶核长大速率 G。如在铝合金液体中加入钛、锆、硼细化晶粒。铸铁浇注前常加入硅铁、硅钙合金等变质剂细化晶粒等。

(3)附加振动和搅拌

在金属的结晶过程中,采用机械振动、超声波振动、电磁搅拌等措施,使已生长的晶粒破碎,为结晶过程提供更多的结晶核心,也能起到细化晶粒的作用。

2.1.4 金属的异晶转变

大多数金属结晶后晶体结构不再发生变化,但也有少数金属,如铁、钴、钛、锡等,在结晶后继续冷却时还会发生晶体结构变化。一种金属能以几种晶格类型存在的性质叫同素异晶性。金属在固态下改变其晶格类型的过程叫同素异晶转变。

在金属晶体中,铁的同素异晶转变最为典型。铁在凝固结晶后继续冷却至室温的过程中,先后发生两次晶格转变,其转变过程如下:

$$\delta-Fe \underset{体心立方}{\overset{1394℃}{\Longleftrightarrow}} \gamma-Fe \underset{面心立方}{\overset{912℃}{\Longleftrightarrow}} \alpha-Fe$$
$$体心立方$$

如图 2-10 所示为纯铁的冷却曲线及晶体结构的变化。

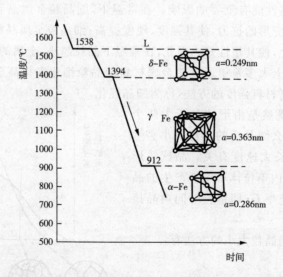

图 2-10 纯铁的冷却曲线

它与液态金属结晶相比,其主要特点是:

◆ 金属的同素异晶转变过程也是形核与长大的过程,结晶时有一定的转变温度并放出结晶潜热。

◆ 由于固态下原子的扩散比液态困难得多,因此,金属的同素异晶转变具有较大的过冷倾向。

◆ 金属的同素异晶转变往往伴随着体积的变化,因而容易在金属中引起较大的内应力,故易引起金属材料的变形。

2.1.5　实际晶体的构造

1. 单晶体与多晶体

如果晶体内原子排列规则且具有周期性,即晶格排列位向完全一致,这样的晶体称为单晶体。理想的单晶体在自然界中几乎是不存在的。在工业生产中,只有经过特殊制作才能获得,如单晶硅、单晶锗等。单晶体具有各向异性的特征。

工程中实际应用的金属材料大多是多晶体,它是由许多颗内部晶格位向相同、而相互间位向不同的小晶体组成的,如图 2-11 所示。这些小晶体称为晶粒,晶粒与晶粒间的界面成为晶界。

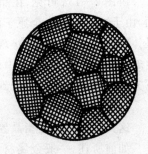

图 2-11　多晶体示意图

2. 晶体缺陷

在实际晶体中,由于种种原因,在晶粒内部某些局部区域,原子的规则排列往往受到干扰而被破坏,不像理想晶体那样规则和完整。通常把这种区域称为晶体缺陷。这种局部存在的晶体缺陷,对金属的性能影响很大。例如:对理想、完整的金属晶体,进行理论计算求得的屈服点数字要比对实际晶体进行测量所得的数字高出千倍左右,故金属材料的塑性变形和各种强化机理都与晶体缺陷密切相关。

根据晶体的几何形态特征,可将其分为以下三类:

(1)点缺陷

在实际晶体结构中,晶格的某些结点未被原子所占有,这种空着的位置称为空位。同时又可能在个别晶格空隙处出现多余的原子,这种不占有正常的晶格位置,而处在晶格空隙之间的原子称为间隙原子。晶体中的空位和间隙原子如图 2-12 所示。

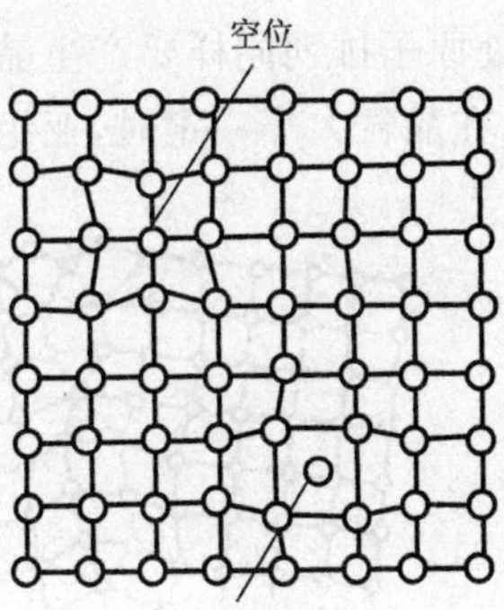

在空位和间隙原子的附近,由于原子间作用力的平衡被破坏,使其周围的原子离开了原来的平衡位置,产生了晶格畸变。晶格畸变将使晶体性能发生改变,如强度、硬度和电阻增加。

(2)线缺陷

线缺陷的主要形式是位错。位错是晶体中一列过若干列原子在一定范围内发生有规律的错排现象。最常见的有刃型位错和螺型位错,如图

图 2-12　空位和间隙原子

2－13 所示。

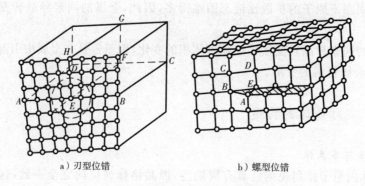

a）刃型位错　　　　　　　　　　　　b）螺型位错

图 2－13　刃型位错和螺型位错

由图 2－13a 可见，在晶体的某一晶面（图中 *ABCD*）以上，垂直地插入了 *EFGH* 原子面，由于这多余的半个原子面像刀刃一样地切入，使晶体中位于 *ABCD* 面上下的两部分晶体间产生了原子的错排现象，因而称为刃型位错。在位错线（图中 *EF* 线）附近晶格发生畸变，形成一个应力集中区。在位错线上方一定范围内的原子受到压应力，在位错线下方一定范围内的原子受到拉应力。距位错线愈远，晶格畸变愈小。

（3）面缺陷

这类缺陷主要是指晶界和亚晶界。

如前所述，一般金属材料都是多晶体。多晶体中两个相邻晶粒间的位向差大多在 $30°\sim40°$。故晶界处原子必须从一种位向逐步过渡到另一种位向，使晶界成为不同位向晶粒之间，原子排列无规则的过渡层，如图 2－14 所示。

晶界处原子的不规则排列，即晶格处于畸变状态，使晶界处能量高出晶粒内部能量，因此晶界与晶粒内部有着一系列不同的特性。例如，晶界在常温下的强度和硬度较高，在高温下则较低；晶界容易被腐蚀；晶界的熔点较低；晶界处原子扩散速度较快等。

亚晶界实际上是由一系列刃型位错所形成的小角晶界，如图 2－15 所示。由于亚晶界处原子排列同样要产生晶格畸变，因而亚晶界对金属性能有着与晶界相似的影响。例如，在晶粒大小一定时，亚组织愈细，金属的屈服强度愈高。

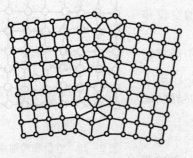

图 2－14　晶界的过渡结构

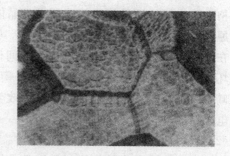

图 2－15　亚晶粒组织图

2.2　合金的结构和相图

2.2.1　合金的相结构

纯金属由于其性能上的局限性,通常不能满足各种工程场合的使用要求,故工业上广泛应用的金属材料大多数是它们的合金。由两种或两种以上的金属元素或金属与非金属元素组成的具有金属特性的物质称为合金。组成合金的最基本的物质称为组元。根据组元数目的多少,合金可分为二元合金、三元合金等。例如,碳钢是 Fe - C 二元合金;普通黄铜是 Cu - Zn 二元合金,硬铝是由 Al - Cu - Mg 三元合金。

合金中具有相同化学成分、相同晶体结构的均匀部分称为相。合金在固态下可以由一个固相组成,称为单相合金,也可以由两个以上的固相组成,称为多相合金。相与相之间有明显的界面。

根据元素间相互作用不同,固态合金的相结构可分为固溶体和金属化合物两大类。

1. 固溶体

固溶体是指溶质原子溶入溶剂晶格中形成的一种单一的均匀固体。其特点是保持溶剂的晶体结构,不形成新的晶体结构。按溶质原子在溶剂晶格中所占的位置不同,固溶体可分为置换固溶体和间隙固溶体。

◆ 置换固溶体。溶剂晶格中某些原子被溶剂原子所取代而形成的固溶体,如图 2 - 16 所示。

◆ 间隙固溶体。当溶剂原子直径较大而溶质原子直径较小时,溶质原子则进入溶剂晶格的空隙处而形成间隙固溶体,如图 2 - 17 所示。

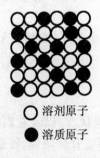

○溶剂原子
●溶质原子

图 2 - 16　置换固溶体

● 溶质原子
○ 溶剂原子

图 2 - 17　间隙固溶体

形成间隙固溶体的溶质原子,通常是一些原子直径很小的非金属元素,如碳、氮、氢、硼、氧等,而溶剂原子一般都是过渡族的金属元素。

由于溶质原子与溶剂原子直径大小不同,化学性质也不尽相同,故当溶质原子溶解到溶剂晶格中以后,致使溶剂的晶格发生了畸变,如图 2 - 18 所示,导致晶体中位错运动的阻力增大,合金的塑性变形抗力增大,即合金材料得到了强化。这种因形成固溶体而使合金强度、硬度升高的现象称为固溶强化。固溶强化是提高金属力学性能的重要途径之一。

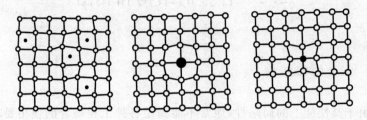

图 2-18 固溶体的晶格畸变

2. 金属化合物

合金中各组元的原子按一定比例相互作用而生成的一种新的具有金属特性的物质成为金属化合物。

金属化合物一般具有复杂的晶体结构，与构成化合物的各组元的晶格都不相同，如图 2-19 所示。另外，在性能上也有显著不同。通常，金属化合物硬而脆，当合金中出现金属化合物时，能提高其强度、硬度和耐磨性，但会降低其塑性和韧性。

3. 机械混合物

两种或两种以上的相按一定质量分数组成的物质称为机械混合物。混合物中的组成部分可以是纯金属、固溶体或化合物各自的混合，也

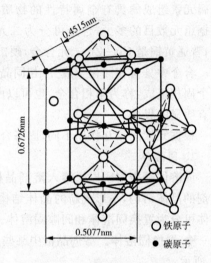

○ 铁原子
● 碳原子

图 2-19 渗碳体的晶体结构

可以是它们之间的混合。混合物中各相仍保持各自的晶格类型。在显微镜下可以明显辨别出各组成相的形貌。

混合物的性能取决于各组成相的性能，以及它们分布的形态、数量及大小。

2.2.7 二元合金相图

合金相图是用来表示合金在不同成分、温度下的组织状态，以及它们之间相互关系的一种图形(亦称状态图或平衡图)。它是研制新材料，制定合金熔炼、铸造、压力加工和热处理工艺等的重要工具。

1. 二元合金相图的建立

相图是通过实验方法建立起来的。目前测定相图的方法很多，如热分析法、磁性分析法、膨胀分析法、显微分析法、电阻测量法及 X 射线分析法等，其中最常用的热分析法。

现以 Cu-Ni 二元合金为例，其相图的建立步骤为：

(1)配制不同成分的 Cu-Ni 合金，见表 2-1：

表 2 - 1　不同成分的 Cu - Ni 合金

	I	II	III	IV	V
Cu	100%	75%	50%	25%	0%
Ni	0%	25%	50%	75%	100%

配制的合金愈多,则作出的相图愈精确。

(2)用热分析法作出各种成分合金的冷却曲线;

(3)将各条冷却曲线上的相变点(即转折点和平台)的温度值,标在以温度—成分为坐标系的相应合金线上;

(4)将具有相同物理意义的各点用圆滑曲线连接起来,即可获得 Cu - Ni 合金相图,如图 2 - 20 所示。

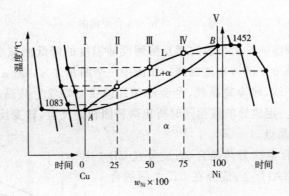

图 2 - 20　Cu—Ni 合金相图的建立

2. 匀晶相图

两组元在液态及固态下都能以任何比例相互溶解而构成的相图称为匀晶相图。例如 Cu - Ni、Fe - Cr、Au - Ag 等合金系都属于这类相图。

图 2 - 20 是 Cu - Ni 二元合金相图。图中 A 点(1083℃)为纯铜的熔点,B 点(1452℃)为纯镍的熔点。上面那条曲线(AB)为液相线,下面那条曲线(AB)为固相线。液相线与固相线把整个相图分为三个不同相区。在液相线以上是单相的液相区,所有成分合金均为液体,用"L"表示;固相线以下为合金处于固体状态的固相区,该区域内是 Cu与 Ni 组成的单相无限固溶体,以"α"表示;在液相线与固相线之间是液相＋固相的两相共存区(即结晶区),用"L＋α"表示。

3. 共晶相图

凡是二元合金系中两组元在液态能完全互溶,而在固态互相有限溶解,并发生共晶转变的相图,称为共晶相图。例如 Pb - Sn、Pb - Sb、Ai - Si、Ag - Cu 等合金系都属于这类相图。

图 2 - 21 为 Pb - Sn 二元合金相图。图中 A 点为纯铅的熔点(约 327℃),B 点为纯锡的熔点(232℃)。AC、BC 线为液相先,AD、BE 线为固相线。

共晶相图共包含三个单相区:L、α、β。α 相是锡溶解在铅中形成的固溶体,β 相是铅

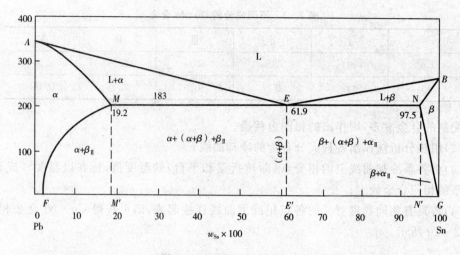

图 2-21 Pb-Sn 合金相图

溶解在锡中形成的固溶体。铅与锡的相互溶解度随温度的降低而减小,故 *DE*、*EG* 分别为 Sn 在 α 中和 Pb 在 β 中的溶解度曲线。相图中三个两相区为:L+α、L+β、α+β。*DCE* 线为三相共存的水平线,称为共晶线,合金冷却到该线时将发生共晶反应。共晶反应是指在恒定温度下,由一定成分的液相同时析出两种固相的反应,转变反应式表示为:$L_C \rightarrow \alpha_D + \beta_E$,故 *C* 点为共晶点。

　　成分为 *C* 点的合金称为共晶合金;成分在 CD 之间的合金称为亚共晶合金;成分在 *CE* 之间的合金称为过共晶合金。

　　4. 共析相图

　　在二元合金相图中,组元具有同素异构转变,使高温时由匀晶转变所形成的固溶体,在冷在至较低温度时又发生固态相变。这种由某种单相固溶体中同时析出两种新的固相的转变称为共析转变(共析反应)。发生这种转变的相图与共晶相图十分相似,区别在于转变前的母相不是液相而是固相,如图 2-22 所示。

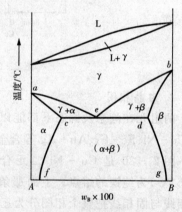

图 2-22 共析相图

　　图中 *A* 和 *B* 代表两组元,*e* 为共析点,*ced* 为共析线,(α+β) 为共析体或称共析组织。共析转变反应式为:$\gamma_e \rightarrow \alpha_c + \beta_d$。

2.3　铁碳合金相图

　　铁碳合金相图是研究钢和铸铁及其加工处理的主要理论基础,它反映了在平衡条件(极其缓慢冷却)下铁碳合金的成分、温度和组织之间的关系,显示了某些性能的变化规律。

铁与碳可以形成 Fe_3C、Fe_2C、FeC 等一系列化合物，而稳定的化合物可以作为一个独立的组元，因此整个 Fe-C 相图可视为由 $Fe-Fe_3C$、Fe_3C-Fe_2C、Fe_2C-FeC 等一系列二元相图组成。但铁碳合金中碳的质量分数一般不超过 5%，因为超过 5% 的铁碳合金性能很脆，无实用价值，所以在铁碳合金相图中只需研究 $Fe-Fe_3C$ 部分。因此，一般所说的铁碳合金相图，实际上是铁-渗碳体相图，如图 2-23 所示。

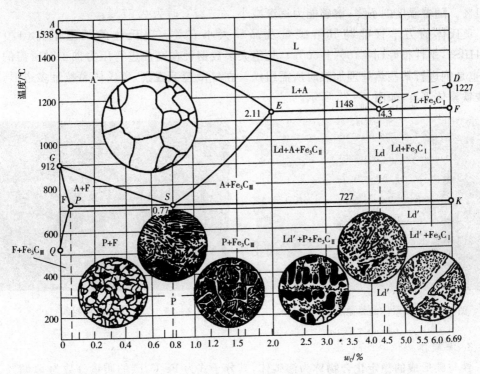

图 2-23 $Fe-Fe_3C$ 相图

2.3.1 铁碳合金的基本组织

铁碳合金的基本组元是铁和碳。它们在液态时可以互相溶解，在固态时碳能溶解于铁晶格中，形成间隙固溶体。当含碳量超过铁的溶解度时，多余的碳便与铁形成化合物 Fe_3C。此外，还可以形成由固溶体与化合物组成的机械混合物。因此，铁碳合金的基本组织有以下几种：

1. 铁素体

碳溶解在 $\alpha-Fe$ 中形成的间隙固溶体称为铁素体，用符号"F"表示。它仍保持 $\alpha-Fe$ 的体心立方晶格。

由于 $\alpha-Fe$ 的晶格间隙很小，因而溶碳能力极差，随温度的升高略有增加。在室温时仅有 0.0008%，在 727℃ 时最大，为 0.0218%。

由于铁素体含碳量很少，因此，它的性能与纯铁相近，塑性、韧性很好（$\delta=45\sim50\%$）；强度、硬度不高（$\sigma_b=25MPa$，≈80HBS）。在显微镜下观察，铁素体为均匀明亮的多边形晶粒,但晶界曲折,如图 2-24 所示。

2. 奥氏体

碳溶解在 $\gamma-Fe$ 中形成的间隙固溶体称为奥氏体,用符号"A"表示。它保持 $\gamma-Fe$ 的面心立方晶格。

碳在 $\gamma-Fe$ 中的溶解度比在 $\alpha-Fe$ 中大得多,在 1148℃ 时溶碳能力最大,可达 2.11%。随着温度的下降,溶碳能力逐渐减小,在 727℃ 时 0.77%。

奥氏体的力学性能与其溶碳量及晶粒大小有关。奥氏体的硬度不高（170～220HBS）,塑性很好（$\delta=40\%\sim50\%$）,是绝大多数钢种在高温进行压力加工时所需的组织,也是钢进行某些热处理加热时所需组织。在显微镜下观察,奥氏体晶粒呈多边形,晶界较铁素体平直,如图 2-25 所示。

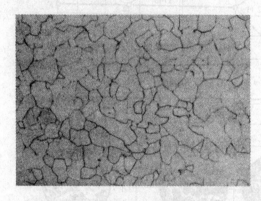 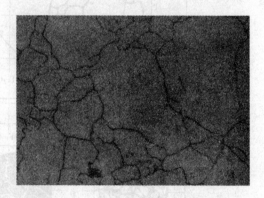

图 2-24 铁素体的显微组织（100×）　　　图 2-25 奥氏体的显微组织（800×）

3. 渗碳体

铁与碳形成的稳定化合物称为渗碳体,其分子式为 Fe_3C,碳的质量分数为 6.69%。

渗碳体的晶体结构为复杂斜方晶格（如图 2-19 所示）,与铁的晶格截然不同,故其性能与铁素体相差悬殊。渗碳体具有很高的硬度（950～1050HV）,而塑性和韧性几乎等于零,是一个硬而脆的组织。渗碳体是碳钢中的主要强化相,在钢中与其他相共存时呈片状、球状、网状或板条状。渗碳体的形状、数量、分布等对钢的性能有很大的影响。渗碳体是一种介稳定相,在一定条件下可分解,形成石墨状的自由碳: $Fe_3C\rightarrow 3Fe+C$（石墨）。石墨的出现在铸铁材料中有着重要的意义。

4. 珠光体

铁素体与渗碳体所形成的机械混合物称为珠光体,用符号"P"表示。

珠光体的碳的质量分数为 0.77%。由于珠光体是由硬的渗碳体片和软的铁素体片相间组成的混合物,故其力学性能介于渗碳体与铁素体之间。它的强度高（$\sigma_b\approx750MPa$）,硬度也较高（180HBS）且仍具有一定的塑性和韧性（$\delta=20\%\sim25\%,\alpha_k=30\sim40J/cm^2$）。珠光体是钢中的重要组织,其显微组织如图 2-26 所示。

5. 莱氏体

莱氏体分为高温莱氏体和低温莱氏体两种。奥氏体和渗碳体组成的机械混合物称为高温莱氏体,用符号"Ld"表示。由于其中的奥氏体属高温组织,因此,高温莱氏体仅存于 727℃ 以上。高温莱氏体冷却到 727℃ 以下时,将转变为珠光体和渗碳体的机械混合物,称为低温莱氏体,用符号"Ld′"表示。

　　莱氏体的碳的质量分数为 4.3%。由于莱氏体中含有的渗碳体较多,故其性能与渗碳体相近,即为硬而脆的组织。它是白口铁的基本组织,其显微组织如图 2-27 所示。

　　综上所述,在铁碳合金的五种基本组织中,F、A、Fe₃C 都是单相组织,是基本相,而 P、Ld(Ld′)则是由基本相混合组成的两相组织。

图 2-26　珠光体的显微组织　　　　　图 2-27　莱氏体的显微组织

2.3.2　铁-碳合金相图分析

　　铁-碳合金相图中左上角部分实际应用较少,故常将该图简化为图 2-28。

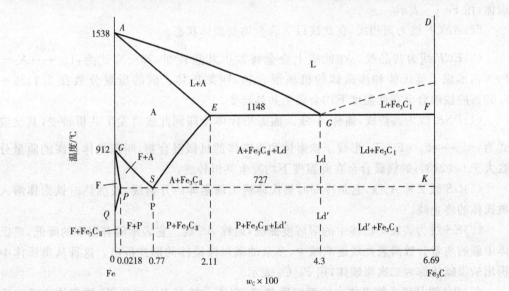

图 2-28　简化后的 Fe-Fe₃C 相图

1. 相图中各特性点、线和区域
① 主要特性点
铁碳合金相图中各点的温度、碳的质量分数及其含义见表 2-2。

表 2-2 Fe-Fe₃C 相图中的特性点

符号	温度/℃	碳的质量分数(%)	说　明
A	1538	0	纯铁的熔点
C	1148	4.3	共晶点，$L_C \rightarrow A_E + Fe_3C_F$
D	1227	6.69	渗碳体的熔点
E	1148	2.11	碳在 γ-Fe 中的最大溶解度点
F	1148	6.69	渗碳体的成分点
G	912	0	α-Fe⇌γ-Fe 同素异晶转变点
K	727	6.69	渗碳体的成分点
P	727	0.0218	碳在 α-Fe 中的最大溶解度点
S	727	0.77	共析点，$A_S \rightarrow F_P + Fe_3C_K$
Q	600	0.0057	600℃时碳在 α-Fe 中的溶解度点

注：因实验条件和方法的不同及杂质的影响，可能使相图中各主要点的温度和碳的质量分数略有出入。

2. 主要特性线

(1)*ACD* 线为液相线，在此线以上合金处于液态。碳的质量分数小于 4.3% 的合金冷至 *AC* 线开始结晶出奥氏体；大于 4.3% 的合金冷至 *CD* 线开始结晶出 Fe₃C，称一次渗碳体，用 Fe₃C₁ 表示。

(2)*AECF* 线为固相线，在此线以下合金均处固体状态。

(3)*ECF* 线为共晶线。在此线上合金将发生共晶转变，其反应式为：$L_C \xleftrightarrow{1148℃} A_C + Fe_3C_F$，形成了奥氏体和渗碳体的机械混合物，叫莱氏体。碳的质量分数在 2.11%～6.69% 的铁碳合金在此温度下均会发生共晶转变。

(4)*PSK* 线为共析线，通称 A₁ 线。固态奥氏体冷却到此线将发生共析转变，其反应式为：$A_S \xleftrightarrow{727℃} F_P + Fe_3C_K$，形成了铁素体和渗碳体的机械混合物，叫珠光体。碳的质量分数大于 0.0218% 的铁碳合金在此温度下均发生共析转变。

(5)*GS* 线又称 A₃ 线，它是冷却时奥氏体析出铁素体的开始线，或加热时铁素体溶入奥氏体的终止线。

(6)*ES* 线为碳在奥氏体中的溶解度曲线，通称 A_cm 线。它表示随着温度的降低，奥氏体中碳的质量分数沿着此线逐渐减少，多余的碳以渗碳体的形式析出。这种从奥氏体中析出的渗碳体称为二次渗碳体，用 Fe₃C_Ⅱ 表示。

(7)*PQ* 线是碳在铁素体中的溶解度曲线，它表示随着温度的降低，铁素体中碳的质量分数沿着此线逐渐减少，多余的碳以渗碳体的形式析出。这种从铁素体中析出的渗碳体称为三次渗碳体，用 Fe₃C_Ⅲ 表示。由于其数量极少，在钢中一般影响不大，故可忽略不计。

3. 主要相区

铁碳合金相图中各区域的组织如图 2-28 所示，主要相区见表 2-3。

表 2-3　铁碳合金相图中主要相区

相 区	区 域	存在的相	相 区	区 域	存在的相
单相区	ACD 线以上	L	双相区	DCFD	$L+Fe_3C$
单相区	AESGA	A	双相区	GSPG	$A+F$
单相区	GPQG	F	双相区	ESKF	$A+Fe_3C$
双相区	AECA	$L+A$	双相区	PSK 线以下	$F+Fe_3C$

2.3.3　铁碳合金分类及结晶过程分析

铁碳合金相图中的各种合金,按其碳的质量分数及组织、性能的不同,通常可分为三大类:

铁碳合金 {

　纯铁:$w_C<0.0218\%$

　钢 {
　　亚共析钢:$0.0218\%<w_C\leqslant0.77\%$
　　共析钢:$w_C=0.77\%$
　　过共析钢:$0.77\%<w_C\leqslant2.11\%$
　}

　白口铸铁 {
　　亚共晶白口铸铁:$2.11<w_C<4.3\%$
　　共晶白口铸铁:$w_C=4.3\%$
　　过共晶白口铸铁:$4.3\%<w_C<6.69\%$
　}

}

1. 共析钢

共析钢的结晶过程如图 2-29 所示。当高温液态合金冷却到与液相线 AC 温度(1 点)时,从液相中开始结晶出奥氏体。随着温度下降,奥氏体量不断地增加,其成分沿固相线 AE 变化,而剩余液相就逐渐减少,其成分沿液相线 AC 改变。到 2 点温度时,液相

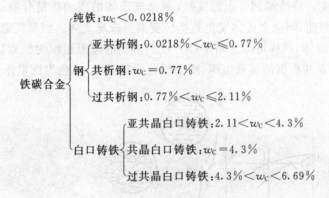
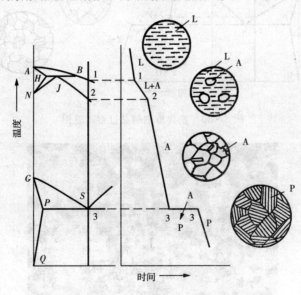

图 2-29　共析钢结晶过程示意图

全部结晶成与原合金成分相同的奥氏体。从 2 点到 3 点温度范围内,合金的组织不变,待冷却到 3 点(727℃)时,将发生共析转变,即 $A_S \underset{727℃}{\longleftrightarrow} F_P + Fe_3C_K$,形成珠光体。当温度继续下降时,铁素体的溶碳量沿固溶线 PQ 变化,因此析出三次渗碳体(Fe_3C_{III})。三次渗碳体常与共析渗碳体(共析转变时形成的渗碳体)连在一起,不易分辨,而且数量极少,可忽略不计,故共析钢缓冷到室温时的最终组织为珠光体。如图 2-26 所示为共析钢的显微组织。

2. 亚共析钢

亚共析钢的结晶过程如图 2-30 所示。亚共析钢在 1 点到 3 点温度间的结晶过程与共析钢相同。待合金缓冷却到 3 点温度时,奥氏体开始析出铁素体,称为先析铁素体。随着温度的下降,铁素体量不断地增加,其成分沿 GP 线改变,而奥氏体量就逐渐减少,其成分沿 GS 线改变。待冷却到 4 点温度时,剩余奥氏体的碳的质量分数正好为共析成分($w_C = 0.77\%$),因此,剩余奥氏体发生共析转变而形成珠光体。当温度继续下降时,铁素体中析出三次渗碳体,同样可以忽略不计。故共析钢的室温组织为铁素体和珠光体。如图 2-31 所示为亚共析钢的显微组织(图中黑色为珠光体,白色为铁素体)。

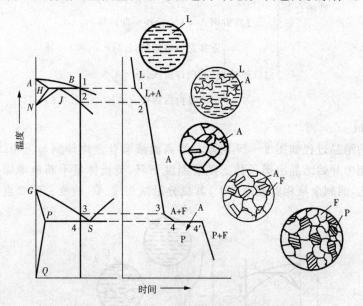

图 2-30 亚共析钢结晶过程示意图

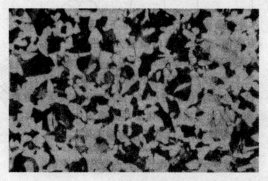

图 2-31 亚共析钢的显微组织

　　碳的质量分数不同的亚共析钢,室温组织中珠光体和铁素体的相对量会有所变化。亚共析钢中碳的质量分数愈高,则珠光体量也愈多,而铁素体量愈少。

　　在显微分析中,可根据珠光体所占的面积百分数估算出亚共析钢碳的质量分数为 $w_C = P \times 0.77\%$(P 为珠光体所占面积百分数)。

　　3. 过共析钢

　　过共析钢的结晶过程如图 2-32 所示。过共析钢在 1 点到 3 点温度间的结晶过程与共析钢相同。待合金缓冷却到 3 点温度时,由于温度的降低,碳在奥氏体中的溶解度下降,Fe_3C_{II} 从奥氏体的晶界处析出并呈网状分布。随着温度的下降,Fe_3C_{II} 不断增多,剩余奥氏体的碳的质量分数正好为 0.77%,因此发生共析转变而形成珠光体。温度再继续下降时,合金组织基本不变。所以过共析钢室温组织为珠光体和二次渗碳体。如图 2-33 所示为过共析钢的显微组织(图中黑色为层片状的珠光体,白色为网状的二次渗碳体)。

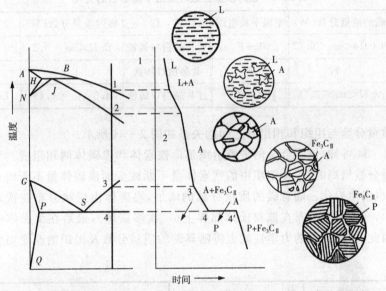

图 2-32　过共析钢结晶过程示意图

图 2-33　过共析钢的显微组织

除了钢之外,铸铁也是重要的铁碳合金。但铸铁由于存在相当比例的莱氏体,性能硬而脆,难以切削加工。这种铸铁因断口呈银白色,故称白口铸铁。白口铸铁在机械制造中极少用来制造零件,因此,对其结晶过程不作进一步分析。机械制造广泛应用的是灰铸铁,其中碳主要以石墨形式存在(见本书第二篇有关内容)。

2.3.4　钢的成分、组织与性能之间的关系

1. 碳的质量分数与平衡组织的关系

碳的质量分数是决定钢铁材料组织的最主要的元素之一。不同碳的质量分数的铁碳合金在缓冷的条件下,其结晶过程及最终得到的室温组织也不相同。碳的质量分数与室温平衡组织的关系见表2-4。

表2-4　碳的质量分数与室温平衡组织的关系

名称	碳的质量分数(%)	室温平衡组织	名称	碳的质量分数(%)	室温平衡组织
亚共析钢	$0.0218 < w_C \leqslant 0.77$	P+F	亚共晶白口铸铁	$2.11 < w_C < 4.3$	$P + Ld' + Fe_3C_{II}$
共析钢	0.77	P	共晶白口铸铁	4.3	Ld'
过共析钢	$0.77 < w_C \leqslant 2.11$	$P + Fe_3C_{II}$	过共晶白口铸铁	$4.3 < w_C < 6.69$	$Ld' + Fe_3C_{I}$

碳的质量分数与组织和相组分之间的关系如图2-34所示。

由图2-34可知,铁碳合金的平衡组织是由铁素体和渗碳体两相组成。当铁碳合金中碳的质量分数增高时,平衡组织中的铁素体量不断减少而渗碳体量不断增多,且大小、形状、分布也发生变化。随着碳的质量分数的增加,渗碳体由层状分布在铁素体基体内(如珠光体),变为网状分布在原奥氏体晶界上(二次渗碳体),最后在莱氏体中又作为基体出现。因此,铁碳合金的力学性能也将随其碳的质量分数及组织的改变而发生明显的变化。

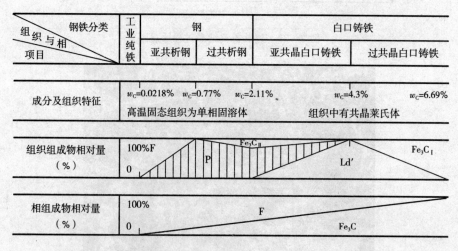

图2-34　铁碳合金中碳的质量分数与组织组分及相组分间的关系

2. 碳的质量分数与力学性能间的关系

碳的质量分数对钢的力学性能的影响如图 2-35 所示。

铁碳合金中,渗碳体为强化相。当它与铁素体形成层状珠光体时,可提高合金的强度、硬度。在亚共析钢中,随着碳的质量分数的增加,钢中的珠光体增多,铁素体减少,故强度、硬度提高,塑性、韧性下降。但在过共析钢中,渗碳体沿原奥氏体晶界呈网状分布,削弱了各晶粒间的结合力,从而降低了钢的强度并增加了脆性。因此,碳的质量分数超过 0.9% 的钢,其硬度虽然继续增加,但强度却明显下降。特别在

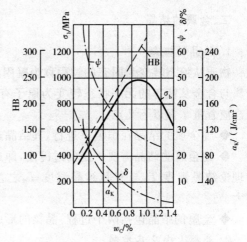

图 2-35　碳对钢的力学性能的影响

白口铸铁中渗碳体作为基体存在时,其塑性和韧性大大下降。因此,白口铸铁具有很高的脆性,故工业中除了作炼钢原料外,一般不直接使用。

先导案例解答

由本章知识可知,钢锯条由过共析钢制造,在室温下的组织为 $P+Fe_3C_{II}$,因此容易弯断。当加热到一定温度后,可得到韧性较好的奥氏体组织,因此不易弯断。

小　结

本章主要内容小结如下:

一、常见金属晶格类型

晶格类型	原 子 分 布	原子数	原子半径	致密度
体心立方晶格	在立方体的中心和八个顶角上各有一个原子	2	$\dfrac{\sqrt{3}}{4}a$	0.68
面心立方晶格	在立方体六个表面的中心和八个顶角上各有一个原子	4	$\dfrac{\sqrt{2}}{4}a$	0.74
密排六方晶格	除在晶胞的十二个顶角上和上下两个六方底面的中心各有一个原子外,在晶胞的中间还有三个原子	6	$\dfrac{1}{2}a$	0.74

二、金属的结晶

1. 结晶的概念

物质从液态转变为固态的过程称为凝固。而结晶是指由液态转变为晶体的过程,即金属与合金从液态的无序状态转变为原子有规则排列的晶体结构的过程。理解结晶的概念应着重掌握以下几点:

◆ 纯金属的结晶在恒温下进行,其结晶过程可用冷却曲线表示。

◆ 纯金属的结晶需要一定的过冷度,即过冷是金属结晶的必要条件。过冷度 ΔT 是指理论结晶温度 T_0 与实际结晶温度 T_n 之差($\Delta T = T_0 - T_n$)。冷却速度越大,过冷度越大。

◆ 金属的结晶包括两个过程:晶核的形成和晶核的长大。

2. 晶粒大小及其控制

晶粒越细,则金属的强度、硬度、塑性和韧性越好。控制晶粒大小的方法有:增加过冷度(或增加冷却速度,如用金属型代替砂型、降低浇注温度、慢速浇注等)、变质处理、附加振动(机械振动、超声波振动、电磁搅拌等)。

3. 金属的同素异晶转变

金属在固态下发生晶格类型改变的过程称为同素异晶转变。

铁的同素异晶转变如下:

$$\delta - Fe \underset{\text{体心立方}}{\overset{1394℃}{\rightleftharpoons}} \gamma - Fe \underset{\text{面心立方}}{\overset{912℃}{\rightleftharpoons}} \alpha - Fe \\ \text{体心立方}$$

三、合金的相结构和二元合金相图

1. 合金的结构

合金的结构	定 义	晶格类型特点	性能特点
固溶体	两组元在固态下彼此互相溶解,从而形成成分和性能均匀的固态合金	保持溶剂的晶格类型	产生固溶强化,且具有较好的塑性和韧性
化合物	合金中各组成元素原子按一定比例互相作用而生成的一种新的具有金属特性的物质	形成一种新的晶格类型	硬而脆
机械混合物	组成合金两组元既不互相溶解,也不产生化合反应,而是按一定重量比混合而成的一种物质	各自保持各自的晶格类型	介于两组元之间

2. 二元合金相图

相图类型	定　义	相图特征	反应式	反应类型
匀晶相图	两组元在液态及固态下都能以任何比例相互溶解而构成的相图		$L \rightarrow \alpha$	匀晶反应:一种液相在变温过程中转变为一种固相的反应
共晶相图	两组元在液态时能完全互溶,在固态时有限互溶,并能发生共晶转变的相图		恒温 $L \rightarrow \alpha + \beta$	共晶反应:恒温下,一种液相同时结晶出两种不同成分的固相的反应
共析相图	与共晶相图相似,区别在于转变前的母相不是液相而是固相		恒温 $\gamma \rightarrow \alpha + \beta$	共析反应:由某种单相固溶体中同时析出两种新的固相的转变过程

四、铁碳合金相图

1. 铁碳合金的基本组织

基本组织	定　义	代号	碳的质量分数(%)	性能特点	晶格类型
铁素体	碳溶解在 $\alpha-Fe$ 中所形成的间隙固溶体	F	727℃:0.0218 室温:0.008	与纯铁相似	体心立方晶格
奥氏体	碳溶解在 $\gamma-Fe$ 所形成的间隙固溶体	A	1148℃:2.11 727℃:0.77	硬度较低而塑性较高	面心立方晶格
渗碳体	铁与碳所形成的金属化合物	Fe_3C	6.69	硬而脆	复杂斜方晶格
珠光体	铁素体与渗碳体所形成的机械混合物	P	0.77	介于两组元之间	
莱氏体	奥氏体(或珠光体)与渗碳体所形成的机械混合物	Ld(或 Ld′)	4.3	硬而脆	

2. 铁碳合金相图分析

应重点掌握相图中各区域的组织,此外还应掌握点、线的含义。

复习思考题

2-1　金属的常见晶格类型有哪几种?它们的晶体结构有哪些差异?

2-2　简述液态金属的结晶条件和结晶过程的基本规律。金属结晶与同素异晶转变有何异同?

2-3　晶体的各向异性是怎样产生的?实际晶体为何各向同性?

2-4　什么叫固溶强化?固溶强化是怎样形成的?

2-5　晶粒大小对金属的力学性能有何影响?如何细化晶粒?

2-6　何谓铁素体、奥氏体、渗碳体、珠光体、莱氏体?说出它们的符号及力学性能特点。

2-7　试分析碳的质量分数为 0.4%、0.77%、1.2% 的铁碳合金从液态冷却到室温时的结晶过程和室温组织(要求绘出它们的冷却曲线并作分析)。

2-8　一批优质碳素结构钢退火后进行显微分析,发现其组织组分的相对质量分数如下:

① 珠光体为 40％,铁素体为 60％;

② 珠光体为 65％,铁素体为 35％;

试问它们的碳的质量分数各为多少?

2-9　试计算 45 钢的硬度和伸长率,其中珠光体硬度为 200HBS,$\delta = 20$％,铁素体的硬度为 80HBS,$\delta = 50$％。

2-10　简述碳钢和白口铸铁的成分、组织、性能上的差别。

2-11　根据铁碳合金相图,说明产生下列现象的原因:

① 含碳量为 1.0％的钢比含碳量为 0.5％的钢的硬度高;

② 在室温下,含碳 0.8％的钢其强度比含碳 1.2％的钢高;

③ 在 1100℃,含碳 0.4％的钢能进行锻造,含碳 4.0％的生铁不能锻造;

④ 一般要把钢材加热到高温(约 1000℃～1250℃)下进行热轧或锻造;

⑤ 钢铆钉一般用低碳钢制成;

⑥ 绑扎物件一般用铁丝(镀锌低碳钢丝),而起重机吊重物却用钢丝绳(用 60、65、70、75 等钢制成);

⑦ 钳工锯 T8、T10、T12 等钢材时比锯 10、20 钢费力,锯条容易磨钝;

⑧ 钢适宜于通过压力加工成形,而铸铁适宜于通过铸造成形。

2-12　现有形状、尺寸完全相同的四块平衡状态的铁碳合金,其碳的质量分数分别为 $w_C = 0.2$％、$w_C = 0.4$％、$w_C = 1.2$％和 $w_C = 3.5$％,根据所学过的理论,可用哪些方法来区别它们?

第 3 章　钢的热处理

【本章知识点】

(1)了解碳钢在加热和冷却过程中的组织转变；

(2)熟悉钢的等温冷却转变曲线及连续冷却转变曲线；

(3)熟悉钢退火、正火、淬火、回火和表面淬火、渗碳、渗氮等热处理的组织、性能及目的,能根据材料及其性能要求选择不同热处理方法,能合理安排热处理工艺；

(4)熟悉淬透性与淬硬性的概念。

【先导案例】

如图 3-1 所示为一车床主轴,工作时受交变弯曲和扭转复合应力作用,载荷和转速不高,冲击载荷也不大,具有一般综合力学性能即可满足要求。但大端的轴颈、锥孔与卡盘、顶尖之间有摩擦,这些部位要求有较高的硬度和耐磨性。根据该零件的性能要求,一般选用 45 钢($w_C = 0.45\%$)制造,但在退火状态下并不能完全满足使用要求,那么该进行如何处理才能满足要求?

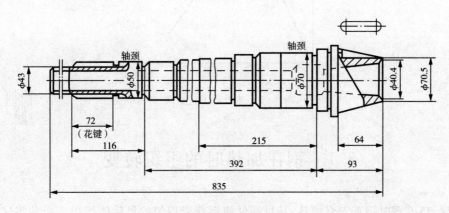

图 3-1　车床主轴示意图

钢的热处理是指钢在固态下采用适当的方式进行加热、保温和冷却以获得所需组织结构与性能的工艺。

热处理的目的在于消除毛坯(如铸件、锻件等)中缺陷,改善其工艺性能,为后续工序作组织准备;更重要的是热处理能显著提高钢的力学性能,从而充分发挥钢材的潜力,提高工件的使用性能和使用寿命。因此,热处理在机械制造工业中占有十分重要地位。

热处理与其他加工方法(铸造、锻压、焊接、切削加工等)的区别是:它只改变金属材料的组织和性能,而不改变其形状和大小。所以多用它来处理零件、工具等成品,也用于处理各种刀具、齿轮和轴等。

根据加热和冷却方法不同,常用的热处理方法大致分类如下:

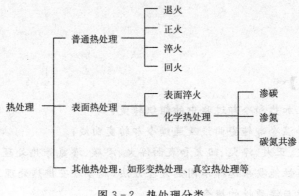

图 3-2 热处理分类

热处理方法虽然很多,但任何一种热处理工艺都是由加热、保温和冷却三个阶段所组成。图 3-3 是热处理最基本的热处理工艺曲线。因此,要了解各种热处理方法对钢的组织与性能的改变情况,必须首先研究钢在加热(包括保温)和冷却过程中的相变规律。

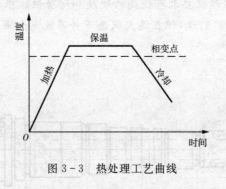

图 3-3 热处理工艺曲线

3.1 钢在加热时的组织转变

进行热处理时钢首先要加热,其目的是使钢获得均匀的奥氏体组织。通常将这种加热转变过程称为"钢的奥氏体化"。

为了实现钢的奥氏体化,根据 $Fe-Fe_3C$ 相图可知,必须将钢加热到相应的平衡相变点 A_1、A_3、A_{cm} 以上。但在实际热处理生产中,由于加热和冷却速度较快,因此实际转变温度比相图上的相变点温度有一定的滞后现象,也就是通常所说的需要有一定的过冷或过热转变才能充分进行。为了便于热处理时使用铁碳合金相图,通常将加热实际相变点温度用 Ac_1、Ac_3、Ac_{cm} 表示;冷却时各相变点用 Ar_1、Ar_3、Ar_{cm} 表示,如图 3-4 所示。

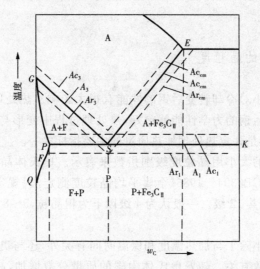

图 3-4　加热和冷却时 Fe-Fe3C 相图上各相变点的位置

3.1.1　钢的奥氏体化

以共析钢为例,当加热到 Ac_1 点以上时,室温组织珠光体全部转变成奥氏体,即:

$$P_{0.77\%}(F_{0.0218\%}+Fe_3C_{6.69\%})\xrightarrow{Ac_1}A_{0.77\%}$$

由上述表达式可见,珠光体向奥氏体的转变,是由成分相差悬殊、晶格类型截然不同的两相(F+Fe₃C)转变成为另一种晶格类型的单相奥氏体(A)。因此,在奥氏体化过程中必然进行晶格的改组和铁、碳原子的扩散,并遵循形核和长大的基本规律。该过程可归纳为以下三个阶段(如图 3-5 所示):奥氏体晶核的形成和长大;残余渗碳体的溶解;奥氏体均匀化。

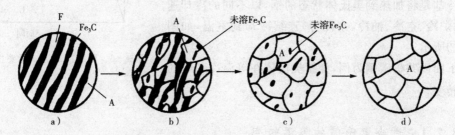

图 3-5　共析碳钢的奥氏体化示意图

钢在热处理过程中需要有一定的保温时间,这主要是为使工件表面与心部的温暖度趋于一致,并获得均匀的奥氏体组织,以便在冷却转变时得到良好的组织和性能。

亚共析钢和过共析钢加热到 Ac_1 点以上时,珠光体转变为奥氏体,得到的组织为奥氏体晶粒和先析出的铁素体或渗碳体,这种加热方式称为不完全奥氏体化。只有加热到 Ac_3 或 Ac_{cm} 点以上时,先析出相继续向奥氏体转变或溶解,才能获得单相的奥氏体组织,即完全奥氏体化。

3.1.2 奥氏体的晶粒度

奥氏体晶粒的大小对冷却转变后钢的性能有很大影响。热处理加热时,奥氏体晶粒愈细小、均匀,则冷却后钢的力学性能就愈好,热处理过程中变形与开裂倾向也较小。因此,奥氏体晶粒的大小是评定热处理加热质量的主要指标之一。

金属组织中晶粒的大小用晶粒度级别指数来表示。奥氏体晶粒度可通过与标准级图对比来评定。根据 GB6394—1986《金属平均晶粒度测定法》规定,奥氏体的标准晶粒度通常分为 00、0～10 共 12 级。一般认为 4 级以下为粗晶粒,5～8 级为细晶粒,8 级以上为超细晶粒。

奥氏体的晶粒大小除了与加热温度和保温时间有关外,还与奥氏体中碳的质量分数及合金元素的质量分数有关。随着奥氏体中碳的质量分数增加,晶粒长大倾向增加;含有能形成稳定碳化物、氮化物、氧化物的元素如钛、钒、铝等,能阻止奥氏体晶粒的长大。

3.2 钢在冷却时的组织转变

钢经加热获得均匀奥氏体组织,一般只是为随后的冷却转变作准备。钢的最终力学性能主要取决于奥氏体冷却转变后得到的组织,所以,研究奥氏体在不同冷却条件下的组织转变规律具有极为重要的意义。

在热处理生产中,常用的冷却方式有等温冷却和连续冷却两种。等温冷却是将加热到奥氏体状态的钢,快速冷却到 Ar_1 以下某一温度,并等温停留一段时间,使奥氏体发生转变,然后再冷却到室温,如图 3-6①所示。连续冷却是将加热到奥氏体状态的钢,以不同的冷却速度(如炉冷、空冷、油冷、水冷等)连续冷却到室温,如图 3-6②所示。

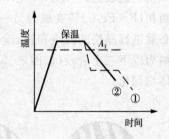

图 3-6 两种冷却方式示意图

下面以共析碳钢为例,介绍奥氏体在等温冷却时的组织转变。

3.2.1 过冷奥氏体的等温转变

奥氏体在相变点 A_1 以下就处于不稳定状态,必须要发生相变。但过冷到 A_1 以下的奥氏体并不是立即发生转变,而是要经过一个孕育期后才开始转变,这种在孕育期暂时存在的、处于不稳定状态的奥氏体称为"过冷奥氏体"。

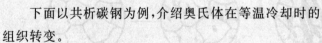

　　过冷奥氏体在不同温度下的等温转变,将使钢的组织与性能发生明显的变化。而奥氏体等温转变曲线是研究过冷奥氏体等温转变的重要工具。

　　过冷奥氏体等温转变曲线是利用过冷奥氏体转变产物的组织形态和性能的变化来测定的。常用的测定方法较多,现以金相法测定共析碳钢过冷奥氏体等温转变曲线为例,来说明其建立过程,如图 3-7 所示。

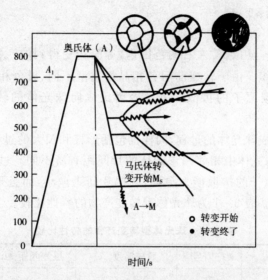

图 3-7　共析钢过冷奥氏体等温转变曲线的建立

　　首先将共析碳钢制成若干薄片小试样,并分为几组,每组有几个试样。将各组试样都在同样加热条件下奥氏体化,获得均匀的奥氏体组织。然后把各组试样分别迅速投入 A_1 点以下不同温度(如 720℃、700℃、650℃、600℃…)的等温浴槽中,使过冷奥氏体进行等温转变。同时从试样投入时刻起记录等温时间,每隔一定时间,在每一组中都取出一个试样淬入水中,将试样在不同时刻的等温转变状态固定下来。然后进行金相分析,由此得出各等温温度下过冷奥氏体的转变开始时间及转变终了时间,将其标注在温度—时间坐标系中,并连成曲线,这就是共析碳钢过冷奥氏体等温转变曲线,如图 3-8 所示。因其形状像字母"C",故又称其为 C 曲线。

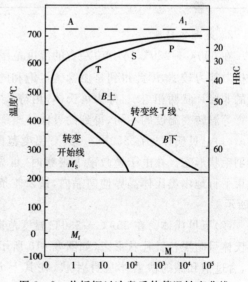

图 3-8　共析钢过冷奥氏体等温转变曲线

　　由图可见,A_1 线以下由过冷奥氏体开始转变点连接的线称为转变开始线;由转变终了线点连接的线称为转变终了线。转变开始线左边为过冷奥氏体区,即奥氏体处于尚未转变的准备阶段,这段时间称为孕育期,孕育期愈长,表示过冷奥氏体愈稳定。转变终了线右边为转变产物区,在这两条曲线之间是转变过程区(奥氏体+转变产物)。在 C 曲线的下方还有两条水平线,其中 M_s 线为马氏体转变开始线,M_f 线为马氏体转变终了线,在两线之间为马氏体转变过程区($A+M$)。

根据共析钢的 C 曲线,过冷奥氏体在 A_1 线以下不同过冷度的温度区间等温,进行着三种不同类型的组织转变:

1. 珠光体转变

过冷奥氏体在 Ar_1 至 550℃ 左右的范围内,等温转变得到的产物为由铁素体和渗碳体组成的珠光体型组织。由于转变前后各相晶格类型不同、成分相差悬殊,因此必须要进行晶格重组和铁、碳原子的扩散。故过冷奥氏体向珠光体的转变过程属于扩散型相变。

过冷奥氏体转变成珠光体的过程,同样也包括形核和长大的过程。由于在等温转变温度上的差异,导致珠光体中相邻两渗碳体的片间距有所不同。过冷度愈大(即等温转变温度愈低),铁、碳原子的扩散能力愈弱,则层片间距愈小,而且形成的珠光体晶粒愈细,强度、硬度便愈高。表 3-1 为珠光体型转变产物的特性比较。

表 3-1 珠光体型转变产物的特性比较

组 织 名 称	符 号	形成温度/℃	层片间距/μm	硬度(HRC)
珠光体	P	$Ar_1\sim650$	>0.3	$170\sim230$HBS
细珠光体(索氏体)	S	$650\sim600$	$0.1\sim0.3$	$25\sim35$
极细珠光体(托氏体)	T	$600\sim550$	<0.1	$35\sim40$

2. 贝氏体转变

在 550℃~230℃(M_s点)左右的温度范围内,由于过冷奥氏体等温转变温度较低,原子扩散能力较弱,因此得到是由含碳过饱和的铁素体与弥散分布的渗碳体(或碳化物)组成的非层片状两相组织,称为贝氏体,用符号"B"表示。这种转变属半扩散型转变。

等温转变温度的不同,得到的贝氏体组织形态也有所不同:

(1)上贝氏体。在 550℃~350℃ 温度范围内形成。在光学显微镜下,上贝氏体一般呈羽毛状形态。在电子显微镜下观察时,可见上贝氏体中,碳过饱和量不大的铁素体条成束平行地由奥氏体晶界伸向晶内,铁素体条间分布着粒状或短杆状的渗碳体,如图 3-9 所示。

(2)下贝氏体。在 350℃~230℃ 温度范围内形成。在光学显微镜下,共析碳钢的下贝氏体呈暗黑色针片状形态(如图 3-10 所示)。在电子显微镜下观察时,可见下贝氏体中,含过饱和碳的铁素体呈针片状,在其上分布着与长轴成 55°~60° 的微细 ε 碳化物($Fe_{2.4}C$)颗粒或薄片。

贝氏体的力学性能主要取决于它的组织形态。由于上贝氏体中铁素体片较宽,渗碳体较粗大且分布在铁素体层片间,故其强度低,塑性、韧性差,基本上无使用价值。下贝氏体中由于铁素体针内的碳化物呈高度弥散分布,故其具有较高的强度和硬度外,还有良好的塑性和韧性。共析碳钢中下贝氏体硬度可达到 45~55HRC。生产中常采用等温淬火来获得下贝氏体组织。

图 3-9　上贝氏体显微组织(600×)　　　图 3-10　下贝氏体显微组织(500×)

(3)马氏体转变

当奥氏体的冷却速度大于该钢的马氏体临界冷却速度,并过冷到 M_s 以下时就开始发生马氏体转变。由于该转变温度很低,只有 γ-Fe 向 α-Fe 晶格的改组,碳原子亦不能进行扩散,它被迫全部固溶在 α-Fe 晶格中。这种碳在 α-Fe 中的过饱和固溶体组织称为马氏体,用符号"M"表示。这个转变属于非扩散转变。

马氏体转变的主要特点为:

◆ 转变速度极快,内应力较大;

◆ 晶格发生严重畸变,塑性变形阻力增大;

◆ 奥氏体中的碳的质量分数愈高,则 M_s 与 M_f 愈低;

◆ 马氏体转变不能完全进行到底,会有少量的残余奥氏体被保留下来,奥氏体的碳的质量分数愈高,淬火后残余奥氏体的量愈多。

马氏体组织形态主要有板条状和片状两种。当碳的质量分数小于 0.2% 时,马氏体的形态为板条状,故又称低碳马氏体或板条状马氏体(图 3-11)。当碳的质量分数大于 1.0% 时,马氏体的形态为片状,故又称为高碳马氏体或片状马氏体(图 3-12)。当碳的质量分数介于两者之间时,则为板条状和片状马氏体的混合物。

图 3-11　低碳马氏体组织(400×)　　　图 3-12　高碳马氏体组织(1000×)

马氏体的硬度主要取决于马氏体中碳的质量分数,如图 3-13 所示。随着马氏体中的碳的质量分数的增加,马氏体的硬度增加,但当碳的质量分数大于 0.6% 时,硬度的增加趋于平缓。

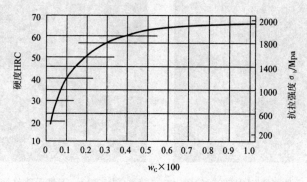

图 3-13 碳的质量分数对马氏体性能影响

马氏体的塑性与韧性也受碳的质量分数的影响,低碳的板条状马氏体具有良好的塑性和韧性,生产中常采用低碳钢和低碳合金钢淬火加低温回火工艺获得低碳回火马氏体,以提高材料的强韧性。

应当指出,亚共析碳钢和过共析碳钢过冷奥氏体等温转变曲线与共析碳钢的不同。在相同加热条件下,亚共析碳钢的 C 曲线随着碳的质量分数的增加而右移;过共析碳钢的 C 曲线随着碳的质量分数的增加而左移。所以共析碳钢的 C 曲线最靠右,过冷奥氏体最稳定,孕育期最长。此外,在亚共析碳钢和过共析碳钢的 C 曲线上部分别多出一条先析铁素体析出线和二次渗碳体析出线,如图 3-14 所示。

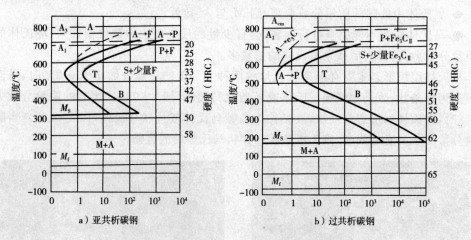

a) 亚共析碳钢   b) 过共析碳钢

图 3-14 碳的质量分数对 C 曲线的影响

3.2.2 过冷奥氏体的连续冷却转变

在热处理生产中,钢经奥氏体化后大多采用连续冷却。由于连续冷却转变曲线比较难以测定,故在实际生产中常用相应的 C 曲线来近似地分析连续冷却转变所得到的产物和性能,如图 3-15 所示为应用共析碳钢的等温转变曲线分析奥氏体的连续冷却转变过程。

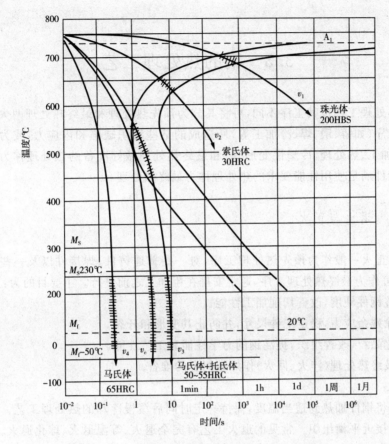

图 3-15　等温转变曲线在连续冷却转变中的应用

图中 v_1、v_2、v_3、v_4 分别表示不同冷却速度的冷却曲线。根据它们与 C 曲线相交的温度区间,可定性地确定它们连续冷却转变后的产物与性能。

v_1 相当于炉冷(退火),它与 C 曲线相交于 700℃～650℃,故转变后的产物为珠光体,硬度约为 170～220HBS。

v_2 相当于空冷(正火),它与 C 曲线相交于 650℃～600℃,故转变后的产物为索氏体,硬度约为 25～35HRC。

v_3 相当于油冷(淬火),它与 C 曲线转变开始线相交于 600℃～550℃,部分奥氏体转变为托氏体,但未与转变终了线相交,故剩余奥氏体在与 M_S 线相交后继续转变为马氏体。而转变后的产物为马氏体＋托氏体＋残余奥氏体的混合组织,硬度约为 45～55HRC。

v_4 相当于水冷(淬火),它与 C 曲线不相交于而直接过冷到 M_S 线以下转变为马氏体,故转变后的产物为马氏体＋少量残余奥氏体,硬度约为 60～65HRC。

图中 v_C 与 C 曲线的"鼻尖"相切,成为临界冷却速度。它是奥氏体向马氏体转变的最小冷却速度。

综上所述,钢的 C 曲线反映了过冷奥氏体在等温冷却或连续冷却条件下组织转变的规律。它对正确制订热处理工艺,分析热处理后的组织与性能,合理选材都具有重要的指导意义。

3.3 钢的热处理工艺

钢的热处理工艺按其工序不同,可将其分为预先热处理和最终热处理两大类。用于消除前道工序(如铸、锻、焊、冷加工等)所造成的某些组织缺陷和内应力,或为后一道工序(如机械加工、热处理、冷塑性变形等)和最终热处理做好准备的热处理称为预先热处理。为使工件满足使用性能要求的热处理称为最终热处理。

3.3.1 退火与正火

退火或正火一般作为预先热处理工序,对一些普通铸件、焊接件以及一些性能要求的工件,也可作为最终热处理工序,通常安排在粗加工之前进行。主要目的为:

◆ 调整钢件硬度,改善切削加工性能。

◆ 消除残余应力,稳定工件尺寸,并防止其变形和开裂。

◆ 细化晶粒,改善组织,提高钢的力学性能和工艺性能。

◆ 为最终热处理(淬火、回火)作好组织上的准备。

1. 退火

退火是将钢件加热到适当温度,保持一定时间后缓慢冷却的热处理工艺。退火态的组织基本上接近平衡组织。常见的退火工艺有完全退火、等温退火、球化退火、去应力退火等。

(1)完全退火

完全退火工艺是将亚共析碳钢工件加热到 Ac_3 以上 30℃~50℃,保温一定时间后,随炉缓冷却到 600℃以下,再出炉在空气中冷却的退火工艺。退火后获得晶粒细小的铁素体和珠光体组织。

完全退火主要用于亚共析成分的碳钢和合金钢的铸件、锻件及热轧型材,有时也用于焊接结构件。其目的是细化晶粒,消除内应力与组织缺陷,降低硬度,为随后的切削加工和淬火作好组织准备。

完全退火的过程所需时间较长,生产率较低,而且这种工艺不能用于过共析钢,因为加热到 Ac_{cm} 以上在缓慢冷却时会析出网状渗碳体,反而使钢的力学性能变坏。

(2)球化退火

球化退火是将钢件加热到 Ac_1 以上 10℃~20℃,保温一定时间后,再冷至 Ar_1 以下 20℃左右,等温一定时间,然后炉冷至 600℃左右出炉空冷。

球化退火主要用于共析或过共析成分的碳钢和合金钢。其目的是球化渗碳体(或其他结构碳化物),以降低硬度,以改善切削加工,并为淬火作好组织准备。

过共析碳钢经热轧、锻造后,组织中会出现层状珠光体和二次渗碳体网,这不仅使钢的硬度增加,切削加工性变坏,而且淬火时,易产生变形和开裂。为了克服这一缺点,可采用球化退火,使珠光体中的层状渗碳体和二次渗碳体网都能球化,变成球状(粒状)的渗碳体。这种在铁素体基体上均匀分布着球状渗碳体的组织,称为球化体(球状珠光体)。

(3)去应力退火

去应力退火又称低温退火,它主要用于消除铸件、锻件、焊接件、冷冲压件以及机加工工件的残余应力。如果这些残余应力不予消除,工件在随后的机械加工或长期使用过程中,将引起变形或开裂。

去应力退火工艺是将工件缓慢加热到 Ac_1 以下 100℃～200℃(一般为 500℃～600℃),保温一定时间,然后随炉缓冷到 200℃再出炉空冷。由于去应力退火的加热温度低于 A_1 线,故钢在去应力退火过程中不发生相变,主要是在保温时消除残余应力。

一些大型焊接结构件,由于体积庞大,无法装炉退火,可用火焰加热或感应加热等局部加热方法,对焊缝及热影响区进行局部去应力退火。

2. 正火

正火是将钢加热到相变点 Ac_3 或 Ac_{cm} 以上 30℃～50℃完全奥氏体化后,保温后在空气中冷却的热处理工艺。

正火和完全退火的作用相似。它也是将钢加热奥氏体区,使钢进行重结晶,从而解决铸钢件、锻件的粗大晶粒和组织不均等问题。但正火比退火的冷却速度稍快,所形成的组织为索氏体,因而强度、硬度更高,但韧性并未下降。

正火主要用于:

(1)作为普通结构零件的最终热处理。因为正火可消除铸造或锻造中产生的过热缺陷,细化晶粒,提高力学性能,能满足普通结构零件的使用性能要求。

(2)改善低碳钢和低碳合金钢的切削加工性。低碳钢和低合金钢退火后硬度较低,切削加工时易产生"粘刀"现象,经正火能使其硬度有所提高,从而改善切削加工性。

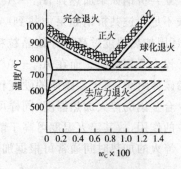

图 3 - 16　退火和正火的加热温度范围

(3)消除过共析钢中二次渗碳体,为球化退火作好组织准备。因为正火冷却速度较快,二次渗碳体来不及沿奥氏体晶界呈网状析出。

图 3 - 16 为几种退火和正火的加热温度范围示意图。

3. 退火与正火的选择

退火与正火同属钢的预先热处理,在操作过程中(如装炉、加热速度、保温时间)都基本相同,只是冷却方式不同,在实际生产中有时两者可以互相代替。选择时可从以下几方面考虑:

(1)从切削加工方面考虑。根据实践经验,硬度在 160～230HBS 范围内,切削加工性能最好。因此,低碳钢、中碳钢、低碳合金钢应选正火;而 $w_C > 0.5\%$ 的非合金钢、中碳以上的合金钢应选用退火作为预先热处理。

（2）从使用性能方面考虑。对于亚共析钢,正火比退火的力学性能更好,因此如果工件性能要求不高时,可用正火作为提高性能的最终热处理方法。对于某些形状比较复杂的大型铸件,为了减少内应力避免变形和裂纹应该采用退火。

（3）从经济方面考虑。正火比退火的生产周期要短得多,设备利用率高,且操作简便,所以在可能条件下,应尽量以正火代替退火。

3.3.2 淬火

将钢加热到 Ac_3 或 Ac_1 点以上某一温度,保温一定时间后快速冷却以获得马氏体或贝氏体的热处理工艺称为淬火。

1. 淬火工艺

（1）淬火加热温度

钢的化学成分是决定其淬火温度的最主要因素。因此,碳钢的淬火加热温度可根据 $Fe-Fe_3C$ 相图来选择,如图 3-17 所示。其淬火加热温度为:

$$\text{亚共析钢} \quad t = Ac_3 + 30℃ \sim 70℃$$

$$\left.\begin{array}{l}\text{共析钢} \\ \text{过共析钢}\end{array}\right\} t = Ac_1 + 30℃ \sim 70℃$$

亚共析钢如果加热到 $Ac_1 \sim Ac_3$ 之间,则淬火后的组织中将出现铁素体,造成硬度不匀或不足。过共析钢如果加热到 Ac_{cm} 以上,不仅使原有的碳化物全部溶入奥氏体而消失,还因加热温度过高而导致晶粒粗大,其结果将使淬火钢的硬度降低、脆性增大,并加剧了淬火开裂倾向。而在 $Ac_1 + 30℃ \sim 70℃$ 温度范围内加热淬火,可获得马氏体+细粒状渗碳体组织,由于渗碳体的硬度较高,可提高淬火钢的耐磨性。

合金钢的淬火加热温度,同样可根据其相变点来确定。但大多数合金元素都有细化晶粒的作用,故其淬火温度可高于前述公式的值。

淬火的加热时间通常可根据加热设备及工件的有效厚度来确定。

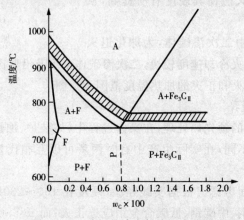

图 3-17　碳钢的淬火加热温度范围

（2）淬火冷却介质

为了获得马氏体，钢在淬火时的冷却速度必须大于钢的临界冷却速度。但是，冷却速度愈快，冷却后工件的内应力愈大，变形、开裂倾向愈大。故理想的淬火介质应为：在 C 曲线鼻尖附近（500℃～650℃）应快冷，避免过冷奥氏体发生转变；而在此温度以上或以下应缓冷，以降低工件的热应力和组织应力，如图 3-18 所示。

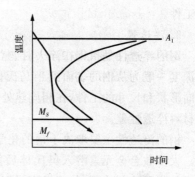

图 3-18 理想冷却介质冷却特性

水是最常用的淬火介质之一。水的冷却特性并不理想，当工件温度在 200℃～300℃时，其冷却能力较大，易引起淬火件的变形、开裂，故主要用于形状简单的碳钢工件。

油与水相比，当工件温度在 550℃～650℃和 200℃～300℃时，其冷却能力较差，故不利于碳钢的淬火，但却减小了工件的变形和开裂倾向，故主要适用于合金钢的淬火。

此外，盐或碱的水溶液（如 NaCl、NaOH 水溶液等）、熔融状态的盐、水玻璃淬火剂也可用作淬火介质。

2. 淬火方法

生产中常用的淬火方法有以下几种：

（1）单液淬火。将奥氏体化的工件浸入到一种淬火介质中连续冷却到室温的淬火工艺，如图 3-19 中 a 线段所示。如碳钢在水中淬火，合金钢在油中淬火等。这种方法操作简单，易实现机械化和自动化。但由于水和油的冷却特性都不理想，所以它常用于形状简单的工件淬火。

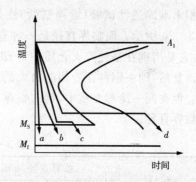

图 3-19 常用淬火方法

（2）双液淬火。将奥氏体化的工件先浸入冷却能力较强的介质中，冷却到稍高于 M_s 温度，再立即转入另一种冷却能力较弱的介质中，使之发生马氏体转变的淬火工艺，如图 3-19 中 b 线段所示。如碳钢常用先水淬后油淬，而合金则采用先油淬后空冷。双液淬火法充分利用了两种冷却介质的优点，使冷却条件接近理想状态，但操作较难控制，要求操作者有一定的实践经验。

（3）分级淬火。将奥氏体化的工件浸入温度在 M_s 点附近的盐浴和碱浴中，保持适当时间，待工件内外层都达到介质温度后取出空冷，以获得马氏体组织的淬火工艺，如图 3-19c 所示。分级淬火法显著减小了淬火应力，降低了工件变形、开裂倾向。由于受盐浴和碱浴冷却能力的限制，故只适用于形状复杂、小型的碳钢及合金钢的工件。

（4）等温淬火。将奥氏体化的工件浸入温度稍高于 M_s 的盐浴或碱浴中，保持足够时间，使其发生下贝氏体转变后取出空冷的淬火工艺，如图 3-19d 所示。等温淬火不仅淬火应力小，能有效防止变形和开裂，而且能获得具有高强度和良好韧性相配合的下贝氏体组织。但由于盐浴或碱浴的冷却能力较小,故适用于形状复杂、尺寸精度要求高的小型工件。

3. 淬透性

钢的淬透性是指钢在淬火时能获得淬硬深度的能力,它是钢材本身固有的属性。淬硬深度一般为从钢的表面到半马氏体区(即 50%马氏体+50%非马氏体)的垂直距离。相同形状和尺寸的工件,在相同热处理条件下,淬硬深度大的材料淬透性好,淬硬深度小的材料淬透性差。

钢的淬透性主要取决于钢的化学成分和奥氏体化条件。大多数合金元素溶入奥氏体后使 C 曲线右移,降低了钢的临界冷却速度,从而提高了钢的淬透性;奥氏体化温度愈高,保温时间愈长,则奥氏体晶粒愈粗大,成份愈均匀,钢的淬透性提高。

钢的淬透性对其淬火后的力学性能影响很大。如同样经调质处理的钢,若完全淬透,其表面与心部的组织、性能一致,具有良好的综合力学性能;若未淬透,则表面虽具有一定的硬度,但其心部的力学性能不足,尤其是韧性。

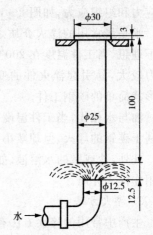

图 3-20 端淬试验装置示意图

淬透性的测定方法很多,按 GB225-1963 规定,结构钢末端淬透性试验(端淬试验)法是最常用的方法,如图 3-20 所示。而临界直径是一种直观衡量淬透性的方法,它是指钢在某种淬火介质中冷却后,心部能得到半马氏体组织的最大直径,用 D_c 表示。显然,同一钢种在冷却能力大的介质中,比冷却能力小的介质中所得的临界直径要大。但在同一冷却介质中,钢的临界直径愈大,则其淬透性愈好。表 3-2 为几种常用钢的临界直径。

表 3-2 常用钢的临界直径

牌 号	临界直径/mm		牌 号	临界直径/mm	
	水 淬	油 淬		水 淬	油 淬
45	13~16.5	5~9.5	35CrMo	36~42	20~28
60	11~17	6~12	60Si2Mn	55~62	32~46
T10	10~15	<8	50CrVA	55~62	32~40
65Mn	25~30	17~25	38CrMoAlA	100	80
20Cr	12~19	6~12	20CrMnTi	22~35	15~24
40Cr	30~38	19~28	30CrMnSi	40~50	32~40
35SiMn	40~46	25~34	40MnB	50~55	28~40

因此,钢的淬透性是合理选材和确定热处理工艺的一项重要指标。

必须指出,钢的淬透性与淬硬性是两种完全不同的概念。钢的淬硬性是指钢在淬火后能达到的最高硬度,它主要取决于钢中碳的质量分数,更确切地说是取决于马氏体中碳的质量分数。淬透性好的钢,它的淬硬性不一定高。如低碳合金钢的淬透性相当好,但它的淬硬性却不高;而高碳工具钢的淬透性较差,但它的淬硬性很高。

3.3.3　回火

回火是指将淬火钢重新加热到 A_1 以下某一温度,保温一定时间,然后冷却到室温的热处理工艺称为回火。钢在淬火后一般都要进行回火处理。回火的主要目的是:

(1)获得工件所需的组织和性能。在通常情况下,钢淬火组织为淬火马氏体和少量残余奥氏体,它具有高的强度和硬度,但塑性与韧性较低。为了满足各种工件的不同性能的要求,就必须配以适当回火来改变淬火组织,以调整和改善钢的性能。

(2)稳定工件尺寸。淬火马氏体和残余奥氏体都是不稳定的组织,它们具有自发的向稳定组织转变的趋势,因而将引起工件的形状和尺寸的改变,通过回火是淬火组织转变为稳定组织,从而保证工件在使用过程中,不再发生形状和尺寸的改变。

(3)消除或减小淬火应力。工件在淬火后存在很大内应力,如不及时通过回火消除,会引起工件进一步变形甚至开裂。

1. 回火时的组织转变

回火时的加热将有利于淬火马氏体和残余奥氏体向稳定的组织转变。随着回火温度的提高,淬火钢的组织变化可以归纳为以下四个阶段:

(1)马氏体的分解(<200℃)

当回火温度大于 100℃ 时,马氏体中开始析出与之共格的 η—碳化物,该组织称为回火马氏体,此时内应力下降,硬度基本不变。

(2)残余奥氏体的转变(200℃～300℃)

马氏体继续转变为回火马氏体,少量残余奥氏体转变为下贝氏体,内应力继续下降,硬度并不明显下降。

(3)渗碳体的形成(250℃～400℃)

η—碳化物转变为渗碳体,并与母相脱离共格关系,α固溶体的过饱和度消失。组织为未发生再结晶的铁素体上分布着细颗粒状的渗碳体,称为回火托氏体。此时,内应力完全消失,硬度下降。

(4)渗碳体的聚集长大,铁素体再结晶(>400℃)

铁素体发生再结晶,变为等轴状晶粒,渗碳体聚集长大。组织为等轴状的铁素体上分布着渗碳体,称为回火索氏体。此时,硬度进一步下降,而塑性、韧性提高。

2. 回火种类

钢经淬火后的组织和性能主要取决于回火温度。根据回火温度的不同,回火方法主要有以下三种:

(1)低温回火。其回火温度范围为 150℃～250℃,回火后的组织为回火马氏体。它基本上保持了淬火后的高硬度(一般为 58～64HRC)和高耐磨性。主要目的是降低淬火内应力和脆性,大多用于处理各种工具(刃具、模具、量具)、滚动轴承、渗碳件及表面淬火的工件等。

为了提高精密零件与量具的尺寸稳定性,可在 100℃～150℃下进行长时间(可达数十小时)的低温回火,这种处理方法称为稳定化处理。

(2)中温回火。其回火温度范围为 350℃～500℃,回火后的组织为回火托氏体。它的硬度约为 35～45HRC,且具有较高的屈服强度和弹性极限,并具有一定的塑性和韧性。大多用于处理各种弹簧、发条及锻模等。

(3)高温回火。其回火温度范围为 500℃～650℃,回火后的组织为回火索氏体。它的硬度约为 25～35HRC,同时具有较高的强度和良好的塑性、韧性,即具有良好的综合力学性能。它广泛用于处理各种重要的零件,如轴、连杆、齿轮等,也可作为某些精密零件(如量具、模具等)的预先热处理。生产中常将淬火＋高温回火的热处理称为调质处理,主要用于中碳钢和中碳合金钢工件的热处理。

3. 回火脆性

淬火钢回火时,随着回火温度的升高,通常强度、硬度降低,而塑性、韧性提高。但在某些温度范围内回火时,钢的韧性不仅没有提高,反而显著降低,这种现象称为回火脆性。如图 3-21 所示。

淬火钢在 250℃～350℃范围内回火时所发生的回火脆性称为第一类回火脆性或低温回火脆性。由于它是不可逆的,故工件应尽量避免在此温度范围内回火。

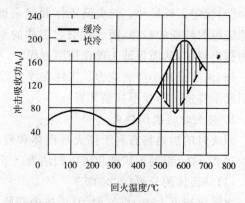

图 3-21　钢的冲击韧度与回火温度的关系

某些合金钢在 450℃～650℃进行回火时也会产生回火脆性,称为第二类回火脆性或高温回火脆性。生产中常采用回火后快冷或在合金钢中

加入钼、钨等合金元素来有效抑制这类回火脆性。

3.3.4　表面淬火

机械上有不少零件是在动载荷和摩擦条件下工作的,它们要求其表面具有高硬度和高耐磨性,而心部则要求具有足够的塑性和韧性,如曲轴、凸轮轴、齿轮、活塞销及轧辊等。如果仅从选材入手或采用普通热处理方法是难以达到要求的,一般应采用表面淬火或化学热处理。

表面淬火是一种不改变钢的表层化学成分,但改变表层组织的局部热处理方法。它是通过快速加热,使钢的表层奥氏体化,在热量尚未充分传至中心时立即予以淬火冷却,使表层获得硬而耐磨的马氏体组织,而心部仍保持着原有塑性、韧性较好的退火、正火或调质状态的组织。

根据加热方法的不同,表面淬火可分为感应加热表面淬火、火焰加热表面淬火、电解液加热表面淬火、激光加热表面淬火和电子束加热表面淬火等。

1. 感应加热表面淬火

感应加热表面淬火法的原理如图 3-22 所示。将工件放入感应加热器(空心铜管绕成)内,在感应器中通入一定频率的交流电以产生交变磁场,于是工件内就会产生频率相同、方向相反的感应电流。感应电流在工件内自成回路,故称为"涡流"。涡流在工件截面上的分布是不均匀的(如图 3-22 所示),表面密度大,中心密度小,通入感应器的电流频率越高,涡流集中的表面层越薄,这种现象称为"集肤效应"。由于钢本身具有电阻,因而集中于工件表层的涡流,可使表层迅速被加热到淬火温度,而心部温度仍接近室温,所以在随即喷水快速冷却后,就达到了表面淬火的目的。

感应加热时的淬硬层深度主要取决于电流频率。由于通入感应加热器的电流频率越高,感应涡流的集肤效应就越

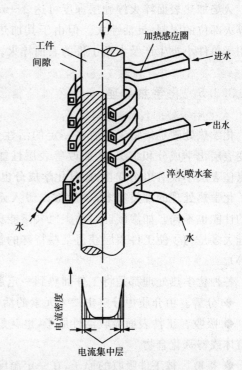

图 3-22　感应加热表面淬火示意图

强烈,故频率越高,则淬硬层深度越浅。生产中常用的感应加热方法见表 3-3。

表 3-3　常用感应加热方法的种类、特性及应用

感应加热名称	常用频率	淬硬层深度/mm	应　　　用
高　频	(200~300)kHz	<2	小模数齿轮,中小型零件
中　频	2500~8000Hz	2~10	大、中模数齿轮,直径较大的轴
工　频	50Hz	>10~15	轧辊等大型零件,用作穿透加热

与普通加热淬火相比,感应加热表面淬火有以下特点:

◆ 加热速度快。零件有室温加热到淬火温度仅需几秒到几十秒的时间。

◆ 淬火质量好。由于加热迅速,奥氏体晶粒来不及长大,淬火后表层获得针状马氏体,硬度比普通淬火高 2~3HRC。

◆ 淬硬层深度易于控制,淬火操作也易实现机械化和自动化,但设备较昂贵,主要用于大批量生产。

感应加热淬火件的常用工艺路线为:锻造→退火或正火→粗加工→调质→半精加工→感应加热表面淬火→低温回火→精加工。

2. 火焰加热表面淬火

火焰加热表面淬火就是利用氧-乙炔(或其他可燃气)火焰对零件表面进行加热,随之淬火冷却的工艺。

火焰加热表面淬火淬硬层深度可达 2～6mm,且设备简单、使用方便、不受工件大小和淬火部位的限制、灵活性大。但由于其加热温度不易控制、容易过热、硬度不匀,故主要用于单件小批生产及大型工件的表面淬火。

3.3.5 化学热处理

化学热处理是指将工件放在一定的活性介质中加热,使某些元素渗入工件表层,以改变表层化学成分和组织,从而改善表层性能的热处理工艺。它与其他热处理比较,其特点使表层不仅有组织变化,而且化学成分也发生了变化。

化学热处理的种类很多,一般都以渗入元素来命名。渗入元素不同,工件表层所具有的性能也不同。如渗碳、渗氮、碳氮共渗能提高工件表层的硬度和耐磨性;渗铬、渗铝、渗硅大多是为了使工件表层获得某些特殊的物理化学性能(如抗氧化性、耐高温性、耐酸性等)。

各种化学热处理都是将工件加热到一定温度后,并经历以下三个基本过程:

◆ 分解。由介质中分解出渗入元素的活性原子。

◆ 吸收。工件表面吸收活性原子,也就是活性原子由钢的表面进入铁的晶格而形成固溶体或特殊化合物。

◆ 扩散。被工件吸收的原子,在一定温度下,由表面向内部扩散,形成一定厚度的扩散层。

目前在机械制造业中,最常用的化学热处理有渗碳、渗氮和碳氮共渗。

1. 渗碳

渗碳是一种为了增加钢件表层碳的质量分数和一定的碳浓度梯度,将钢件在渗碳介质中加热并保温使碳原子渗入表层的化学热处理工艺。

(1)渗碳目的及用钢。在机器制造工业中,有许多重要零件(如汽车、拖拉机变速箱齿轮、活塞销、摩擦片及轴类等),它们都是在变动载荷、冲击载荷、很大接触应力和严重磨损条件下工作的,因此要求零件表面具有高的硬度、耐磨性及疲劳极限,而心部具有较高的强度和韧性。生产中一般采用 $w_c=0.1\%～0.25\%$ 的低碳钢或低合金钢进行渗碳处理来达到其性能要求。

(2)渗碳方法。有气体渗碳法、固体渗碳法和液体渗碳法三种渗碳方法。生产中常用气体渗碳法。它是将工件放在密闭的加热炉中(通常采用井式炉,如图 3-23 所示),通入渗碳剂,并加热到 900℃～930℃进行保温。常用的渗碳剂有煤油、甲醇、丙酮等。渗碳剂在高温下分解成含有活性原子的渗碳气氛,如 $2CO\rightarrow[C]+CO_2$,$CH_4\rightarrow[C]+H_2$。活性原子被工件表面吸收,从而获得一定深度的渗碳层。渗碳层的深度主要取决于保温时间,保温时间愈长,渗碳层愈厚。

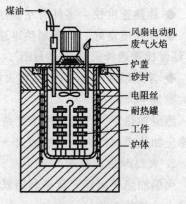

图 3-23 气体渗碳示意图

(3)渗碳后的组织及热处理。工件经渗碳后表层为过共析组织(P+少量的 Fe_3C_{II})，心部为原来的亚共析组织(P+F)，中间为过渡层。渗碳缓冷后的显微组织如图 3-24 所示。

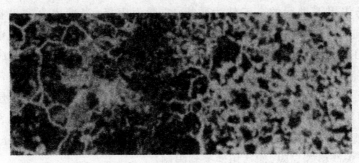

图 3-24　低碳钢经渗碳缓冷后的显微组织

为了提高工件表层的硬度和耐磨性，渗碳后的工件必须进行淬火+低温回火处理。常用的淬火方法有直接淬火法和一次淬火法两种。直接淬火法是指从渗碳炉取出后直接淬硬，由于加热温度较高，晶粒易粗大，故主要用于细晶粒钢或性能要求不高的工件。一次淬火法是指从渗碳炉取出后空冷，再加热到奥氏体化温度淬火，这样可使工件心部组织细化，从而获得较好的性能。

渗碳件经淬火+低温回火后的最终组织是：表层为回火马氏体+少量残余奥氏体，硬度可达 58～64HRC；心部取决于钢的淬透性和工件截面尺寸，碳钢一般为珠光体和铁素体，其硬度为 10～15HRC，合金钢一般为低碳马氏体和铁素体，其硬度为 30～45HRC。

渗碳工件的一般工艺路线为：锻造→正火→机械加工→渗碳→淬火+低温回火→精加工。

2. 渗氮

渗氮是在一定温度下(一般在 Ac_1 温度下)使活性原子渗入工件表面的化学热处理工艺。渗氮后的工件表层具有更高的硬度(相当于 68～72HRC)和耐磨性，高的疲劳强度和耐蚀性。目前常用的渗氮方法有气体渗氮和离子渗氮两种。

(1)气体渗氮。气体渗氮通常也是在井式炉内进行，渗氮介质为氨气，渗氮温度一般为 500℃～560℃，与渗碳相比，渗氮处理具有以下特点：

◆ 渗氮用钢大多采用专用渗氮钢 38CrMoAlA，渗氮后钢的表面可形成一层高硬度的合金氮化物，故工件不需再进行淬火处理便具有高的硬度和耐磨性，且在 500℃～600℃时仍保持高的硬度(即红硬性)。

◆ 显著提高了工件的疲劳极限，且使工件具有良好的耐蚀性。

◆ 处理温度低，工件变形小。

◆ 氮化所需时间长。一般渗氮层深度为 0.4～0.6mm，其渗氮时间约需 40～70 小时。

故渗氮处理主要用于耐磨性和精度要求很高的零件或要求耐热、耐蚀的耐磨件，如高精度机床丝杠、镗床镗杆、精密传动齿轮和轴、汽轮机阀门和阀杆、发动机气缸和排气阀等。

渗氮零件的一般工艺路线为:锻造→正火或退火→粗加工→调质→精加工→去应力→粗磨→氮化→精磨或研磨。

(2)离子氮化。离子渗氮是用来加速渗氮过程的一种工艺。离子渗氮是在真空室内高压直流电场作用下进行的。工件为阴极,炉壁为阳极,当炉内真空度抽之 13.33～1.333Pa 后,向炉内通入氮气,并在阴阳极之间加上高压(500～800V)直流电。在高压电场的作用下,工件周围氮气被电离成氮和氢的正离子和电子,工件表面形成一层紫色辉光,高能量的氮离子高速轰击工件的表面,使其表层温度升高(约 500℃～700℃),同时,氮离子在阴极上夺取电子后还原成氮原子渗入工件表层,经扩散形成渗氮层。这种方法大大缩短了渗氮时间,一般仅为气体渗氮的 1/2～1/4,并且还能降低工件表面渗氮层的脆性,明显地提高韧性和疲劳极限。但目前离子氮化还存在投资高,温度分布不均,测温困难和操作要求严格等局限,使适用性受到限制。

3. 碳氮共渗

碳氮共渗是向钢的表面同时渗碳和氮原子的过程。其主要目的是提高工件的表面硬度、耐磨性和疲劳极限。

目前生产中应用较广有低温碳氮共渗和中温碳氮共渗两种方法。

(1)中温气体碳氮共渗。中温气体碳氮共渗所用的钢为低碳或中碳的碳钢和合金钢,处理方法与渗碳相似,即在井式炉中通入渗碳和渗氮用的混合气体(如同时滴入煤油和通入氨气),加热温度为 820℃～860℃保温一定时间,在此温度下以渗碳为主,故共渗后还需进行淬火+低温回火。与渗碳相比,在渗层含碳量相同的情况下,共渗层的耐磨性及疲劳强度都比渗碳层高,且有一定的抗蚀能力;又因加热温度较低,工件变形小,生产周期也短,因此有取代气体渗碳的趋势。它广泛用于处理汽车、拖拉机上的各种齿轮、轴类零件。

(2)低温碳氮共渗。又称气体软氮化,常用处理温度为 560℃～570℃,时间为 2～3h,常用的共渗剂为尿素或甲酰胺。由于处理温度低,故在此温度下的共渗以渗氮为主。各种碳钢、合金钢、介质为铸铁等材料均可进行软氮化处理。经软氮化处理后的工件不仅耐磨、耐疲劳、抗咬合、抗擦伤等性能度有了较大的提高,且软氮化层还有一定的韧性,不易剥落。目前已在模具、量具及耐磨件处理方面得到了广泛的应用。但软氮化的渗层太薄,不适宜在重载条件下工作。

3.3.6 热处理工序位置安排

热处理工序一般安排在铸、锻、焊等热加工和切削加工的各个工序之间。根据热处理的目的和工序位置的不同,可将其分为预先热处理和最终热处理两大类。

预先热处理包括退火、正火和调质等。

正火和退火的作用是消除热加工毛坯的内应力、细化晶粒、调整组织、改善切削加工性,为后续热处理工序作好组织准备。其工序位置均安排在毛坯生产之后,切削加工之前。对于精密零件,为了消除切削加工的残余应力,在切削加工之间还应安排去应力退火。

调质主要是提高零件的综合力学性能,或为以后表面淬火和为易变形的精密零件的整体淬火作好组织准备。调质工序一般安排在粗加工之后、半精加工之前。若粗加工之前调质,对于淬透性差的碳钢零件,表面调质层的优良组织很可能在粗加工中大部分被切除掉,失去调质作用。

有些零件性能要求不高,在铸、锻后经退火、正火调质后即可满足要求,则它们也可作为最终热处理。

最终热处理包括各种淬火＋回火及表面热处理等。零件经这类热处理后硬度较高,除磨削外,不适宜其他切削加工,故其工序位置应尽量靠后,一般均安排在半精加工之后,磨削之前。

生产过程中,由于零件选用的毛坯与工艺过程的需要不同,在制定具体加工路线时,热处理工序还可能有所增减,因此工序位置的安排必须根据具体情况灵活运用。

先导案例解答

CA6140 车床主轴是典型的受扭转、弯曲复合作用的轴件,由它的性能要求(受中等载荷、冲击载荷也不大、轴颈处要求耐磨)可知,材料一般选用 45 钢制造,并进行正火、调质和表面淬火等,具体工艺路线如下:

下料→锻造→正火→粗加工→调质→半精加工→轴颈处表面淬火＋低温回火→精加工。

正火的目的是为了调整工件硬度,改善切削加工性能;调质处理是为了提高轴件的综合力学性能,以便在表面淬火时得到均匀致密的硬化层;表面淬火的目的是为了使轴颈处获得高硬度和耐磨性。

小　结

本章主要介绍热处理原理及各种热处理的定义、种类及应用等,主要内容小结如下:

1. 过冷奥氏体冷却时的组织转变

转变产物		转变温度	转变类型及组织	组织形态	性能特点
珠光体 P	珠光体 P	$A_{r1} \sim 650$	扩散型转变,组织为铁素体与渗碳体的机械混合物	片状	硬度较低,韧性较好,综合机械性能良好,其强度和硬度随转变温度下降而升高
	索氏体 S	$650 \sim 600$		细片状	
	屈氏体 T	$600 \sim 550$		极细片状	
贝氏体 B	上贝氏体 $B_上$	$550 \sim 350$	半扩散型转变,组织为过饱和碳的铁素体和渗碳体组成的两相混合物	羽毛状	主要取决于组织形态。上贝氏体强度低、塑性和韧性差,基本上无使用价值。下贝氏体具有较高的强度和硬度外,还具有良好塑性和韧性
				黑色针片状	
	下贝氏体 $B_下$	$350 \sim 230$			
马氏体 M	马氏体	$M_s \sim M_f$	非扩散型转变,组织为碳在 $\alpha-Fe$ 中的过饱和固溶体	$<0.2\%C$,板条状	硬度高。马氏体的硬度主要取决于马氏体中碳的质量分数。片状马氏体硬而脆,板条状马氏体强而韧
				$0.2\%<C\%<1\%$,板条状＋片状	
				$>1\%C$,片状	

2. 钢的各种常用热处理工艺及应用

种类		热处理目的	加热温度范围	冷却方式	热处理后组织	应 用
退火	完全	细化晶粒,消除内应力与组织缺陷,降低硬度,为随后的切削加工和淬火作好组织准备	$Ac_3+30℃\sim50℃$	缓慢冷却,通常炉冷	P+F	主要用于亚共析成分的碳钢和合金钢的铸件、锻件及热轧型材,也可用于焊接结构
	球化	球化渗碳体,以降低硬度,改善切削加工性,并为淬火作好组织准备	$Ac_1+10℃\sim20℃$		球状 P	主要用于共析或过共析成分的碳钢和合金钢
	去应力	消除内应力,防止变形和开裂	$500℃\sim600℃$		组织不变	主要用于消除铸件、锻件、焊接件或切削加工过程中的残余应力
正火		细化组织,提高机械性能,提高低碳钢的切削性能	$Ac_3+30℃\sim50℃$	空冷	S+F（或 S）	用于亚共析钢淬火前的预备热处理。有时亦可作为最终热处理
		破碎网状的二次渗碳体,为球化退火作准备	$Ac_{cm}+30℃\sim50℃$		S+Fe₃C	常用于过共析钢球化退火前
淬火		获得马氏体,以提高钢的强度和硬度及耐磨性;获得优良使用性能	$Ac_3+30℃\sim70℃$ / $Ac_1+30℃\sim70℃$	水冷或油冷	M+A残	用于各种钢件
回火	低温	降低淬火内应力和脆性	$150℃\sim250℃$		回火 M	用于处理各种工具（刃具、模具、量具）、滚动轴承、渗碳件及表面淬火的工件等
	中温	提高弹性极限和屈服强度,提高韧性,降低硬度	$350℃\sim500℃$		回火 T	用于处理各种弹簧、发条及锻模等
	高温	获得优良的综合机械性能	$500℃\sim650℃$		回火 S	用于处理各种重要的零件,如曲轴、连杆、齿轮、轴等,也可作为某些精密工件（量具、模具等）的预备热处理
高频淬火		提高表面硬度、耐磨性及疲劳强度	$Ac_3+80\sim150℃$,水冷,$180℃\sim200℃$回火		表层 M回	宜用于中碳钢制作的中小轴、齿轮零件
渗碳		提高表面耐磨性、疲劳强度,保持心部韧性	$900℃\sim930℃$渗碳后淬火+低温回火		表层 M回+碳化物	主要用于重要的齿轮等零件
氮化		提高表面硬度、耐磨性和疲劳强度	$500℃\sim560℃$氮化		表层:氮化物	使用于各种耐磨性和精度要求很高的零件

3. 热处理工序安排

(1)预备热处理。其目的是改善毛坯的加工性能,消除内应力和为最终热处理作准备。它包括退火、正火、时效和调质等。

① 退火和正火。一般安排在毛坯制造之后粗加工之前进行,但也有将正火安排在粗加工之后进行的。

② 调质。一般安排在粗加工之后和半精加工阶段之前进行。

(2)最终热处理。目的主要是提高零件材料的硬度和耐磨性,包括各种淬火、渗碳和氮化处理等。

① 淬火。分整体淬火和表面淬火两种。淬火经常安排在半精加工之后和精加工之前进行。一般的工艺路线为:毛坯制造—正火(退火)—粗加工—调质—半精加工—表面淬火—精加工。

② 渗碳淬火。一般安排在半精加工和精加工之间进行。一般的加工路线为:下料→锻造→正火→粗及半精加工→渗碳淬火→精加工。

③ 氮化处理。氮化工序位置应尽量靠后安排。氮化零件的加工工艺路线一般为:下料→锻造→退火→粗加工→调质→半精加工→除应力→粗磨→氮化→精磨、超精磨或研磨。对于热处理变形更小的真空离子氮化,则可以安排在精磨之后作为最后一道工序进行。

复习思考题

3-1　画出 T8 钢的过冷奥氏体等温转变曲线。为了获得以下组织,应采用什么冷却方式?并在等温转变曲线上画出冷却曲线示意图。

珠光体、索氏体、托氏体+马氏体+残余奥氏体、下贝氏体、马氏体+残余奥氏体

3-2　确定下列钢件的退火方法,并指出退火的目的及退火后的组织。

① 经冷轧后的 15 钢板,要求降低硬度;

③ 锻造过热的 60 钢锻坯;

④ 具有片状渗碳体的 T12 钢坯。

3-3　指出下列工件正火的主要目的及正火后的组织:

① 20 钢齿轮　② 45 钢小轴　③ T12 钢锉刀

3-4　分别比较 45 钢、T12 钢经不同热处理后硬度值的高低,并说明原因。

① 45 钢加热到 700℃后水冷;　　② 45 钢加热到 750℃后水冷;

③ 45 钢加热到 840℃后水冷;　　④ T12 钢加热到 700℃后水冷;

⑤ T12 钢加热到 750℃后水冷;　　⑥ T12 钢加热到 900℃后水冷。

3-5　用 T12 钢制成锉刀,其加工工艺路线为:下料→锻造→热处理→机加工→热处理→精加工。试问:

① 两次热处理的具体工艺名称及其作用;

② 确定最终热处理的工艺参数,并指出获得的显微组织及大致硬度。

3-6　45 钢经调质处理后的硬度为 220HBS,再经 220℃低温回火硬度能否提高? 45 钢经淬火+200℃低温回火后硬度偏高,再经 560℃高温回火硬度能否降低? 为何?

3-7　有一轴类零件,要求摩擦部分表面硬度为 50~55HRC,现用 30 钢制作,经高频淬火和低温回火,使用过程中发现摩擦部分严重磨损,试分析原因,并提出解决办法。

第4章　常用金属材料

【本章知识点】

(1)熟悉钢的分类;

(2)领会常存元素及合金元素在钢中的作用;

(3)掌握钢的牌号、性能、热处理特点及其使用范围,并能根据工件的性能要求进行选材及热处理工艺;

(4)领会铸铁分类、石墨对铸铁性能的影响和影响石墨化的因素;

(5)熟悉灰口铸铁、可锻铸铁、球墨铸铁的牌号、性能特点、生产过程和应用范围;

(6)领会常用有色金属及合金(铝、铜)的分类与牌(代)号;

(7)了解常用有色金属及合金的性能特点及用途;

(8)一般了解轴承合金的种类、牌号及其应用。

【先导案例】

下列制品为何这样选材,其依据是什么?

(1)钳工用锉刀选用高碳钢;

(2)饭盒选用铝合金;

(3)机床床身选用铸铁;

(4)轴类等机器零件选用中碳钢;

(5)钻头选用高速钢。

金属材料主要包括工业用钢、铸铁和有色金属等三大类。

以铁为主要元素,碳的质量分数一般在2%以下,并含有其他元素的材料称为钢。其中碳钢价格低廉,工艺性能好,力学性能能够满足一般工程和机械制造的使用要求,是工业中用量最大的金属材料。为了提高钢的力学性能,改善钢的工艺性能和得到某些特殊的物理化学性能,有目的的向钢中加入某些合金元素,就可得到合金钢。与碳钢相比,合金钢能够获得较高的力学性能,有的还具有耐热、耐酸、抗蚀性等特殊物理化学性能,但其价格较高,有的加工工艺性能较差。

工业上常用的铸铁是碳的质量分数为$2.0\%\sim4.0\%$的Fe、C、Si多元合金。有时为了提高力学性能或物理化学性能,还可以加入一定量的合金元素,得到合金铸铁。铸铁在机械制造中应用很广,按重量计算,汽车、拖拉机中铸铁零件约占 $50\% \sim 70\%$,机床中约占 $60\% \sim 90\%$。常见的机床床身、工作台、箱体、底座等形状复杂或受压应力及摩擦作用的零件,大多用铸铁制成。

除以铁为主的黑色金属以外的金属材料,工业上一般称之为有色金属材料。与钢铁相比,有色金属材料的产量低,价格高,但由于其具有许多优良特性,因而在科技和工程中也占有重要的地位,是一种不可或缺的工程材料。

4.1　钢

4.1.1　概述

1. 钢的分类

钢的种类很多,为了便于管理、选用及研究,从不同角度把它们分成若干类别。常用的分类方法有:

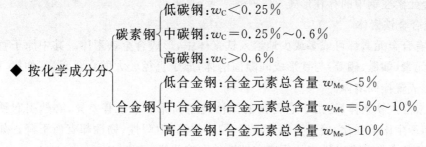

2. 钢中常存元素对性能的影响

碳钢中除碳外,还含有少量的锰、硅、硫、磷等常存元素。这些元素是由于矿石夹杂及冶炼等原因进入钢中的。它们对钢的性能有较大的影响。

(1)锰。锰是一种有益元素。锰具有很好的脱氧能力,因此能够清除钢中的 FeO 而大大改善钢的品质。锰能溶解于铁素体和渗碳体中,形成合金固溶体和合金渗碳体,提高了钢的强度和硬度。当锰作为少量常存元素存在时($w_{Mn} < 0.8\%$)对钢的性能影响不显著

（2）硅。硅也是一种有益元素。硅的脱氧能力比锰强，此外它能溶于铁素体中，产生固溶强化，使铁素体的强度和硬度得以提高。但硅在钢中作为少量常存元素存在时（w_{Si} <0.37％）对钢的性能影响也不显著。

（3）硫。硫在铁素体中几乎不能溶解，而是以 FeS 的形态存在于钢中。FeS 与铁则形成低熔点（950℃）的共晶体，分布于奥氏体的晶界上。当钢材在 800℃～1200℃进行锻造成型时，由于共晶体的熔化，使钢材沿奥氏体晶界开裂，这种现象成为热脆性。为了消除硫的有害作用，必须在钢中加入锰。锰可以和硫形成高熔点（1620℃）的 MnS，以减轻硫的有害作用，改善钢的热加工性能。

（4）磷。磷也是钢中的有害元素，磷在钢中可全部溶解于铁素体，使钢的强度、硬度有所提高，但塑性、韧性急剧降低。这种脆化现象在低温时尤其严重，故称为冷脆性。磷在钢的结晶过程中容易发生偏析，导致局部范围冷脆转变温度升高，从而产生冷脆。此外，磷的存在还使钢的焊接工艺性能变差。

3. 合金元素在钢中的作用

为了改善钢的力学性能或获得某些特殊性能，有目的地在冶炼钢的过程中加入一些元素，这些元素成为合金元素。由于合金元素与钢中的铁、碳两个组元的作用，以及它们彼此间作用，促使钢中晶体结构和显微组织发生有利的变化。因此，通过合金化，可提高和改善钢的性能。

（1）合金元素在钢中的存在形式

① 形成合金铁素体

几乎所有合金元素都可或多或少地溶入铁素体中，形成合金铁素体。其中原子直径很小的合金元素（如氮、硼等）与铁形成间隙固溶体；原子直径较大的合金元素（如锰、镍、钴等）与铁形成置换固溶体。

合金元素溶入铁素体后，由于它与铁的晶格类型和原子半径有差异，必然引起铁素体晶格畸变，产生固溶强化，使铁素体的强度、硬度提高，但塑性、韧性却有所下降。如图4-1所示为几种合金元素对铁素体硬度和韧性的影响曲线。

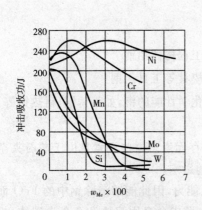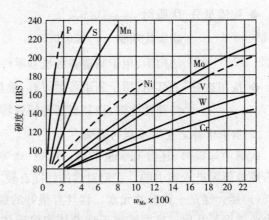

图 4-1 合金元素对铁素体性能的影响

由图可见，硅、锰能显著提高铁素体的强度和硬度，但当 w_{Si}>0.6％、w_{Mn}>0.6％时，将降低其韧性。而铬与镍比较特殊,在铁素体中的含量适当时($w_{Si} \leqslant 2\%$、$w_{Ni} \leqslant 2\%$),在强化铁素体同时,仍能提高韧性。

② 形成合金碳化物

钢中能形成碳化物的元素有:铁、锰、铬、钼、钨、钒、铌、锆、钛(与碳的亲和力由弱到强)。合金钢中碳化物存在形式为合金渗碳体和特殊碳化物。

锰是弱碳化物形成元素,易溶入渗碳体中,形成合金渗碳体,合金渗碳体的稳定性、硬度比渗碳体略高,是一般低合金钢中碳化物的主要存在形式。

铬、钼、钨是中等碳化物形成元素,在钢中既能形成合金渗碳体,又能形成特殊碳化物,如 Cr_2C_3、Mo_2C、WC 等。特殊碳化物比合金渗碳体具有更高的熔点、硬度、耐磨性及稳定性。

钒、铌、锆、钛是强碳化物形成元素,在钢中一般形成特殊碳化物。如 NbC、VC、TiC 等,故常在工具钢中加入这类合金元素,以提高工具的强度、硬度和耐磨性,而不降低韧性。

(1)合金元素对钢热处理的影响

① 细化晶粒。除锰、磷以外,大多数合金元素均在不同程度上有细化晶粒作用,其中尤以强碳化物形成元素钒、铌、锆、钛的影响最为显著。这类合金碳化物(如 TiC、VC 等)的熔点高、硬度高,且很稳定,不易分解,加热时难以溶入奥氏体中,它们的存在对奥氏体晶粒长大有强烈的阻碍作用,故能细化晶粒。

② 提高淬透性。除钴以外,大多数合金元素溶入奥氏体后均能增加过冷奥氏体的稳定性,使 C 曲线右移,降低了马氏体转变的临界冷却速度,从而提高钢的淬透性。有些合金元素甚至使 C 曲线的形状发生变化,出现两个鼻尖,曲线分解成珠光体和贝氏体两个转变区,而两区之间,过冷奥氏体有很大的稳定性,如图 4-2 所示。

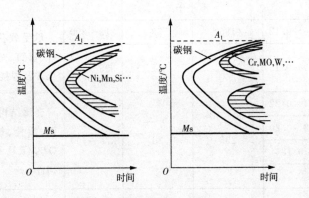

图 4-2　合金元素对 C 曲线的影响

提高钢的淬透性的元素主要有:铬、锰、镍、硼。由于淬透性的提高,采用合金钢制造的大截面零件,经热处理后可保证整个截面具有比较均匀的组织和性能。形状复杂的合金钢零件,可采用冷却能力较弱的淬火介质(如油等)及分级淬火、等温淬火等工艺,从而降低了变形和开裂倾向。

③ 增加残余奥氏体的含量。除铝、钴外,大多数合金元素都能使 M_s、M_f 下降,从而

使钢淬火组织中的残余奥氏体量增加,故钢在淬火时的组织应力与变形量减小。但残余奥氏体的存在将使钢的硬度偏低,组织不稳定,并易引起工件尺寸变化,因此,对于一些硬度及尺寸稳定性要求较高的刃具、模具、量具,在淬火后一般要进行冷处理或多次回火处理。

④ 提高红硬性。合金元素溶入马氏体中,回火时能延缓马氏体的分解,并使碳化物的形成、析出和聚集长大的速度减缓,故采用相同温度回火,合金钢的硬度比碳钢高。因此,合金元素提高了钢回火过程中抵抗软化的能力,即回火稳定性。

含有强碳化物形成元素的合金钢,在高温回火时,将从马氏体中析出弥散分布的特殊碳化物,并且在回火后部分残余奥氏体转变为马氏体,进一步提高了钢的硬度,从而使钢在高温下保持高的硬度,即红硬性(耐热性),这对工具钢具有十分重要的意义。

4.1.2 碳素钢

1. 碳素结构钢

碳素结构钢的平均 w_C 在 $0.06\%\sim0.38\%$ 范围内,钢中含有害元素和非金属夹杂物较多,但在性能上能满足一般工程结构及普通零件的要求,因而应用较广。它通常轧制成钢板或各种型材(圆钢、方钢、工字钢、钢筋等)供应,一般不经过热处理,在热轧状态下直接使用。碳素结构钢的牌号、成分、力学性能及应用举例见表 4-1。

表 4-1 碳素结构钢的牌号、成分、力学性能及应用举例(摘自 GB700—1988)

钢号	等级	化学成分 $w_C\times100$	σ_s/MPa 钢材厚度(直径)≤16mm 不小于	$\delta_5\times100$	σ_b/MPa	应用举例
Q195	—	$0.06\sim0.12$	(195)	33	$315\sim390$	承受载荷不大的金属结构件、铆钉、垫圈、地脚螺栓、冲压件及焊接件
Q215	A	$0.09\sim0.15$	215	31	$335\sim410$	
	B					
Q235	A	$0.14\sim0.22$	235	26	$375\sim460$	金属结构件、钢板、钢筋、型钢、螺栓、螺母、短轴、心轴。Q235C、D 可作重要焊接结构件
	B	$0.12\sim0.20$				
	C	≤0.18				
	D	≤0.17				
Q255	A	$0.18\sim0.28$	255	24	$410\sim510$	强度较高,用于制造承受中等载荷的零件,如键、销、转轴、拉杆、链轮、链环片等
	B					
Q275	—	$0.28\sim0.38$	275	20	$490\sim610$	

碳素结构钢牌号表示方法是由代表屈服点的字母(Q)、屈服点数值、质量等级符号(A、B、C、D)及脱氧方法符号(F、b、Z、TZ)等四个部分按顺序组成,如 Q235-A·F。质量等级符号反映了碳素结构钢中有害元素(磷、硫)含量的多少,从 A 级到 D 级,钢中磷、

硫含量依次减少。C、D 级的碳素结构钢由于磷、硫含量低,质量好,可作重要焊接结构件。脱氧方法符号 F、b、Z、TZ 分别表示沸腾钢、半镇静钢、镇静钢及特殊镇静钢。镇静钢和特殊镇静钢的牌号中脱氧方法符号可省略。

2. 优质碳素结构钢

优质碳素结构钢牌号用两位数字＋Mn＋字母表示。两位数字表示钢中平均碳的质量分数的万倍,如 08、45、60 分别表示钢中 w_C 分别为 0.08%、0.45%、0.60%;"Mn"表示较高含锰量($w_{Mn}=0.7\%\sim1.2\%$),若牌号中不出现"Mn"则表示普通含锰量($w_{Mn}=0.25\%\sim0.8\%$);字母表示脱氧方法,表示方法同碳素结构钢。

优质碳素结构的化学成分、力学性能见表 4-2。

表 4-2 优质碳素结构的化学成分、力学性能(摘自 GB699—1988)

钢号	化学成分			力学性能						
	$w_C\times100$	$w_{Mn}\times100$	$w_{Si}\times100$	σ_b /MPa	σ_s /MPa	$\delta_5\times100$	$\psi\times100$	A_K/J	硬度(HBS)	
									未热处理	退火
				不小于					不大于	
08F	0.05~0.11	0.25~0.50	≤0.03	295	175	35	60		131	
10	0.07~0.14	0.35~0.65	0.17~0.37	335	205	31	55		137	
15	0.12~0.19	0.35~0.65	0.17~0.37	375	225	27	55		143	
20	0.17~0.24	0.35~0.65	0.17~0.37	410	245	25	55		156	
25	0.22~0.30	0.50~0.80	0.17~0.37	450	275	23	50	71	170	
30	0.27~0.35	0.50~0.80	0.17~0.37	490	292	21	50	63	179	
35	0.32~0.40	0.50~0.80	0.17~0.37	530	315	20	45	55	197	
40	0.37~0.45	0.50~0.80	0.17~0.37	570	335	19	45	47	217	187
45	0.42~0.50	0.50~0.80	0.17~0.37	600	355	16	40	39	229	197
50	0.47~0.55	0.50~0.80	0.17~0.37	630	375	14	40	31	241	207
55	0.52~0.60	0.50~0.80	0.17~0.37	645	380	13	35		255	217
60	0.57~0.65	0.50~0.80	0.17~0.37	675	400	12	35		255	229
65	0.62~0.69	0.50~0.80	0.17~0.37	695	410	10	30		255	229
70	0.67~0.75	0.50~0.80	0.17~0.37	715	420	9	30		269	229

08F 钢强度低、塑性好,大多用作薄板、冲压件等。

10~25 钢由于碳的平均质量分数较低,因此具有良好的冲压性能,常用作受力不大、而塑性、韧性要求较高的机械零件。10~25 钢也常作为渗碳用钢,这类钢经渗碳、淬火及低温回火后,能使零件表面硬度达到 60HRC,而心部仍保持一定的韧性,故可用作表面要求耐磨并承受一定冲击载荷的机械零件。

35~50 钢常用作调质钢。这类钢经调质处理后具有较高的强韧性,即综合力学性能。常用作承受较大交变载荷与冲击载荷的机械零件,如齿轮、连杆、主轴等。

55～70 钢主要用作弹簧钢。这类钢经淬火及中温回火后，弹性极限明显提高，并且具有较高的强度及一定的韧性，常用作各种尺寸较小的弹性零件(如弹簧)、车轮以及受力不大的耐磨件。

3. 碳素工具钢

碳素工具钢的碳的平均质量分数为 0.65%～1.35%，从而保证淬火后有足够高的硬度和耐磨性，它主要用于制造各种刃具、量具和模具。

碳素工具钢的牌号用"T"加数字表示，该数字表示钢中平均碳的质量分数的千倍。如 T8 钢表示钢中平均碳的质量分数为 0.8% 的碳素工具钢。若为高级优质钢，则在钢的牌号后加"A"。如 T10A 表示钢中平均碳的质量分数为 1.2% 的高级优质碳素工具钢。含锰量较高者(w_{Mn}＝0.4%～0.6%)，在牌号后加"Mn"，如 T8MnA。碳素工具钢的牌号、成分及用途见表 4-3。

表 4-3　碳素工具钢的牌号、成分及用途(摘自 GB1298—1986)

牌号	化学成分			退火状态 HBS 不小于	试样淬火 HRC 不小于	用途举例
	$w_C \times 100$	$w_{Si} \times 100$	$w_{Mn} \times 100$			
T7 T7A	0.65～0.74	≤0.35	≤0.40	187	800℃～820℃ 水 62	承受冲击，韧性较好、硬度适当的工具，如扁铲、手钳、大锤、改锥、木工工具
T8 T8A	0.75～0.84	≤0.35	≤0.40	187	780℃～800℃ 水 62	承受冲击，要求较高硬度的工具，如冲头、压缩空气工具、木工工具
T8Mn T8MnA	0.8～0.90	≤0.35	0.40～0.60	187	780℃～800℃ 水 62	同上，但淬透性较大，可制断面较大的工具
T9 T9A	0.85～0.94	≤0.35	≤0.40	192	760℃～780℃ 水 62	韧性中等、硬度高的工具，如冲头、木工工具、凿岩工具
T10 T10A	0.95～1.04	≤0.35	≤0.40	197	760℃～780℃ 水 62	不受剧烈冲击、高硬度耐磨的工具，如车刀、刨刀、冲头、丝锥、钻头、手锯条
T11 T11A	1.05～1.14	≤0.35	≤0.40	207	760℃～780℃ 水 62	
T12 T12A	1.15～1.24	≤0.35	≤0.40	207	760℃～780℃ 水 62	不受冲击，要求高硬度高耐磨的工具，如锉刀、刮刀、精车刀、丝锥、量具
T13 T13A	1.25～1.35	≤0.35	≤0.40	217	760℃～780℃ 水 62	同上，要求更耐磨的工具，如刮刀、剃刀

4. 铸造碳钢

在机械制造业中,许多形状复杂、用锻造方法难以生产、力学性能要求比铸铁高的零件,可用铸造碳钢生产。铸造碳钢广泛用于制造重型机械、矿山机械、冶金机械、机车车辆的某些零件、构件。铸造碳钢的铸造性能比铸铁差,主要体现在流动性差、凝固收缩率大、易产生偏析等方面。

工程用铸造碳钢的牌号用"ZG"(铸钢两字汉语拼音的首位字母)加两组数字表示,第一组数字表示屈服点的数值,第二组数值表示抗拉强度值。如 ZG200－400 表示屈服点数值为 200MPa,抗拉强度为 400MPa 的铸造碳钢。

工程用铸造碳钢的牌号、成分、力学性能及用途见表 4－4。

表 4－4　工程用铸造碳钢的牌号、成分、力学性能及用途(摘自 GB11352—1989)

牌号	主要化学成分(不大于)			室温力学性能(不小于)					用途举例
	w_C ×100	w_{Si} ×100	w_{Mn} ×100	σ_s /MPa	σ_b /MPa	δ ×100	ψ ×100	A_K/J	
ZG200－400	0.20	0.50	0.80	200	400	25	40	30	具有好的塑性、韧性和焊接性,用于受力不大的机械零件,如机座、变速箱壳等
ZG230－450	0.30	0.50	0.90	230	450	22	32	25	具有一定的强度和好的塑性、韧性、焊接性。用于受力不大、韧性好的机械零件,如砧座、外壳、轴承盖、阀体等
ZG270－500	0.40	0.50	0.90	270	500	18	25	22	具有较高的强度和较好的塑性,铸造性良好,焊接性尚好,切削性好。用于轧钢机机架、轴承座、连杆、箱体、曲轴等
ZG310－570	0.50	0.60	0.90	310	570	15	21	15	强度和切削性良好,塑性、韧性较低。用于载荷较高的大齿轮、缸体、制动轮、辊子等
ZG340－640	0.60	0.60	0.90	340	640	10	18	10	有高的强度和耐磨性,切削性好,焊接性较差,流动性好,裂纹敏感性较大。用作齿轮、棘轮等

4.1.3　合金钢

1. 低合金高强度结构钢

为了满足工程上各种结构承载大、自重轻的要求,我国发展了具有本国特色的低合金高强度结构钢。它是在碳素结构钢的基础上加入少量锰、硅等($w_{Me}<3\%$)合金元素而制成的。通常在热轧、正火状态下使用,其组织为铁素体＋珠光体。产品同时保证力学

性能和化学成分。

低合金高强度结构钢的牌号与碳素结构钢相似,由代表屈服点的汉语拼音字母 Q、屈服点数值、质量等级符号(A、B、C、D、E)三部分按顺序排列,如 Q390 - E。

低合金高强度结构钢屈服点较碳素结构钢提高 30%～50%以上,并具有良好的塑性、韧性、焊接性及较好的耐蚀性。列入国家标准的低合金高强度结构钢有五个级别,其牌号、成分及性能见表 4 - 5。

表 4 - 5 低合金高强度结构钢牌号及化学成分(摘自 GB/T1591—1994)

牌号	质量等级	化学成分 $w_{Me} \times 100$				σ_s/MPa	$\delta_5 \times 100$	A_{KV}/J(20℃)	σ_b/MPa
						钢材厚度(直径)≤16mm			
		C≤	Mn	Si≤	V	不小于			
Q295	A	0.16	0.80～1.50	0.55	0.02～0.15	295	23	34	390～570
	B	0.16	0.80～1.50	0.55	0.02～0.15	295	23		
Q345	A	0.20	1.00～1.60	0.55	0.02～0.15	345	21	34	470～630
	B	0.20	1.00～1.60	0.55	0.02～0.15	345	21		
	C	0.20	1.00～1.60	0.55	0.02～0.15	345	22		
	D	0.18	1.00～1.60	0.55	0.02～0.15	345	22		
	E	0.18	1.00～1.60	0.55	0.02～0.15	345	22		
Q390	A	0.20	1.00～1.60	0.55	0.02～0.20	390	19	34	490～650
	B	0.20	1.00～1.60	0.55	0.02～0.20	390	19		
	C	0.20	1.00～1.60	0.55	0.02～0.20	390	20		
	D	0.20	1.00～1.60	0.55	0.02～0.20	390	20		
	E	0.20	1.00～1.60	0.55	0.02～0.20	390	20		
Q420	A	0.20	1.00～1.70	0.55	0.02～0.20	420	18	34	520～680
	B	0.20	1.00～1.70	0.55	0.02～0.20	420	18		
	C	0.20	1.00～1.70	0.55	0.02～0.20	420	18		
	D	0.20	1.00～1.70	0.55	0.02～0.20	420	18		
	E	0.20	1.00～1.70	0.55	0.02～0.20	420	18		
Q460	C	0.20	1.00～1.70	0.55	0.02～0.20	460	17		550～720
	D	0.20	1.00～1.70	0.55	0.02～0.20	460	17		
	E	0.20	1.00～1.70	0.55	0.02～0.20	460	17		

低合金高强度结构钢成本与碳素结构钢相近,故推广使用低合金高强度结构钢在经济上具有重大意义,特别在桥梁、船舶、高压容器、车辆、石油化工设备、农业机械中应用更为广泛。

2. 机器零件用钢

机器零件用钢是在优质碳素结构钢的基础上加入一些合金元素而形成的。合金元素一般加入不多,属低、中合金钢。

机器零件用钢的牌号表示方法由三部分组成,即"数字＋元素符号＋数字"。前面两位数字表示平均碳的质量分数的万倍;合金元素以化学符号表示;合金元素符号后面的数字表示合金元素质量分数的百倍,当其平均质量分数≤1.5%时,牌号中一般只标出元素符号,而不标明数字。机器零件用钢都是优质钢,若为高级优质钢,则在牌号后加"A"。

滚动轴承钢的牌号表示比较特殊,用"GCr+数字"表示,数字表示平均铬质量分数的千倍($w_{Cr} \times 1000$),碳的质量分数不予标出。若再含其他元素时,表示方法同合金结构钢。例如,GCr15 钢表示铬的平均质量分数 $w_{Cr} = 1.5\%$ 的滚动轴承钢;GCr15SiMn 钢表示除铬的平均质量分数 $w_{Cr} = 1.5\%$ 外还含有硅、锰合金元素的滚动轴承钢。

(1)渗碳钢

渗碳钢主要用于表面要求硬而耐磨,心部具有足够强度和韧性以承受冲击载荷的零件,如汽车、拖拉机变速箱齿轮、活塞销等。

一般渗碳钢的 $w_C = 0.10\% \sim 0.20\%$,以保证心部有足够的韧性;主加元素有铬($w_{Cr} < 3\%$)、锰($w_{Mn} < 2\%$)、硼($w_B < 0.0035\%$)、镍($w_{Ni} < 4.5\%$)等,主要用于提高钢的淬透性;辅加元素为钛、钒、钼等强碳化物形成元素,以细化晶粒,提高钢的耐磨性。渗碳钢按其淬透性高低可分为:低淬透性钢(20Cr、20MnB)、中淬透性钢(20CrMnTi、20SiMnVB)、高淬透性钢(20Cr2Ni4、18Cr2Ni4WA)。

渗碳钢最终热处理为渗碳、淬火+低温回火。热处理后表层组织为回火马氏体+碳化物+残余奥氏体,硬度可达 60~62HRC;心部组织淬透时为低碳回火马氏体,硬度为40~48HRC,未淬透时为回火马氏体+托氏体+铁素体,硬度为 25~40HRC。

(2)调质钢

调质钢主要用于要求高强度和良好塑性与韧性相配合的重要零件,即要求具有良好的综合力学性能,如机床主轴、曲轴、连杆、齿轮等。

一般调质钢的 $w_C = 0.25\% \sim 0.50\%$,碳的质量分数过低不易淬硬,回火后强度不足,过高则韧性不足。主加元素为铬($w_{Cr} < 2\%$)、锰($w_{Mn} < 2\%$)、硼($w_B < 0.0035\%$)、镍($w_{Ni} < 4.5\%$)等,主要用于提高钢的淬透性;辅加元素与渗碳钢一样,用少量的钨、钛、钒、钼等碳化物形成元素,以细化晶粒和提高回火稳定性,其中钨、钼尚有防止调质钢的第二类回火脆性的作用。调质钢按其淬透性不同也可分为:低淬透性钢(40Cr、40MnB)、中淬透性钢(35CrMo、38CrMoAlA)、高淬透性钢(40CrMnMo、25Cr2Ni4A)。

调质钢经调质处理后得到回火索氏体组织,以提高其综合力学性能。对于表面要求高硬度及耐磨性的零件,在调质处理后可进行表面淬火或氮化处理。

(3)弹簧钢

弹簧大多是在冲击、振动及变动载荷下工作,因此要求弹簧钢具有高的弹性极限、疲劳极限及冲击韧性。为了达到上述性能,合金弹簧钢的碳的质量分数一般为 $0.45\% \sim 0.7\%$。主加元素为锰、硅、铬、钒、钼等,目的是增加钢的淬透性和回火稳定性,使淬火和中温回火后,整个截面上获得均匀的回火托氏体,同时又使托氏体中铁素体强化,因而有效地提高了钢的力学性能。硅的加入可使屈强比提高到接近1,但硅的加入,促使钢加热时表面脱碳,使疲劳强度降低。辅加元素为少量的钒、钼,可减少硅、锰弹簧钢的脱碳和过热倾向,同时也可进一步提高弹性极限、屈强比与耐热性,钒还能细化晶粒,提高强韧性。

根据弹簧的尺寸不同,可将其分为热成型弹簧(线径或厚度大于10mm)和冷成型弹簧(线径或厚度小于8～10mm)两大类。

热成型弹簧由于尺寸较大,通常在淬火加热时成型,利用余热进行淬火加中温回火后使用。弹簧热处理后可采用喷丸处理进行表面强化,以进一步提高弹簧的疲劳极限及使用寿命。冷成型弹簧尺寸较小,常用冷拉弹簧钢丝冷卷成型,由于产生加工硬化,屈服强度大大提高,故不必再进行淬火,只要在200℃～300℃进行一次去应力及稳定尺寸的处理即可使用。

弹簧钢的主要牌号有:55Si2Mn、60Si2Mn、50CrVA、55SiMnB等。

(4)滚动轴承钢

滚动轴承钢是指制造各种滚动轴承内外套圈及滚动体(滚珠、滚柱、滚针)的专用钢种。工作时,滚动体与内外套圈在滚道上均受变动载荷作用。因套圈和滚动体之间呈点或线接触,接触应力很大,易使轴承工作表面产生接触疲劳破坏与磨损。因而要求轴承材料具有高的接触疲劳抗力、高的硬度、耐磨性及一定的韧性。因此,滚动轴承钢的碳的质量分数较高($w_C=0.95\%～1.15\%$),以保证淬火后有足够的硬度及耐磨性;主加元素为铬($w_{Cr}=0.5\%～1.65\%$),作用是提高钢的淬透性,并形成碳化物,提高钢的耐磨性;在大型轴承中,还需加入硅、锰,以进一步提高淬透性。

滚动轴承钢锻造后均需经过球化退火处理,以改善切削加工性能。最终热处理为淬火+低温回火,得到马氏体+细粒状碳化物+少量残余奥氏体,硬度为62～64HRC。对于精密零件应进行-60℃～-80℃的冷处理,以减少残余奥氏体量,稳定尺寸。

目前我国以高碳铬轴承钢应用最广(占90%)。在高碳铬轴承钢中,又以GCr15、GCr15SiMn钢应用最多。前者主要用于制造中、小型轴承的内外套圈及滚动体,后者应用于较大型的滚动轴承。

对于承受很大冲击或特大型的轴承,常用合金渗碳钢制造,目前最常用的渗碳轴承钢有20Cr2Ni4等,对于要求耐腐蚀的不锈轴承,可采用马氏体型不锈钢制造,常用的不锈轴承钢有8Cr17等。

3. 合金工具钢

合金工具钢牌号表示方法与合金结构钢相似,但其碳的平均质量分数大于1%时,碳的质量分数不标出;当$w_C<1\%$,则牌号前的数字表示平均碳质量分数的千倍。合金元素的表示方法与合金结构钢相同。由于合金工具钢都属于高级优质钢,故不再在牌号后标出"A"字。

合金工具钢按其用途不同,可分为以下几种:

(1)量具刃具钢

量具刃具钢主要用于制造各种形状较为复杂的低速切削工具(如丝锥、板牙、铰刀等)和精密量具,因此,要求具有高的硬度、耐磨性、红硬性及一定的韧性。

量具刃具钢的碳的质量分数较高($w_C=0.75\%～1.50\%$),以保证获得高硬度及足够的碳化物,从而提高钢的耐磨性;主加元素Cr、Si、Mn可提高钢的淬透性和回火稳定性,W、V可形成碳化物,提高钢的耐磨性及红硬性。

常用量具刃具钢的牌号、成分及用途见表4-6。

表 4-6　常用量具刃具钢的牌号、成分、热处理(摘自 GB1299—1985)及用途

牌号	化学成分					试样淬火		退火状态 HBS≥	用途举例
	$w_C \times 100$	$w_{Mn} \times 100$	$w_{Si} \times 100$	$w_{Cr} \times 100$	$w_{Me} \times 100$	淬火温度 /℃	HRC≥		
Cr06	1.30~1.45	≤0.40	≤0.40	0.50~0.70		780~810 水	64	241~187	锉刀、刮刀、刻刀、刀片、剃刀
Cr2	0.95~1.10	≤0.40	≤0.40	1.30~1.75		830~860 油	62	229~179	车刀、插刀、铰刀、冷轧辊等
9SiCr	0.85~0.95	0.3~0.6	1.2~1.6	0.95~1.25		830~860 油	62	241~197	丝锥、板牙、钻头、铰刀、冷冲模等
8MnSi	0.75~0.85	0.8~1.1	0.3~0.6	—		800~820 油	60	≤229	长丝锥、长铰刀
9Cr2	0.85~0.95	≤0.40	≤0.40	1.30~1.70		820~850 油	62	217~179	尺寸较大的铰刀、车刀等刃具
W	1.05~1.25	≤0.40	≤0.40	0.10~0.30	W0.8~1.2	800~830 水	62	229~187	低速切削硬金属刃具,如麻花钻、车刀和特殊切削工具

　　量具刃具钢锻造后需进行球化退火,最终热处理为淬火＋低温回火,组织为回火马氏体＋碳化物＋残余奥氏体,硬度为 60HRC 以上。

　　(2)高速工具钢

　　高速工具钢是红硬性、耐磨性较高的高合金工具钢,且具有一定的强度和韧性,因此,它主要用来制作各种高速切削刃具,如齿轮铣刀、钻头、拉刀等。

　　高速工具钢的 $w_C = 0.75\% \sim 1.50\%$,并含有 10% 以上的钨、钼、铬、钒等碳化物形成元素及钴。常用高速工具钢的特性见表 4-7。

表 4-7　常用高速工具钢的牌号、成分(摘自 GB9943—1988)、硬度及红硬性

种类	牌号	化学成分						硬度		红硬性 HRC
		$w_C \times 100$	$w_{Cr} \times 100$	$w_W \times 100$	$w_{Mo} \times 100$	$w_V \times 100$	$w_{Me} \times 100$	退火 HBS	淬火＋回火 HRC≥	
钨系	W18Cr4V	0.70~0.80	3.8~4.4	17.5~19.0	≤0.30	1.00~1.40	—	≤255	63	61.5~62
钨钼系	CW6Mo5Cr4V2	0.95~1.05	3.8~4.4	5.5~6.75	4.50~5.50	1.75~2.20	—	≤255	65	—
	W6Mo5Cr4V2	0.80~0.90	3.8~4.4	5.5~6.75	4.50~5.50	1.75~2.20	—	≤255	64	60~61
	W6Mo5Cr4V3	1.10~1.20	3.8~4.4	6.0~7.0	4.50~5.50	2.80~3.30	—	≤255	64	64
超硬系	W18Cr4V2Co8	0.75~0.85	3.8~4.4	17.5~19.0	0.50~1.25	1.80~2.40	Co7.0~9.5	≤285	65	64
	W18Cr4V2Al	1.05~1.20	3.8~4.4	5.5~6.75	4.50~5.50	1.75~2.20	Al0.8~1.2	≤269	65	65

高速工具钢铸态下碳化物分布不均匀,故必须反复锻造。锻后应进行退火处理以改善其切削加工性能。由于淬火后有较多的残余奥氏体,为了减少残余奥氏体量,其最终热处理为淬火＋多次高温回火,组织为回火马氏体＋碳化物＋少量残余奥氏体,硬度高达 62HRC 以上。

(3)热作模具钢

热作模具钢是用来制造使加热的固态或液态金属在压力下成型的模具,前者称为热锻模(包括热挤压模),后者称为压铸模。故要求热作模具钢有良好的抗热疲劳损坏的能力、高的强度和较好的韧性。

热锻模钢 $w_C = 0.5\% \sim 0.6\%$,压铸模钢 $w_C = 0.3\% \sim 0.5\%$,以保证淬火后既有较高的硬度,又有较好的韧性。并含有铬、锰、镍、硅等合金元素,以强化铁素体,提高钢的淬透性等。常用的热作模具钢见表 4-8。

表 4-8　常用热作模具钢的牌号、成分及用途(摘自 GB1299—1985)

牌号	化学成分								用途举例
	w_C ×100	w_{Mn} ×100	w_{Si} ×100	w_{Cr} ×100	w_W ×100	w_V ×100	w_{Mo} ×100	w_{Ni} ×100	
5CrMnMo	0.50~ 0.60	1.2~ 1.6	0.25~ 0.60	0.60~ 0.90	—	—	0.15~ 0.3	—	中小型锻模
4Cr5W2SiV	0.32~ 0.42	≤0.40	0.80~ 1.20	4.50~ 5.50	1.6~ 2.4	0.8~ 1.0	—	—	热挤压模(挤压铝、镁)、高速锤锻模
5CrNiMo	0.50~ 0.60	0.5~ 0.8	≤0.40	0.50~ 0.80	—	—	0.15~ 0.3	1.4~ 1.8	形状复杂、重载荷的大型锻模
4Cr5MoSiV	0.33~ 0.43	0.2~ 0.5	0.80~ 1.20	4.75~ 5.50	—	0.3~ 0.6	1.1~ 1.6	—	同 4Cr5W2SiV
3Cr2W8V	0.30~ 0.40	≤0.40	≤0.40	2.20~ 2.70	7.5~ 9.0	0.2~ 0.5	—	—	热挤压模(挤压铜、钢)、压铸模

热作模具钢铸态碳化物分布不均匀,必须反复锻造。锻后应进行球化退火处理,以降低内应力、改善切削加工性能。最终热处理为淬火＋中温(高温)回火,组织为回火托氏体(回火索氏体)。

(4)冷作模具钢

冷作模具钢是指在常温下使金属材料变形成形的模具用钢,使用时其工作温度一般不超过 200℃～300℃。由于在冷态下被加工材料的变形抗力较大且存在加工硬化效应,故模具的工作部分承受很大的载荷及摩擦、冲击作用。因此,冷作模具钢应具有高硬度、高耐磨性、高强度和足够的韧性。目前常用的冷作模具钢如下:

① 碳素工具钢。常用牌号有 T10A。这类钢的主要优点是加工性能好、成本低,突出的缺点是淬透性差、耐磨性欠佳、淬火变形大、使用寿命低,故一般只适合制造尺寸小、形状简单、精度低的轻负荷模具。

② 低合金钢。常用的有量具刃具钢 9SiCr、CrWMn 和滚动轴承钢 GCr15。这类钢具有较高的淬透性、较好的耐磨性和较小的淬火变形,因其回火稳定性较好而在稍高的温度下回火,故综合力学性能较好。常用来制造尺寸较大、形状较复杂、精度较高的低负荷模具。

③ 高铬和中铬冷作模具钢。常用牌号有 Cr12、Cr12MoV。这类钢具有更高的淬透性、耐磨性和承载强度,且淬火变形小,广泛用于尺寸大、形状复杂、精度高的重载冷作模具。

④ 高速钢类冷作模具钢。也可用于制造大尺寸、复杂形状、高精度的重载冷作模具,其耐磨性、承载能力更优,故特别适合于工作条件极为恶劣的黑色金属冷挤压模。

4.1.4　特殊性能钢

特殊性能钢具有特殊物理或化学性能,用来制造除要求具有一定的力学性能外,还要求具有特殊性能的零件。其种类很多,机械制造行业主要使用不锈钢、耐热钢和耐磨钢。

1. 不锈钢

不锈钢是不锈钢与耐酸钢的统称。能抵抗大气腐蚀的钢称为不锈钢,而在一些化学介质(如酸类等)中能抵抗腐蚀的钢称为耐酸钢。

金属的腐蚀通常可分为化学腐蚀和电化学腐蚀两种类型,大多数金属的腐蚀属于电化学腐蚀。故提高钢耐蚀性的主要方法有:

(1)形成钝化膜。在钢中加入合金元素(常用铬),使金属表面形成一层致密的、牢固的氧化膜(又称为钝化膜,如 Cr_2O_3 等),使钢与外界隔绝而阻止进一步氧化。

(2)提高电极电位。在钢中加入合金元素(如铬等),使钢基体(铁素体、奥氏体、马氏体)的电极电位提高,从而提高其抵抗电化学腐蚀的能力。如铁素体中溶解 $w_{cr}=11.7\%$ 的铬时,其电极电位将由 $-0.56V$ 跃升为 $+0.20V$。

(3)形成单相组织。钢中加入铬或铬镍合金元素,使钢能形成单相的铁素体或奥氏体组织,以阻止形成微电池,从而显著提高耐蚀性。

碳易与钢中的铬等合金元素形成碳化物,同时出现贫铬区,从而降低钢的耐蚀性,故不锈钢中碳的质量分数愈低,其耐蚀性愈好。

不锈钢牌号也是由“数字+元素符号+数字”三部分组成,前面的数字表示平均碳的质量分数的千倍,后两项与其他合金钢相同。当 $w_C \leqslant 0.03\%$ 或 0.08% 时,在牌号前冠以“0”或“00”。如 1Cr13 表示平均 $w_C=0.1\%$,$w_{cr} \approx 13\%$ 的不锈钢;0Cr18Ni9 表示平均 $w_C \leqslant 0.08\%$、$w_{cr} \approx 18\%$、$w_{Ni} \approx 9\%$ 的不锈钢。

根据不锈钢室温下显微组织的不同,常用的不锈钢可分为以下三种:

① 马氏体型不锈钢。马氏体型不锈钢 $w_C=0.1\% \sim 0.4\%$,$w_{cr}=12\% \sim 14\%$。这类钢的淬透性高,油淬+空冷即能得到马氏体组织,具有较高的强度、硬度及耐磨性。主要用于力学性能要求较高、耐蚀性要求较低工件,如汽轮机叶片、水压机阀、要求硬而耐磨的医疗器械、量具及轴承等。其主要牌号有 1Cr13、2Cr13、3Cr13、4Cr13 等。

② 铁素体型不锈钢。铁素体型不锈钢 $w_C < 0.12\%$，主加元素 $w_{Cr} = 12\% \sim 30\%$，空冷后的组织为单相铁素体。铁素体型不锈钢具有高的耐蚀性以及良好的塑性、切削加工性和焊接性，经济性较佳，但强度较低，故主要用于对力学要求不高而对耐蚀性要求较高的零件，如化工设备中的容器、管道等。其常用牌号有 1Cr17、1Cr25 等。

③ 奥氏体型不锈钢。这类钢是应用最广的不锈钢。它具有低碳（绝大多数钢 $w_C < 0.12\%$）、高铬（$w_{Cr} = 17\% \sim 19\%$）和较高的镍（$w_{Ni} = 8\% \sim 11\%$）的成分特点。这类钢在退火后的组织为奥氏体＋碳化物，为了获得单相奥氏体，提高钢的耐蚀性，使钢软化，应采用固溶处理，即将钢加热到 1100℃，使碳化物溶入奥氏体中，水淬快冷到室温。奥氏体型不锈钢具有最佳的耐蚀性，此外，它还具有良好的塑性、韧性和冷变形性、焊接性，但切削加工性较差。主要用于耐蚀性要求较高及冷变形成形后需焊接的轻载的零件。这类钢不能热处理强化，主要通过冷加工硬化来提高强度。常用的牌号有 0Cr18Ni9、1Cr18Ni9、1Cr18Ni9Ti 等。

2. 耐热钢

钢的耐热性是包含高温抗氧化性和高温强度的一个综合概念。在高温下具有抗高温介质腐蚀能力的钢称为抗氧化钢；在高温下仍具有足够力学性能的钢称为热强钢。耐热钢是抗氧化钢和热强钢的总称。

一般在钢中加入铬、铝、硅等元素，可形成致密的、连续的氧化膜，如 Cr_2O_3、SiO_2、Al_2O_3 等，可提高钢的抗氧化能力。而提高钢的热强性，通常采用合金化的方法提高原子间结合力及形成有利的组织状态。

15CrMo、12CrMoV 钢因其碳的质量分数较低，合金元素含量少，主要用于 300℃ ～500℃ 条件下工作的锅炉、石油热裂装置、气阀等零件。4Cr9Si2、4Cr10Si2Mo 钢属中碳高合金耐热钢，常用来制造受高温废气腐蚀及承受冲击、磨损的排气阀等零件（故又称阀门钢）。1Cr18Ni9Ti、4Cr14Ni14W2Mo 钢，因其含有较多铬、镍元素，是一种广泛应用的热强钢，通常在锅炉、汽轮机方面应用较多。

3. 耐磨钢

高锰钢的化学成分特点是高碳（$w_C = 0.9\% \sim 1.5\%$）、高锰（$w_{Mn} = 11\% \sim 14\%$）。其铸态组织为粗大的奥氏体＋晶界析出碳化物，此时脆性很大，耐磨性也不高，不能直接使用。

高锰钢需经固溶处理（1060℃ ～1100℃ 高温加热、快速水冷）得到单相奥氏体组织，此时韧性很高，故又称"水韧处理"。

高锰钢固溶状态硬度虽然不高，但当其受到高的冲击载荷和高应力摩擦时，表面发生塑性变形而迅速产生加工硬化并诱发产生马氏体，从而形成硬（>500HBW）而耐磨的表面层（深度 10～20mm），心部仍为高韧性的奥氏体。

高锰钢不能采用压力加工和切削加工成形，通常都是直接铸造成零件，经淬火后使用。主要用于严重摩擦和强烈撞击条件下工作的零件，如用作坦克及拖拉机的履带、挖掘机铲齿、推土机挡板和铁路道岔等。常用牌号为 ZGMn13-1(2,3,4)，其中 1、2、3、4 表示品种代号，适用范围分别为低冲击件、普通件、复杂件、高冲击件。

4.2 铸　铁

铸铁是另一种应用广泛的铁碳合金。它是以铁、碳、硅为主要组成元素,并比碳钢含有较多的硫、磷等杂质元素的多元合金。

4.2.1　铸铁生产概述

1. 铸铁分类

碳在铸铁中既可形成化合状态的渗碳体(Fe_3C),也可形成游离状态的石墨(C)。根据碳在铸铁中存在形式的不同,铸铁可分为以下三大类:

白口铸铁。碳除微量溶于铁素体外,其余全部以渗碳体的形式存在,其断口呈银白色,故称白口铸铁。这种铸铁组织中因存有大量莱氏体,性能硬而脆,难以切削加工,所以很少用来制造机器零件。

灰口铸铁。碳全部或大部分以游离状态的石墨存在于铸铁中,其断口呈灰色,故称灰口铸铁。它是工业中应用最广的铸铁。

麻口铸铁。这种铸铁组织中既有石墨,又有莱氏体,属于白口和灰口间的过渡组织。断口呈黑白相间的麻点,故称麻口铸铁。这类铸铁也具有较大的硬脆性,故工业上很少使用。

根据铸铁中石墨形态的不同,灰口铸铁又可分为灰铸铁(石墨呈片状)、可锻铸铁(石墨呈团絮状)、球墨铸铁(石墨呈球状)、蠕墨铸铁(石墨呈蠕虫状)四种。铸铁中不同形态的石墨组织如图 4-3 所示。

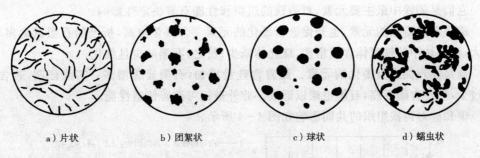

a) 片状　　　　b) 团絮状　　　　c) 球状　　　　d) 蠕虫状

图 4-3　铸铁中不同石墨形态

2. 石墨对铸铁性能的影响

(1) 力学性能

灰口铸铁的显微组织由金属基体和石墨组成,相当于在纯、铁或钢的基体上嵌入了大量石墨。石墨的强度、硬度、塑性极低,因此可将灰口铸铁视为布满细小裂纹的纯铁或钢。由于石墨的存在,减少了有效承载面积,石墨的尖角处还会引起应力集中,因此灰口铸铁的强度、硬度低,塑性、韧性差,但抗压强度受石墨的影响较小,仍与钢接近。

（2）工艺性能

灰口铸铁属于脆性材料，不能锻造和冲压。同时，焊接时产生裂纹的倾向大，焊接区常出现白口组织，使焊后难以切削加工，故可焊性较差。但灰口铸铁的铸造性能优良，铸件产生缺陷的倾向小。此外，由于石墨的存在，切削加工时呈崩碎切屑，通常不需切削液，故切削加工性好。

（3）减振性好

由于石墨对机械振动起缓冲作用，阻止了振动能量的传播，故铸铁的减振能力为钢的 5～10 倍，是制造机床床身、机座的好材料。

（4）耐磨性好

石墨本身是一种良好的润滑剂，同时当它从铸铁表面掉落后，摩擦面上形成了大量显微凹坑，能起储存润滑油作用，使摩擦副内容易保持油膜的连续性，因此耐磨性好，适于制造导轨、衬套、活塞销等。

（5）缺口敏感性低

由于石墨已使基体上形成了大量缺口，因此外来缺口（如键槽、刀痕等）对灰口铸铁的疲劳强度影响甚微，故缺口敏感性低。

从以上分析可以看出，灰口铸铁的性能来源于基体，但很大程度上决定于石墨的数量、大小、形状及分布。石墨化不充分，易产生白口组织；石墨化太充分，则形成的石墨粗大，致使力学性能变差。因而在生产中就要控制石墨的形成过程。

3.影响石墨化的因素

影响铸铁石墨化的主要因素是化学成分和冷却速度。

（1）化学成分

灰口铸铁除含碳外，还有硅、锰、硫、磷等，它们对铸铁石墨化影响如下：

① 碳和硅

它们是铸铁中最主要元素，对铸铁的组织和性能有着决定性影响。

碳是形成石墨的元素，也是促进石墨化的元素。含碳量愈高，析出的石墨就愈多、愈粗大，而基体中的铁素体含量增多，珠光体减少；反之，石墨减少且细化。

硅是强烈促进石墨化的元素。随着含硅量增加，石墨显著增多。实践证明，若含硅量过少，即使含碳量高，石墨也难以形成。此外硅还可改善铸造性能。

碳和硅对铸铁组织的共同影响如图 4-4 所示。

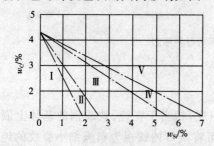

Ⅰ——白口铸铁区，其组织为：Ld′+Fe3C$_Ⅱ$+P

Ⅱ——麻口铸铁区，其组织为：Ld′+Fe3C$_Ⅱ$+P+G

Ⅲ——珠光体灰口铸铁区，其组织为：P+G

Ⅳ——珠光体-铁素体灰口铸铁区，其组织为：P+F+G

Ⅴ——铁素体灰口铸铁区，其组织为：F+G

图 4-4 铸铁组织图

（铸件壁厚 50mm，砂型铸造）

　　由图可见,碳硅含量改变,铸铁的组织和性能也随之而变。碳、硅含量过高,将形成强度甚低的铁素体灰口铸铁,且石墨粗大;反之,容易出现硬脆的白口组织,并给熔化和铸造增加困难。在工业生产中,灰口铸铁的碳、硅含量控制在:$w_C = 2.7\% \sim 3.9\%$、$w_{Si} = 1.1\% \sim 2.6\%$。

　　② 硫和锰

　　这两个元素在铸铁中是密切相关的。

　　硫是强烈阻碍石墨化的元素。同时,硫在铸铁中形成低熔点(985℃)的 FeS - Fe 共晶体,分布于晶界上,使铸铁具有热脆性。此外,硫还会使铸铁的流动性降低,凝固收缩率增加。因此,硫是铸铁中非常有害的元素,必须严格控制其含量,一般控制在 $0.1\% \sim 0.15\%$ 以下。

　　锰本身也是阻碍石墨化的元素,但它和硫有很大的亲和力,从而能消除硫的有害作用。此外,还有利于基体中珠光体量增多,所以锰属于有益元素。通常,在铸铁中锰的含量控制在 $0.6\% \sim 1.2\%$。

　　③ 磷

　　磷是微弱促进石墨化的元素,同时还能提高铸铁的流动性,但形成的 Fe_3P 常以共晶体的形式分布在晶界上,增加铸铁的脆性,使铸铁在冷却过程中易于开裂,所以一般铸铁中含磷量也应严格控制。

　　从以上讨论可以看出,C、Si、Mn 是调节组织的元素,P 是控制使用元素,S 是限制使用元素。

　　(2)冷却速度

　　在生产中可以见到,相同化学成分的铸铁,若铸件的壁厚不同,其组织往往不同,厚壁处呈灰口组织,而薄壁处常出现白口组织。这表明,在化学成分不变的条件下,通过改变冷却速度,可以改变石墨化程度而得到不同的组织。冷却速度的大小主要取决于浇注温度、铸件壁厚和铸型导热能力等因素。

　　① 浇注温度。在其他条件相同时,浇注温度愈高,铸件的冷却速度愈小。这是因为浇注温度愈高,在铁水凝固前铸型所吸收的热量愈多,延缓了铸型中金属的冷却速度。

　　② 铸件壁厚。铸件壁厚是影响冷却速度的一个重要因素。铸件愈薄其冷却速度愈快,铸件愈厚其冷却速度愈慢。但在生产中,不能通过改变铸件壁厚来调整铸铁的组织,而应选择适当的化学成分,采取必要的工艺措施,来改善铸铁的组织获得所需的性能。

　　③ 铸型材料。各种造型材料的导热能力不同。如金属型的导热性大于砂型,所以铸件在金属型中的冷却速度要比在砂型中快。同是砂型,湿型的冷却速度大于干型和预热的铸型。因此借助于调节铸型的冷却速度也可控制铸件的组织。通过以上分析可见,要获得某种所要求的组织,必须根据铸件的尺寸(壁厚),来选择合适的铸铁成分(主要是碳和硅)。图 4 - 5 为砂

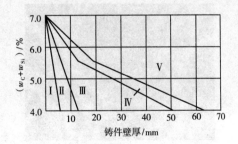

图 4 - 5　铸件壁厚和碳、硅质量分数
对铸铁组织的影响

型铸造时,铸件壁厚和碳、硅质量分数对铸铁组织的影响曲线,各区域组织同铸铁组织图。

4.2.2 灰口铸铁

灰口铸铁是应用最广的一种铸铁。在各种铸铁件的总产量中,灰口铸铁件占80%以上。机床床身、箱体、内燃机的缸体、缸盖、缸套、活塞环、汽车、拖拉机的变速箱、油缸及阀体等都是用灰口铸铁制造的。

1. 灰口铸铁的化学成分、组织和性能

灰口铸铁的化学成分一般为:$w_C = 2.5\% \sim 3.6\%$、$w_{Si} = 1.1\% \sim 2.5\%$、$w_{Mn} = 0.6\% \sim 1.2\%$、$w_P \leqslant 0.50\%$、$w_S \leqslant 0.15\%$。

灰口铸铁的组织是由钢的基体与片状石墨组成。按基体结构不同,其组织可分为三种:

(1)珠光体灰口铸铁。其组织是在珠光体基体上分布着细小而均匀的石墨片(图4-6a)。此种铸铁有较高的强度和硬度,可用来制造重要的机件。

(2)珠光体-铁素体灰口铸铁。其组织是在珠光体和铁素体基体上分布着较为粗大的石墨片(图4-6b)。此种铸铁虽然强度较低,但仍可满足一般机件的要求,其铸造性能、切削加工性和减振性等均优于前者,故用途最广。

(3)铁素体灰口铸铁。其组织是在铁素体基体上分布着粗大的石墨片(图4-6c)。此种铸铁的强度、硬度最低,很少用来制造机械零件。

a) 珠光体灰铸铁

b) 珠光体-铁素体灰铸铁

c) 铁素体灰铸铁

图4-6 灰铸铁的显微组织(200×)

灰口铸铁的力学性能主要取决于基体的强度和石墨的数量、大小、形状及分布。同碳钢相比，灰口铸铁的强度、硬度低，塑性、韧性几乎等零，但抗压强度仍接近钢。此外，灰口铸铁的减振性、耐磨性好，缺口敏感性低，故灰口铸铁被广泛用于铸造机床床身和各类机器的机件等零件。

2. 灰口铸铁的孕育处理

提高灰口铸铁力学性能的有效方法是向铁水中冲入孕育剂（常用 $w_{Si}=75\%$ 的硅铁合金）进行孕育处理，然后浇注，以获得细晶粒的珠光体基体和细片状的石墨，这种方法称为孕育处理，用这种方法得到的铸铁称为孕育铸铁。

经孕育处理的铸铁，其强度、硬度比普通灰口铸铁明显提高（如 $\sigma_b=250\sim400MPa$、$170\sim270HBS$），并在厚大截面上具有均匀的组织和性能，故常用作力学性能要求较高的厚大铸件。

3. 灰口的牌号及用途

灰口铸铁的牌号是用"灰铁"的汉语拼音首位字母"HT"加三位数字表示，数字表示只铁的最低抗拉强度。如 HT150 表示最低抗拉强度为 150MPa 的灰口铸铁。

灰口铸铁的牌号、力学性能及用途见表 4-9。

表 4-9　灰口铸铁的牌号、力学性能及用途（摘自 GB5675—1985）

类别	牌　号	铸件壁厚 /mm	抗拉强度 σ_b/MPa	硬　度 （HBS）	应用举例
普通灰口铸铁	HT100	2.5～10 10～20 20～30 30～50	130 100 90 80	110～167 93～140 87～131 82～122	负荷很小的不重要件或薄件，如重锤、防护罩、盖板等
	HT150	2.5～10 10～20 20～30 30～50	175 145 130 120	136～205 119～179 110～167 105～157	承受中等载荷件，如机座、支架、箱体、法兰、泵体、缝纫机件、阀体等
	HT200	2.5～10 10～20 20～30 30～50	220 195 170 160	157～236 148～222 134～220 129～192	承受中等负荷重要件，如气缸、齿轮、机床床身、飞轮、底架、衬套、中等压力阀阀体等
孕育铸铁	HT250	4～10 10～20 20～30 30～50	270 240 220 200	174～262 164～247 157～236 150～225	机体、阀体、油缸、床身、凸轮、衬套等
	HT300	10～20 20～30 30～50	290 250 230	182～272 168～251 161～241	齿轮、凸轮、剪床、压力机床身、重型机械床身、液压件等
	HT350	10～20 20～30 30～50	340 290 260	199～298 182～272 171～257	

4.2.3　可锻铸铁简介

可锻铸铁又名马铁,它是将白口铸铁经石墨化退火而成的一种铸铁。由于其石墨成团絮状,大大减轻了对基体的割裂,故抗拉强度显著提高(抗拉强度 σ_b 一般可达 $300\sim400MPa$,最高可达 $700MPa$),且具有相当高的塑性和韧性($\delta \leqslant 12\%$、$\alpha_k \leqslant 30J/cm^2$),可锻铸铁就是因此而得名,其实它并不是真的可以锻造。

按照退火方法的不同,可锻铸铁可分为黑心可锻铸铁、珠光体可锻铸铁和白心可锻铸铁三种,其中白心可锻铸铁在我国应用较少。

可锻铸铁的生产分为两步:先浇注白口铸铁件,然后进行高温石墨化退火。白口铸铁内必须没有片状石墨,否则在退火时从渗碳体片中分解出来的石墨将沿着原来的石墨结晶而得不到团絮状石墨。因此,必须控制铸件化学成分,使之具有较低的碳、硅质量分数。通常可锻铸铁的化学成分为:$w_C = 2.2\% \sim 2.8\%$、$w_{Si} = 1.0\% \sim 1.8\%$、$w_{Mn} = 0.5\% \sim 0.7\%$、$w_P \leqslant 0.1\%$、$w_S \leqslant 0.2\%$。

可锻铸铁的牌号由三个字母加两组数字表示,其中"KT"为"可铁"两字汉语拼音的首位字母,H、Z、B 分别表示黑心、珠光体、白心可锻铸铁,两组数字分别表示材料的最低抗拉强度和最低伸长率。如 KTZ450-06 是指最低延伸率为 6%、最低抗拉强度为 450MPa 的珠光体可锻铸铁。

可锻铸铁生产过程较为复杂,退火时间长,因而生产率低、能耗大、成本较高,所以近年来几乎不用。

4.2.4　球墨铸铁

球墨铸铁是 20 世纪 40 年代研究成的一种新型结构材料,它是向出炉的铁水中加入球化剂和孕育剂而得到的。

1. 球墨铸铁的化学成分、组织和性能

球墨铸铁的碳、硅含量较高,一般 $w_C = 3.6\% \sim 4.0\%$,$w_{Si} = 20\% \sim 3.2\%$,以降低白口倾向,保证球化效果。硫、磷含量较低,一般原铁水中 $w_S < 0.07\%$、$w_P < 0.1\%$,以降低其有害作用。

球墨铸铁的组织是由钢的基体与球状石墨组成,其常见的基体有:铁素体、珠光体和铁素体+珠光体等,其显微组织如图 4-7 所示。

由于球墨铸铁中的石墨呈球状,它对基体的割裂程度大大减轻,因此球墨铸铁的力学性能比其他铸铁高,并可与钢媲美。抗拉强度与钢大体相同,屈服强度甚至高于 45 钢,塑性、韧性低于钢,但高于其他铸铁。此外,还具有灰铸铁许多优良性能,如耐磨性好、减振性好、缺口敏感性低等,这是钢所不及的。

2. 球墨铸铁的生产

(1)铁水。制造球墨铸铁所用的铁水含碳量要高($3.6\% \sim 4.0\%$),但硫、磷量要低。为防止浇注温度过低,出炉的铁水温度必须达 1400℃ 以上。

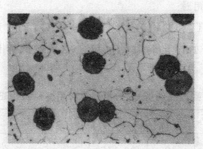

a）铁素体球铁（100×）

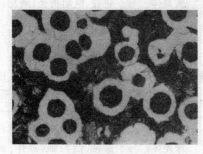

b）铁素体+珠光体球铁（100×）

c）珠光体球铁（100×）

图 4-7　球墨铸铁的显微组织

（2）球化处理和孕育处理。是制造球铁的关键，必须严格操作。球化剂的作用是使石墨呈球状析出，我国广泛采用的球化剂是稀土硅铁镁合金。它是由稀土、镁、硅铁和回炉料按一定比例熔制而成的。以稀土镁合金作球化剂，结合了我国的资源特点，其作用平稳，减少了镁的用量，还能改善球墨铸铁的质量。球化剂的加入量一般为铁水重量的 1.0%～1.6%（视铸铁的化学成分和铸件大小而定）。

孕育剂的主要作用是：促进石墨化，防止产生白口。此外还有细化石墨、圆整石墨球的作用。常用的孕育剂为含硅 75% 的硅铁，加入量为铁水重量的 0.4%～1.0%。

炉前处理的工艺方法有多种，其中以冲入法最为常用，如图 4-8 所示。冲入法是将球化剂放在铁水包中的堤坝内，上面覆盖上硅铁粉和稻草灰，并压紧，以延缓铁水与球化剂的作用，防止球化剂迅速上浮，提高吸收率。处理时，先冲入容量为 1/2～2/3 的铁水，待反应完毕后，在出铁槽中放上孕育剂，再冲入余下的铁水，搅拌扒渣后，即可进行浇注。

（3）热处理。铸铁的热处理只能改变基体组织，而不能改变石墨的形态、大小及其分布。球墨铸铁的石墨呈球状后，对金属基体割裂作用很小，故其力学性能主要取决于金属基体。通过热处理改变金属基体组织，可以显著提高球墨铸铁的力学性能。因此，大部分球墨铸铁都要进行热处理。球墨铸铁常用的热处理方法有：退火（获得铁素体基体）、正火（获得珠光体基体）、调质处理（获得回火索氏体基体）、等温淬火（获得下贝氏体基体）等。

铁水
堤坝
铁屑、稻草灰
球化剂

图 4-8　冲入法球化处理

3. 球墨铸铁的牌号及用途

球墨铸铁的牌号有"QT"和两位数字组成,其中"QT"是"球铁"两字汉语拼音的首位字母,后面两位数字分别表示材料的最低抗拉强度和最低伸长率。球墨铸铁的牌号、力学性能和用途见表4-10。

表4-10 球墨铸铁的牌号、力学性能和用途(摘自 GB1348—1988)

牌号	σ_b/MPa	$\sigma_{r0.2}$/MPa	δ/%	HB	基体组织	用途举例
QT400-18	400	250	18	130~180	铁素体	汽车和拖拉机底盘零件、轮毂、电动机壳、闸瓦、联轴器、泵、阀体、法兰等
QT400-15	400	250	15	130~180		
QT450-10	450	310	10	160~210		
QT500-7	500	320	7	170~230	珠光体+铁素体	电动机架、传动轴、直齿轮、链轮、罩壳、托架、连杆、摇臂、曲柄、离合器片等
QT600-3	600	370	3	190~270		
QT700-2	700	420	2	225~305	珠光体	汽车和拖拉机传动齿轮、曲轴、凸轮轴、缸体、缸套、转向节等
QT800-2	800	480	2	245~335		
QT900-2	900	600	2	280~360	贝氏体	高强度齿轮(如汽车后桥螺旋锥齿轮、大减速器齿轮)、内燃机曲轴、凸轮轴等

4.2.5 蠕墨铸铁

蠕墨铸铁的石墨呈短片状,片端钝而圆,类似蠕虫,故得名。

蠕墨铸铁的力学性能介于基体相同的灰铸铁和球墨铸铁之间,如抗拉强度优于灰铸铁,且具有一定的塑性和韧性($\sigma_b=360\sim440$MPa,$\delta=1.5\%\sim4.5\%$),但因石墨是相互连接的,故强度和韧性都不如球铁。但它的导热性优于球铁,而抗生长和抗氧化性较其他铸铁均高。同时,其断面敏感性较灰铸铁小,故厚大截面上的性能较为均匀。此外,蠕墨铸铁的耐磨性优于孕育铸铁及高磷耐磨铸铁。

制造蠕墨铸铁的原铁水和炉前处理与球墨铸铁类似。蠕化剂一般采用稀土镁钛、稀土镁钙合金或镁钛合金,加入量为铁水重量的$1\%\sim2\%$。蠕墨铸铁的铸造性能接近灰铸铁,缩孔、缩松倾向比球墨铸铁小,故铸造工艺较简便。

蠕墨铸铁牌号表示方法如下:

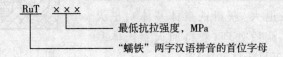

如 RuT400：最低抗拉强度为 400MPa 的蠕墨铸铁。由于蠕墨铸铁力学性能高，导热性和耐热性优良，因而适于制造工作温度较高或具有较高温度梯度的零件，如大型柴油机气缸盖、制动盘、钢锭模、金属模等。由于其断面敏感性小、铸造性能好，故可用于制造形状复杂的大铸件，如重型机床和大型柴油机机体等。

4.3　有色金属

有色金属品种繁多，本章仅介绍机械工业中广泛使用的铝及其合金、铜及其合金、轴承合金。

4.3.1　铝及铝合金

1. 工业纯铝

纯铝具有银白色金属光泽，密度为 $2.72g/cm^2$，熔点为 660℃，具有良好的导电性和导热性，其导电性仅次于银和铜。纯铝在空气中易氧化，表面形成一层能阻止内层金属继续被氧化的致密的氧化膜，因此具有良好的抗大气腐蚀性能，但不能耐酸、碱、盐的腐蚀。纯铝具有面心立方结构，无同素异晶转变，无磁性。纯铝具有极好的塑性和较低的强度（纯度为 99.99％ 时，$\sigma_b = 45MPa$、$\delta = 50\%$），良好的低温性能（到 -235℃ 时，塑性和韧性也不降低）。冷变形加工可提高其强度，但塑性降低。纯铝具有优良的工艺性能，易于铸造、切削加工和冷、热压力加工，还具有良好的焊接性能。工业中常用于配制铝合金或制作强度要求不高但具有导热、耐大气腐蚀的器皿。

工业纯铝分为铸造纯铝和变形纯铝两种。按 GB/T8063—1994 规定，铸造纯铝牌号由"Z＋Al＋数字"，数字表示纯铝百分含量，如 ZAl99.5 表示 $w_{Al} = 99.5\%$ 的铸造纯铝。按 GB/T16474—1996 规定，变形纯铝用"1＋字母＋数字"表示，字母表示原始纯铝的改型情况，如果为 A，则表示为原始纯铝，如为其他字母则表示为原始纯铝的改型，数字表示最低铝百分含量中小数点后面两位数字。如 1A30 表示 $w_{Al} = 99.30\%$ 的原始纯铝。

2. 铝合金

纯铝的强度和硬度很低，不适宜作为工程结构材料使用。向铝中加入适量的 Si、Cu、Mg、Zn、Mn 等元素（主加元素）和 Cr、Ti、Zr、B、Ni 等元素（附加元素），组成铝合金，可提高强度并保持纯铝的特性。

（1）铝合金的分类

根据铝合金的成分和生产工艺特点，可将铝合金分为变形铝合金和铸造铝合金两大类。铝合金一般都具有如图 4-9 所示的相图，在此图上可直接划分变形铝合金和铸造铝合金的成分范围。成分在 D 点以左的合金，加热至固溶线（DF 线）以上温度可得到均匀的单相 α 固溶体，塑性好，适于进行锻造、轧制等压力加工，称为变形铝合金。

成分在 D 点以右的合金,存在共晶组织,塑性较差,不宜压力加工,但流动性好,是以铸造,称为铸造铝合金。

在变形铝合金中,成分在 F 点以左的合金,固溶体成分不随温度而变化,不能通过热处理方法强化,称为不可热处理强化的铝合金;成分在 FD 之间的合金,固溶体成分随温度而变化,可通过热处理方法强化,称为可热处理强化的铝合金。

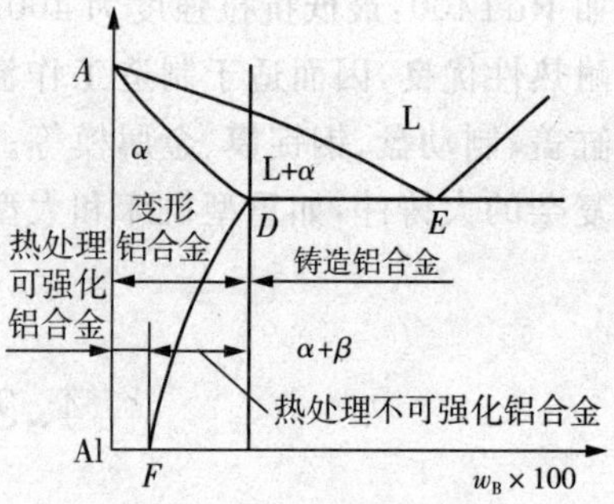

图 4-9 铝合金分类示意图

(2)变形铝合金

按 GB/T16474—1996 规定,变形铝合金用"2～8＋字母＋数字"表示。2～8 表示变形铝合金组别,依次表示主要合金元素为 Cu、Mn、Si、Mg、Mg＋Si、Zn、其他元素。字母表示原始纯铝的改型情况,如果为 A,则表示为原始纯铝,如为其他字母则表示为原始纯铝的改型。数字用来区分同一组中不同的铝合金。如 2A11 表示以铜为主要合金元素的变形铝合金。

变形铝合金热处理与钢不同,铝合金淬火后硬度并不高,必须放置一段时间后,其强度、硬度才显著提高,这种现象称为时效硬化。在室温下进行的时效成为自然时效,在加热条件下(100℃～200℃)进行的时效称为人工时效。由于铝合金淬火硬度较低,故可在淬火后、时效前进行冷加工。淬火＋时效处理是这类铝合金强化的主要途径。

变形铝合金按性能和用途不同可分为以下四种:

① 防锈铝

主要为 Al-Mn、Al-Mg 合金。防锈铝不能用热处理强化,但可通过冷变形产生的加工硬化来提高强度。防锈铝具有良好的塑性、耐蚀性及焊接性,主要用于受力不大、经冲压或焊接制成的结构件,如各种容器、油箱、导管、线材等。

② 硬铝

主要为 Al-Cu-Mg 合金。硬铝经淬火＋时效处理后具有较高的强度和硬度,在航空工业中获得了广泛的应用,如作飞机构架、螺旋桨、叶片等。但硬铝的耐蚀性差,通常可在硬铝板表面包覆一层纯铝,以增加其耐蚀性。

③ 超硬铝

主要为 Al-Cu-Mg-Zn 合金。超硬铝经淬火＋人工时效后具有高的强度,但其耐热性较低,耐蚀性较差,可通过提高时效温度或包铝的方法解决。常作飞机上主要受力部件,如大梁、桁架、翼肋、起落架和活塞等。

④ 锻铝

主要为 Al-Cu-Mg-Si 合金。锻铝经淬火＋时效处理后强度可与硬铝媲美,并具有良好的锻造性能。生产中常用作棒料或模锻件。

(3)铸造铝合金

铸造铝合金应具有良好的铸造性能,其成分接近共晶点。此外,为了提高其综合力学性能,常采用变质处理。对于承受较大载荷的铝合金可再加入 Cu、Mg、Zn 等元素,以形成 $CuAl_2$、Mg_2Si 等强化相,经淬火与时效处理后取得更为明显的强化效果。

铸造铝合金主要有 Al - Si 系、Al - Cu 系、Al - Mg 系、Al - Zn 系四种,其中以 Al - Si 系合金应用最广。其代号用"ZL"+三位数字表示,其中第一位数字表示铸造铝合金的类别(1 为 Al - Si 系,2 为 Al - Cu 系,3 为 Al - Mg 系,4 为 Al - Zn 系),后二位数字为合金顺序号。如 ZL102 表示 2 号 Al - Si 系铸造铝合金。

铸造铝合金的牌号由"Z"和基体金属铝的化学元素符号、主要合金化学元素符号以及表明合金化学元素名义质量分数的数字组成,牌号后加"A"表示优质。如 ZAlSi12 表示 w_{Si} = 12% 的 Al - Si 系铸造铝合金。

4.3.2　铜及铜合金

1. 纯铜

纯铜又称紫铜,密度为 $8.96g/cm^3$,熔点为 1083℃,具有优良的导电性和导热性,其导电性仅次于银。纯铜在大气、淡水中具有良好的耐蚀性,但在海水中较差。纯铜具有面心立方结构,无同素异晶转变,无磁性。纯铜的强度不高(σ_b = 200～250MPa),硬度较低(40～50HBS),塑性很好(δ = 45%～50%)。冷变形后,其强度可达 400～500MPa,硬度提高到 100～200HBS,但伸长率下降到 5% 以下,采用退火可消除铜的加工硬化。纯铜还具有优良的焊接性能。工业纯铜的主要用途是配制铜合金,制作导电、导热材料及耐蚀器件等。

工业纯铜分为未加工产品和加工产品两种。未加工产品代号有 Cu - 1、Cu - 2 两种。加工产品代号有 T1、T2、T3 三种。代号中数字表示顺序号,数字愈大,纯度愈低。

2. 铜合金

铜合金是在纯铜中加入 Zn、Sn、Al、Mn、Ni、Fe、Be、Ti、Zr 等合金元素所制成的。铜合金既保持了纯铜优良的特性,又有较高的强度。按化学成分分,铜合金可分为黄铜、青铜、白铜三大类。黄铜是以锌为主要合金元素的铜合金,白铜是以镍为主要合金元素的铜合金,青铜是以除锌、镍外的其他元素为主要合金元素的铜合金。按生产加工方式分,铜合金又分为加工铜合金和铸造铜合金两大类。除用于导电、装饰和建筑外,同合金主要在耐磨和耐蚀条件下使用。

(1)黄铜

Cu - Zn 二元合金称为普通黄铜,其加工产品代号表示方法为:H+铜的平均质量分数,如 H68 表示 w_{Cu} = 68% 的普通加工黄铜。普通黄铜中,w_{Zn} < 32% 的称为单相黄铜,它强度低,塑性好,一般冷塑性加工成板材、线材、管材等,常用代号有 H68、H70、H80,主要用作弹壳和精密仪器;w_{Zn} = 32%～45% 的称为两相黄铜,它的热塑性好,一般热轧成棒材、板材等,常用代号有 H59、H62 等,主要用作水管、油管、散热器、螺钉等。普通黄铜具有良好的耐蚀性,但冷加工后的黄铜在海水、湿气、氨的环境中容易产生应力腐蚀开裂(季裂),故需进行去应力退火。

特殊黄铜是在普通黄铜的基础上加入 Al、Si、Pb、Sn、Mn、Fe、Ni 等合金元素形成特殊黄铜,相应称为铝黄铜、硅黄铜、铅黄铜等。这些合金元素的加入均能提高合金的强度,另外 Al、Sn、Mn、Ni 能提高耐蚀性和耐磨性,Mn 能提高耐热性,Si 能改善铸造性能,Pb 能改善切削性能。特殊黄铜加工产品代号表示方法为:H+主加元素的化学符号及铜的平均质量分数+各合金元素的平均质量分数,如 HPb59-1 表示 $w_{Cu}=59\%$、$w_{Pb}=1\%$ 的加工铅黄铜。特殊黄铜常用代号有 HPb59-1、HSn90-1 等,主要用于制造冷凝管、齿轮、螺旋桨、钟表零件等。

(2)青铜

根据所加合金元素不同,青铜分为锡青铜和特殊青铜两种。加工青铜的代号表示方法为:Q+主加元素符号及平均质量分数+其他元素平均质量分数,如 QSn4-3 表示 $w_{Sn}=4\%$、$w_{Zn}=3\%$ 的锡青铜。铸造青铜的牌号表示方法与铸造黄铜相同。

① 锡青铜

以锡为主加元素的铜合金。锡青铜的性能主要取决于锡的含量。$w_{Sn}<5\%$ 的锡青铜塑性好,适于进行冷变形加工;$w_{Sn}=5\%\sim7\%$ 的锡青铜热塑性好,适于进行热加工;$w_{Sn}=10\%\sim14\%$ 的锡青铜塑性较低,适于作铸造合金。锡青铜的铸造流动性差,易形成分散缩孔,铸件致密度低,但合金体收缩率小,适于铸造外形及尺寸要求精确的铸件。锡青铜具有良好的耐蚀性、减摩性、抗磁性和低温韧性,在大气、海水、蒸汽、淡水及无机盐溶液中的耐蚀性比纯铜和黄铜好,但在亚硫酸钠、酸和氨水中的耐蚀性较差。常用锡青铜有 QSn4-3、QSn6.5-0.4、ZCuSn10Pb1 等,主要用于制造弹性元件、耐磨零件、抗磁及耐蚀零件,如弹簧、轴承、齿轮、蜗轮、垫圈等。

② 特殊青铜

为了进一步提高青铜的力学性能和工艺性能,常在铜中加人铝、硅、铅、铍等元素组成硅青铜、铅青铜、铍青铜等不含锡的青铜。铝青铜的强度、硬度、耐蚀性高于锡青铜,并具有较高的耐热性;铍青铜不仅具有高的强度、硬度与弹性极限,同时还具有抗磁与受冲击时不产生火花等特性。

铸造铜合金的牌号表示方法为:Z+铜元素化学符号+主加元素的化学符号及平均质量分数+其他元素的化学符号及平均质量分数,如 ZCuZn38 表示 $w_{Zn}=38\%$、余量为铜的铸造普通黄铜,ZCuAl10Fe3 表示 $w_{Al}=10\%$、$w_{Fe}=3\%$ 的铸造铝青铜黄铜。

4.3.3 轴承合金

轴承合金是用来制造滑动轴承中的轴瓦及内衬的合金。当轴承支撑轴进行工作时,轴瓦表面要承受一定的交变载荷,并与轴之间发生强烈的摩擦。为了确保机器正常、平稳、无噪声运行,减少轴瓦对轴颈的磨损,轴承合金应具备一系列性能要求:

◆ 一定的强度和疲劳抗力,以承受较高的交变载荷;

◆ 足够的塑性和韧性,以抵抗冲击和震动并保证与轴的良好配合;

◆ 较小的摩擦系数和良好的磨合能力,并能储油;

◆ 良好的导热性、抗蚀性和低的膨胀系数,以防温升和轴的咬合。

为了满足以上性能要求,轴承合金的组织特点应该是软硬兼有;或者是在软基体上均匀分布着硬质点;或者是在硬基体上均匀分布着软质点。当轴承工作时,软组织很快被磨凹,凸出的硬组织便起支撑轴的作用。这样,既减小了轴与轴瓦的接触面,凹下的空间又可储存润滑油,保证轴承有良好的润滑条件和低的摩擦系数,减轻轴的磨损。此外,偶然进入的外来硬物也能被压入软组织内,不致擦伤轴颈。

铸造轴承合金的牌号用"铸"字汉语拼音字首"Z"＋基体金属元素与主要合金元素的化学符号＋主要合金元素名义质量分数表示,如 ZSnSb11Cu6 表示铸造锡基轴承合金,主加元素锑为 11%、、铜为 6%、余量为锡。

1. 锡基轴承合金

锡基轴承合金又称锡基巴氏合金,是 Sn－Sb－Cu 系合金。合金组织为 $\alpha+\beta$,其中软基体是 Sb 溶于 Sn 中的 α 固溶体,硬质点是以为 SnSb 基的 β 固溶体。

锡基轴承合金摩擦系数小,并具有良好的塑性、耐蚀性及导热性,但价格较高,适用于制造重要轴承,如汽轮机、内燃机、涡轮机等高速轴承。

2. 铅基轴承合金

铅基轴承合金又称铅基巴氏合金,是 Pb－Sb－Sn－Cu 系合金。合金组织为 $(\alpha+\beta)+\beta$。其中 $(\alpha+\beta)$ 共晶体为软基体,β 相方块状物 SnSb 和针状物 Cu_2Sb 构成硬质点。合金中加入 Sn、Cu 能强化基体,形成硬质点,Cu 还能防止比重偏析。

铅基轴承合金的性能略低于锡基轴承合金,但由于价格便宜,故常用作低速、低载荷的轴瓦材料,工作温度不超过 120℃。

3. 其他轴承合金

除了巴氏合金以外,还有铜基、铝基轴承合金,它们的特点是承载能力高、密度较小、导热性和疲劳强度好,工作温度较高,价格便宜。所以,也广泛用作汽车、拖拉机、内燃机车等一般工业轴承。

先导案例解答

(1)钳工用锉刀属于手动工具,工作时不受冲击载荷,主要要求锉刀具有高的硬度和耐磨性,高碳钢经淬火＋低温回火才能满足这一要求。

(2)铝合金塑性好,能满足成型时高塑性的要求。

(3)机床床身结构复杂,还具有复杂的内腔。床身工作时主要承受压应力,还应具有良好的减震性,而铸铁刚好能满足这些要求。

(4)轴类等机器零件一般都要求具有良好的综合力学性能,中碳钢经调质处理后刚好能满足要求。

(5)钻头属于机用孔加工刀具,要求具有高的硬度和耐磨性及高的红硬性,并且应具有足够的强度和韧性,因此应选用高速钢制造。

小 结

本章主要介绍了工业上常用的金属材料，主要内容有：

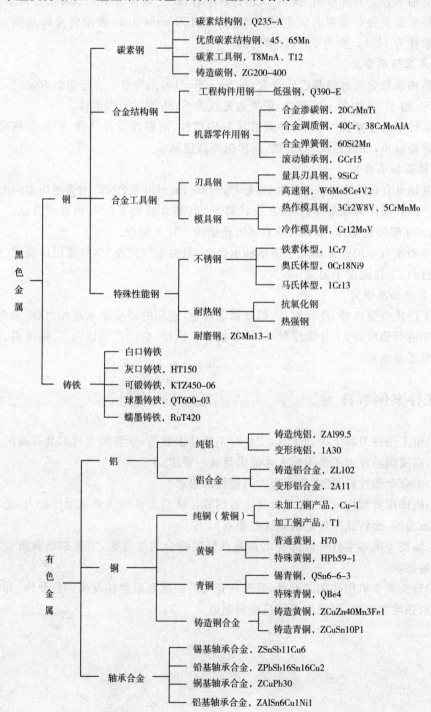

复习思考题

4 - 1 指出下列各种钢的类别、大致碳的质量分数、质量及用途举例:

Q255 - B、45、T7、T12A。

4 - 2 合金钢中经常加入的元素有哪些? 它们在钢中的作用如何?

4 - 3 指出下列每个牌号的类别、碳的质量分数、热处理工艺和主要用途:

Q345、20Cr、20CrMnTi、2Cr13、GCr15、60Si2Mn、9SiCr、Cr12、CrWMn、0Cr18Ni9Ti、4Cr9Si2、W18Cr4V、ZGMn13 - 1

4 - 4 有一 φ10mm 的杆类零件受中等交变拉压载荷作用,要求零件沿截面性能均匀一致,供选材料有:Q345、45、60Si2Mn、T12。要求:①选择合适的材料;②编制简明工艺路线;③说明各热处理工序的主要作用;④指出最终组织。

4 - 5 白口铸铁、灰铸铁和钢这三者的成分、组织和性能有何主要作用?

4 - 6 灰口铸铁、球墨铸铁、蠕墨铸铁、可锻铸铁在组织上的根本区别是什么? 试述石墨对铸铁性能特点的影响。

4 - 7 灰铸铁为什么不能进行改变基体的热处理;而球墨铸铁可以进行这种热处理?

4 - 8 识别下列牌号的名称,并说出字母和数字所表示的含义:

QT800 - 2、KTH350 - 10、HT200、RuT300。

4 - 9 铝合金分为几类? 各类铝合金各有何强化方法? 铝合金淬火与钢的淬火有何异同?

4 - 10 铜合金分为几类? 举例说明各类铜合金的牌号、性能特点和用途。

4 - 11 轴承合金必须具备哪些特性? 其组织有何特点? 常用滑动轴承合金有哪些?

4 - 12 指出下列代号(牌号)的类别:

3A21、2B50、ZL203、H68、HPb59 - 1、ZcuZn16Si4、QSn4 - 3、QBe4、ZcuSn10Pb1、ZSnSb11Cu6。

第5章 工程材料的选择与应用

【本章知识点】

(1)了解零件各种失效形式及原因；

(2)掌握机械零件的选材原则；

(3)了解选材的方法及步骤，能对典型零件进行合理选材。

【先导案例】

为什么汽车变速齿轮一般选用合金渗碳钢制造，而机床变速箱齿轮多选用调质钢制造？

材料的选择与应用是机械设计与制造工作中重要的基础环节，自始至终影响整个设计过程。选材的核心问题是在技术和经济合理的前提下，保证材料的使用性能与零件(产品)的设计功能相适应。

充分认识选材的普遍性和重要性，掌握选材过程与要领，是正确选材、合理选材的重要保证。

5.1 机械零件的失效分析

机械零件(或构件)的设计水平再高，都不能永久地使用，总有一定的使用寿命而失效。为避免零件发生早期失效，在选材时必须对零件在使用中可能产生失效原因及失效机制进行分析，为选材和加工质量控制提供参考依据。

5.1.1 失效的概念

失效是指零件在使用过程中，由于尺寸、形状或材料的组织与性能发生变化而失去设计的效能。一般机械零件在以下三种情况下都认为已失效：零件完全不能工作；零件虽能工作，但已不能完成指定的功能；零件有严重损伤而不能再继续安全使用。零件的失效有达到预定寿命的失效，也有远低于预定寿命的不正常的早期失效。正常失效是比较安全的;而早期失效则会带来经济损失,甚至可能造成人身和设备事故。

失效分析的目的就是要分析零件的失效原因并提出相应的防止和改进措施,其对零件的设计、选材、加工与使用都有重大的指导意义。由于选材过程在很大程度上依赖于对使用经验的分析,特别是对失效原因和机制的分析,找出零件的最薄弱环节,进而可直接确定零件的某种(或某些)必要性能,并推断材料应达到的性能指标。因此失效分析工作也是选材过程的一个重要环节。

5.1.2　失效形式

零件失效形式多种多样,通常按零件的工作条件及失效的特点将失效分为四大类,即过量变形、断裂、表面损伤和物理性降级,如图 5-1 所示。前三种是最重要的,其中断裂失效(尤其是脆性断裂)因其危险性而易受重视、且研究最多,疲劳断裂最普遍,是断裂失效的主要方式。对于功能材料,物理性能降级是主要失效形式,但也存在断裂鳄鱼腐蚀、磨损等问题。失效形式不同,则对材料的主要性能要求也不相同,如零件发生过量弹性变形失效时,其主要性能应是材料的刚度,应选高弹性模量的材料。

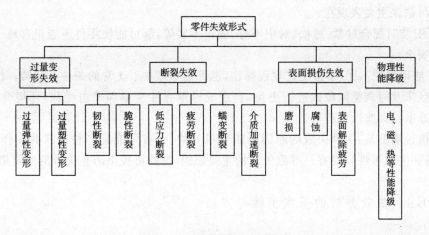

图 5-1　零件的失效形式

5.1.3　失效原因

引起失效的原因也是多种多样的,但大体可以分为设计、材料、加工和安装使用四个方面。

1. 设计不合理

设计不合理主要表现在:

◆ 最常见的情况是零件尺寸和几何结构不正确。例如,过渡圆角太小、存在尖角、有尖锐切口等,造成了较大的应力集中。

◆ 设计中对零件工作条件估计错误。例如,对工作中可能的过载估计不足,因而设计的零件承载能力不够。或者对环境的恶劣程度估计不足,忽略或低估了温度、介质等因素的影响,造成零件实际工作能力的降低。

2. 选材错误

选材错误主要表现在:

◆ 设计中对零件失效的形式判断错误,使所选用的材料的性能不能满足工作条件的要求。

◆ 选材所根据的性能指标不能反映材料对实际失效形式的抗力,错误地选择了材料。

◆ 所用材料的冶金质量太差,例如夹杂物多、杂质元素过多等。

3. 加工工艺不当

在零件的加工工艺过程中,由于工艺方法或参数不当,会产生一系列缺陷,导致构件过早破坏。例如,铸件中缩孔的存在,在热加工时会引起内裂纹,导致构件脆断;锻造工艺不当造成的锻件缺陷主要是折叠、表面裂纹、过热及内裂纹等,也是导致零件失效的根源;热处理工艺中,表面氧化脱碳、过热过烧组织、出现软点或裂纹、回火脆性等造成零件组织、性能不合格,影响使用寿命。

4. 安装使用不良

选材错误主要表现在:

◆ 安装时配合过紧、过松、对中不好、固定不紧等,都可能使零件不能正常地工作,或工作不安全。

◆ 使用维护不良,不按工艺规程操作,也可使零件在不正常的条件下运转。例如,零件磨损后未及时调整间隙或进行更换,会造成过量弹性变形和冲击受载;环境介质的污染会加速磨损和腐蚀进程等。

应该说明的是:工件失效的原因可能是单一的,也有可能是多种因素共同作用的结果,但每一失效事件均应有一导致失效的主要原因,据此可提出防止失效的主要措施。

5.1.4 失效分析的基本步骤与方法

失效分析工作涉及多门学科知识。其实践性很强,快速准确的分析结果要求有正确的失效分析方法。一般认为失效分析的基本步骤如下:

1. 调查取证

调查取证时失效分析最关键、最费力、也是必不可少的程序,主要包括两方面的内容:一是调查并记录失效现场的相关信息、收集失效残骸或样品(应取自失效的发源部位);二是查询有关背景资料,如设计图样、加工工艺等文件、使用维修情况等。

2. 整理分析

对所收集的资料、证据进行整理,并从零件的设计、加工及使用等多方面进行分析,为后续试验明确方向。

3. 断口分析

对所选样品进行宏观及微观的断口分析,以及必要的金相剖面分析,确定失效的发源地及失效形式,初步指出可能的失效原因。

4. 成分组织性能的分析与测试

测定样品的必要数据,包括设计所依据的性能指标给予失效有关的性能数据;分析材料的组织及化学成分是否符合要求;分析在失效零件上收集到的腐蚀产物的成分、磨屑的成分等。必要时还要进行无损探伤、断裂力学分析等,考察有无裂纹或其他缺陷。

5. 综合分析得出结论

综合各方面的证据资料及分析测试结果,判断并确定失效的具体原因,提出防止与改进措施,写出报告。

5.2　机械零件材料的选用

选材合理性的标志应是在满足零件性能要求的条件下,最大限度的发挥材料的潜力,做到"物尽其用"。既要考虑提高材料强度的使用水平,同时也要减少材料的消耗和降低加工成本。因此,要做到合理选材,对设计人员来说,必须要进行全面分析及综合考虑。

5.2.1　选材的一般原则

选材一般应遵循三个基本原则:使用性能、工艺性能和经济性能。

1. 根据使用性能要求选材

材料的使用性能是指机械零件(或构件)在正常工作情况下材料应具备的性能,它包括力学性能和物理、化学性能。零件的使用性能是保证其设计功能实现、经久耐用的必要条件,是选材的最主要的原则。

对结构零件而言,其使用性能要求以力学性能为主,物理化学性能为辅;对功能元件而言,其使用性能则以各种功能特性为主,以力学性能、化学性能为辅。实际上零件对材料的使用性能要求是多因子的,因而必须首先准确判断零件所要求的某个(或几个)使用性能,然后方可进行具体的选材工作。

一般零件按力学性能进行选材时,只要能正确地分析零件的服役条件和主要失效形式,从而找出其应具备的主要性能指标,并对零件的危险部位进行力学分析计算,正确计算所选材料的许用应力,则零件在服役期间,一般不会发生由于机械损伤而造成早期失效,其工作是安全的可靠的。

2. 根据工艺性能要求选材

材料的工艺性能是指材料适应某种加工的能力。在选材中,材料的工艺性能常处于次要的地位,但在某些特殊情况下,工艺性能也可称为选材的主要依据。如切削加工中,大批大量生产时,为保证材料的切削加工性而选用易切削钢。由于各种加工方法对材料提出的工艺性要求不尽相同,因此在满足使用性能选材的同时,必须兼顾材料的工艺性能,使所选材料具有良好的工艺性,以有利于在一定生产条件下,方便、经济地得到合格产品。

3.根据经济性选材

经济性是选材时必须考虑的一个问题。经济性涉及材料成本的高低、供应是否充分、加工工艺过程是否复杂、成品率高低等,人们在生产过程中总是力求产品质量好、性能优良、使用可靠且寿命长。在满足使用性能的前提下选用零件材料时就要力争使产品的成本最低,经济效益最大。

所谓经济性选材原则,不仅是指选择价格最便宜的材料,或是生产成本最低的产品,而是指运用价值分析的方法,综合考虑材料对产品的功能与成本的影响,以达到最佳的技术经济效益。

5.2.2 选材的具体方法

零件选材的具体方法应视零件的品种和具体服役条件而定。如果是新设计的关键零件,通常先应进行必要的力学性能试验;如果是一般的常用零件(如轴类零件或齿轮等),可以参考同类型产品中零件的有关资料和国内外失效分析报告等来进行选材。在按力学性能选材时,其具体方法有以下三种类别:

(1)以综合力学性能为主选材。当零件工作时承受变动载荷与冲击载荷时,其失效形式主要是过量变形与疲劳断裂,要求材料具有较高的强度、疲劳强度、塑性与韧性,即要求有较好的综合力学性能。如截面上受均匀循环拉应力(或压应力)及多次冲击的零件(气缸螺栓、锻锤杆、锻模、液压泵柱塞、连杆等),要求整个截面淬透。选材时应综合考虑淬透性与尺寸效应。一般可采用调质或正火状态的碳钢;调质或渗碳合金钢;正火或等温淬火状态的球墨铸铁来制造。

近年来,发展了一些使材料强度、韧性同时提高的热处理方法,称为强韧化处理。如低碳钢淬火成低碳马氏体;高碳钢等温淬火形成下贝氏体;奥氏体晶粒超细化与碳化物超细化;采用复合组织(在淬火钢中与马氏体组织公存折一定数量的铁素体或残余奥氏体)以及形变热处理(形变强化与淬火强化相结合)。如在珠光体转变中,采用等温形变淬火,不但提高强度,而且能使冲击韧性提高 $10\sim30$ 倍。

(2)以疲劳强度为主选材。承受交变载荷和冲击载荷的零件,如曲轴、弹簧、滚动轴承等,主要因疲劳而破坏,所以应以疲劳强度为主进行选材。为提高疲劳强度,应适当提高抗拉强度。疲劳强度还与钢的组织状态有关,当抗拉强度相同时,调质后的回火索氏体组织比退火、正火组织的塑性、韧性好,并对应力集中敏感性较小,因而具有较高的疲劳强度。一般选用中碳钢或中碳合金钢经调质处理达到性能要求,或选用低碳钢、低合金钢经渗碳和表面淬火达到要求。应力集中时发生疲劳破坏的重要原因,改善零件表面粗糙度,并在零件表面造成残余压应力(对零件表面进行喷丸或滚压强化),可以提高疲劳强度。

(3)以磨损为主选材。根据零件工作条件的不同,选材情况也有所不同。受力小而磨损较大的零件,其主要损坏形式是磨损,因此要求材料具有高的耐磨性。如各种量具、刀具、冷冲模等,可选用优质碳素工具钢或合金工具钢进行淬火＋低温回火,以获得高硬度的回火马氏体组织,满足耐磨性的要求。既受磨损又受冲击载荷作用的零件,如拖拉机变速箱齿轮,工作时齿面较易磨损,启动或换挡时,又承受冲击,故须选用低碳钢或低合金钢,如 20、15Cr、20CrMnTi 等钢,经渗碳后淬火＋低温回火等热处理工艺来满足性能要求。

5.3　典型零件选材

金属材料、高分子材料、陶瓷材料及复合材料是目前的主要工程材料,它们各有自己的特性,所以各有不同的用途。

高分子材料的强度、刚度(弹性模量)低,尺寸稳定性较差,易老化。因此目前还不能用来制造承受载荷较大的结构零件。但由于其原料丰富,生产能耗较低(约为钢的 1/10,铝的 1/2),密度低,弹性较好且减振、耐磨,故在机械工程中,常用来制造轻载传动齿轮、轴承、紧固件及各种密封件等。

陶瓷材料硬而脆,加工性能差,也不能用作重要的受力零件。目前主要应用领域是建筑陶瓷和功能材料。但陶瓷材料具有高热硬性及化学稳定性,可用作耐热、耐磨、耐蚀的零件,如燃烧器喷嘴、刀具与模具、石油化工容器等。由于陶瓷功能材料具有极其广阔的应用前景,在高新技术产品中占据重要地位,故有人认为 21 世纪是"第二个石器时代"。但作为陶瓷结构材料,目前尚处于开发应用阶段。

目前材料虽综合了多种不同的优良性能,如比强度、比模量高;抗疲劳、减摩、耐磨、减振性能好;且化学稳定性优异;故是一种很有发展前途的工程材料。但目前复合材料价格昂贵,在一般工业中应用受到限制。

金属材料具有极其优良的综合力学性能和某些物理、化学性能,因此它被广泛地用于制造各种重要的机械零件和工程结构。目前仍是机械工程中最重要的结构材料。从应用情况来看,机械零件的用材主要是钢铁材料。

5.2.1　齿轮零件的选材

1. 齿轮的工作条件、主要失效形式及性能要求

齿轮是机械工业中应用最广的零件之一,其主要作用是传递扭矩(力或能),改变运动速度或方向。不同的齿轮,其工作条件、失效形式和性能要求有所差异,但也有如下的共同特点:

(1)工作条件

机床、汽车、拖拉机以及其他工业机械用齿轮尽管很多,但其工作过程大致相似,只是受力程度有所不同。

① 齿轮工作时,通过齿面的接触传递动力,在啮合齿表面承受既有滚动又有滑动的高的接触压应力与强烈的摩擦。

② 传递动力时，其轮齿类似一根受力的旋臂梁，接触作用力在齿根处产生很大的力矩，使齿根部承受较高的弯曲应力。

③ 换挡、启动或啮合不均匀时，将承受冲击载荷，也可能因短时间超载而发生断裂。

（2）齿轮的主要失效形式

根据齿轮的工作特点，其主要失效形式有以下几种：

① 轮齿折断。齿轮危险截面的应力超过一定限度时，轮齿就会折断。齿轮转动时齿根承受的是变化的弯曲应力，因而齿根会产生疲劳裂纹，裂纹扩展导致轮齿弯曲疲劳折断。由于材料疲劳对拉伸应力比较敏感，弯曲疲劳裂纹首先发生在受拉一侧。轮齿受到短期过载或冲击载荷的作用，或轮齿磨损严重减薄以后，会产生过载折断。偏载严重、齿宽较大的直齿圆柱齿轮，易产生局部折断，斜齿轮和人字齿轮的啮合线倾斜，也容易产生局部断齿。

② 齿面点蚀。点蚀又称鳞剥，它是润滑良好的闭式齿轮传动的主要失效形式。在变化的接触应力、齿面摩擦力和润滑剂的综合作用下，轮齿表层下一定深度产生裂纹，裂纹逐渐发展导致轮齿表面小片脱落，形成凹坑。点蚀继续发展，使齿轮产生强烈振动和噪声，以致不能正常工作。

③ 齿面磨损。由于粗糙齿面的互相摩擦或砂粒、金属屑等磨料落入齿面之间，都会引起齿面磨损。磨损导致齿面失去正确的齿形，甚至发展到轮齿过薄而弯曲折断。磨损是开式齿轮的主要失效形式。

④ 齿面胶合。高速重载齿轮，齿面压力大，滑动速度高，因而发热多，当齿面瞬时温度过高时，相啮合齿面会发生粘焊现象，在运动时齿面撕脱，导致严重的失效，粘连较轻的也会产生划痕。

⑤ 塑性变形。用硬度较低的钢或其他较软的材料制造的齿轮，当承受重载荷时，由于摩擦力的作用，齿面表层的材料沿摩擦力的作用方向产生塑性变形。

（3）对齿轮材料性能要求

根据上述的齿轮工作条件、失效形式，要求齿轮材料具备以下主要性能：

◆ 齿轮材料应有高的弯曲疲劳极限，以防止轮齿的疲劳断裂。

◆ 齿轮材料应有足够高的齿面接触疲劳极限和高的硬度、耐磨性，以防齿面损伤。

◆ 齿轮材料应有足够的齿心部强韧性，以防冲击过载断裂。

2. 常用齿轮材料

制造齿轮最常用的材料是钢，其次是铸铁，还有各种有色金属及非金属材料等。常用的齿轮材料见表 5-1。

5.2.2 轴类零件的选材

1. 轴的工作条件、主要失效形式及性能要求

轴是最基本且关键的机械零件之一，其主要作用是支承传动零件并传递运动和动力。机床的主轴与丝杠、发动机曲轴、汽车后桥半轴、汽轮机转子轴及仪器仪表的轴等都属于轴类零件。

表 5-1 常用齿轮的材料、热处理、特点及应用

材　料	热处理	特点及应用
中碳结构钢 45 钢	调质或表面淬火	常用于低速、轻载或中载的普通精度齿轮
中碳合金结构钢 40Cr、40MnB	调质或表面淬火	适用于制造速度较高、载荷较大、精度较高的齿轮
渗碳钢 20Cr、20CrMnTi	渗碳后淬火	齿面硬度可达 HRC58～63，而心部又有较好的韧性，既能耐磨又能承受冲击载荷。这种材料适于制作高速、中载或具有冲击载荷的齿轮
氮化钢 38CrMoAlA	氮化	比渗碳淬火齿轮具有更高的耐磨性与耐蚀性。由于变形小，可以不磨齿，常用于制作高速传动的齿轮
铸铁		容易铸成复杂的形状、容易切削、成本低，但其抗弯强度、耐冲击和耐磨性能差，故常用于受力不大、无冲击、低速的齿轮。铸铁齿轮对润滑要求低，常用于开式传动
有色金属		多用于仪器、仪表中的小模数齿轮
粉末冶金材料		所制造的齿轮力学性能优良，技术经济效益高，一般适用于大批量生产的小齿轮，如汽车发动机的定时齿轮、分电器齿轮等
非金属材料 尼龙、塑料等		易加工、传动中噪音小、耐磨、减振性好等，适用于轻载、需减振、低噪音、润滑条件差的场合

（1）工作条件

轴承受交变的弯曲载荷、扭转载荷或拉、压载荷；轴与轴上相对运动表面（如轴颈、花键部位）发生摩擦；因机器开-停、过载等，轴还要承受一定的冲击载荷。

（2）主要失效形式

① 断裂。这是轴的最主要失效形式，其中以疲劳断裂为多数、冲击过载断裂为少数。

② 磨损。轴的相对运动表面因摩擦而过度磨损。

③ 过量变形。在极少数情况下会发生因强度不足的过量塑性变形失效和刚度不足的过量弹性变形失效。

（3）性能要求

根据对轴类零件的工作条件与失效形式分析，制造轴的材料应具有的性能要求有：

◆ 较高的疲劳极限，以防止疲劳断裂。

◆ 优良的综合力学性能，即强度、塑性、韧性的合理配合，既应防止轴的过量变形，又要防止在过载或冲击载荷下轴的折断或扭断；

◆ 局部承受摩擦的部分应具有较高的硬度和耐磨性，防止过度磨损。

此外，还应考虑材料的刚度、切削加工性、热处理工艺性和成本等。

2. 常用轴类零件材料

高分子材料的强度、刚度太低，极易变形；陶瓷材料太脆，疲劳性能差，这两类材料一

一般不适宜于制造轴类零件。因此,轴类零件(尤其是重要轴)几乎都选用金属材料,其中以钢铁材料最为常见。

对轴进行选材时,必须将轴的受力情况作进一步分析,按受力情况,可将轴分为以下几类:

(1)不传递动力只承受弯矩起支撑作用的轴,主要考虑刚度和耐磨性。如主要考虑刚度,可以用碳钢或球墨铸铁来制造;对于轴颈有较高耐磨性要求的轴,则须选用中碳钢并进行表面淬火,将硬度提高到52HRC以上。

(2)主要承受弯曲、扭转的轴,如变速箱传动轴、发动机曲轴、几床主轴等。由于其应力分布具有表面较大、心部较小的特点,故无需选淬透性大的钢种,一般选用45、40Cr钢即可;若要求高精度、高的尺寸稳定性极高耐磨性的轴,如镗床主轴,则常选用38CrMoAlA钢进行调质及氮化处理。

(3)同时承受弯曲(或扭转)及拉、压载荷的轴,如船用推进器轴、锻锤锤杆等,由于其在整个截面上应力分布均匀,心部受力也较大,故应选淬透性较高的钢种,如40CrNiMo。

轴类零件常用材料情况见表5-2。

表5-2 轴类零件常用材料的适用范围、热处理及特点

材　　料	适用范围	热处理	特　　点
45钢	一般轴类零件	根据实际情况定	具有一定的强度、韧性和耐磨性,但淬透性差,淬火后易形成较大的内应力
合金结构钢 40Cr	中等精度且转速较高的轴	油淬	热处理后的内应力小,并且有良好的韧性
GCr15或65Mn等	精度较高的轴	调质和表面处理	具有较高的耐磨性和疲劳强度,但韧性较差
低碳合金 20CrMnTi、20Mn2B等	高转速、重载荷等条件下工作的轴	渗碳淬火	表面硬里部韧,但渗碳淬火的变形较大
氮化钢 38CrMoAlA	高精度、高转速的主轴	调质后再经渗氮处理	热处理变形很小,使心部的强度和表层的硬度、耐磨性、疲劳强度都很好,加工后轴的精度具有很好的稳定性

先导案例解答

一般来说,机床传动齿轮工作时受力不大、转速中等、工作较平稳、无强烈冲击,强度和韧性要求均不高,一般用调质钢制造。中碳钢(如45钢)经调质后心部有足够的强韧性,能承受较大的弯曲应力和冲击载荷。表面采用高频淬火强化,硬度可达52HRC左右,提高了耐磨性,且因在表面造成一定压应力,也提高了抗疲劳破坏的能力。

汽车变速齿轮的工作条件比机床齿轮差,特别是主传动系统中的齿轮。它们受力较大,受冲击较频繁,因此对材料要求较高,因而选用合金渗碳钢制造。

小　结

掌握零件选材的原则,理解典型常用零件的选材是本章的重点和难点。其他内容有:

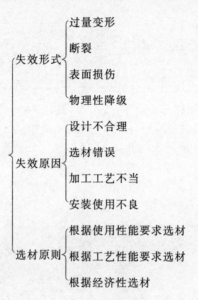

失效形式
- 过量变形
- 断裂
- 表面损伤
- 物理性降级

失效原因
- 设计不合理
- 选材错误
- 加工工艺不当
- 安装使用不良

选材原则
- 根据使用性能要求选材
- 根据工艺性能要求选材
- 根据经济性选材

复习思考题

5-1　零件常见失效形式有哪些? 失效的主要原因是什么?

5-2　零件选材的一般原则是什么?

5-3　某工厂用 T10 钢制造的钻头对一批铸件进行钻 ϕ10mm 深孔,在正常切削条件下,钻几个孔后发现钻头很快磨损。经检验钻头材料、热处理工艺、金相组织及硬度均合格。试问失效原因,并提出解决办法。

5-4　指出下列工件在选材与制定热处理技术条件中的错误,并说明其理由及改正意见。

① 凸轮,45 钢,淬硬 60~64HRC;

② 小轴,45 钢,调质 45~50HRC;

③ 丝锥,20 钢,淬硬 58~62HRC;

④ 齿轮,45 钢,淬硬 56~62HRC。

5-5　选定下列零件的材料,并简要说明理由:

① 车辆缓冲弹簧;② 螺丝刀;③ 自来水管弯头;④ 机床床身;⑤ 镗床镗杆;⑥ 汽车后桥半轴;⑦ 医疗手术刀;⑧ 自行车车架;⑨ 机用大钻头;⑩ 高速刨车铸铁的车刀。

5-6　C6136 机床变速箱齿轮,工作时转速较高,性能要求如下:齿表面硬度 50~56HRC、齿心部硬度 22~25HRC、整体强度 σ_b=760~800MPa、冲击吸收功 A_K=32~48J。试选择合适的材料,并制订其加工路线。(供选材料:45、20CrMnTi、38CrMoAlA、T12、W18Cr4V、0Cr18Ni9Ti)

第2篇

毛坯成型方法

知识导读

　　一部完整的机器是由许多零件组装而成，而加工成型这些零件应首先制备相应的零件毛坯。本篇分别阐述铸造成型工艺、锻压成型工艺和焊接成型工艺三种基本的毛坯成型方法。论述了各种成型方法的原理、工艺过程、工艺特点、毛坯件的生产以及毛坯结构设计等问题，使读者对毛坯生产的全过程有一定程度的了解。最后一章介绍毛坯选择的基本原则和典型零件毛坯的选择方法。

第 6 章　铸造成型工艺

【本章知识点】

(1)了解铸造生产过程、成型实质、特点和应用；

(2)了解液态合金充型能力的概念，熟悉影响充型能力的因素及充型能力对铸件质量的影响；

(3)领会合金收缩的概念及影响因素；了解形成缩孔和缩松的原因及预防措施；了解产生铸造内应力、变形和裂纹的原因及防止措施；

(4)了解特种铸造方法的生产和工艺特点，熟悉它们的应用范围；

(6)领会制订铸造工艺方案的基本内容，具有应用和绘制简单铸造工艺图的能力；

(6)能分析、判断铸件结构的合理性，并能说明理由，了解铸件结构对铸件质量的影响。

【先导案例】

下图为汽车发动机的进排气岐管，请分析应采用什么方法使加工工艺更合理、更简单？

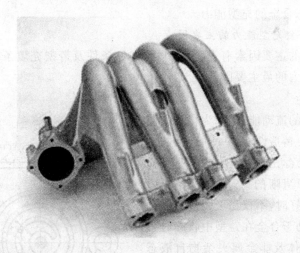

铸造是指将液态合金浇注到具有与零件形状相适应的铸型空腔中，待其冷却凝固后，而获得零件或毛坯的方法。

铸造是历史最为悠久的金属成型方法，在现代各种类型的机器设备中铸件所占的比重很大，如在机床、内燃机中，铸件占机器总重的 70%～80%，在农业机械占 40%～70%，

其中拖拉机占 50%～70%。铸造所以获得如此广泛的应用,是由于它具有以下优点:

(1)适应性广。工业中常用的金属材料,如铸铁、钢、有色金属等均可铸造;形状复杂,特别是具有复杂内腔形状的毛坯与零件,铸造更是唯一廉价的制造方法;而且铸件的大小几乎不受限制,尺寸可从几毫米至十几米,质量可从几克至几百吨。

(2)成本低。这主要是由于铸造所用的原材料比较便宜,来源广泛,并可直接利用报废的机加工件、废钢和切屑;而且铸件的形状和尺寸与零件非常相近,因而节约金属材料,减少了切削加工量。

然而,铸造生产工序繁多,且一些工艺过程难以精确控制,这就使铸件质量不稳定,废品率高;由于铸造组织粗大,内部常有缩孔、缩松、气孔、砂眼等缺陷,因而和同样形状尺寸的锻件相比,其机械性能不如锻件高;此外,在铸造生产中,特别是单件小批生产,工人的劳动条件较差、劳动强度大,这些都使铸造的应用受到限制。

6.1 铸造工艺基础

铸造生产过程复杂,影响铸件质量的因素很多,其中合金的铸造性能的优劣对能否获得优质铸件有着重要影响。本节从与合金铸造性能相关的主要缺陷的形成与防止加以论述,为合理选择铸造合金和铸造方法打好基础。

6.1.1 液态合金的充型能力

液态合金充满铸型型腔,获得形状完整、轮廓清晰的铸件的能力,叫液态合金充填铸型的能力,简称液态合金的充型能力。

1.影响液态合金充型能力的主要因素

影响充型能力的主要因素有合金流动性、浇注条件及铸型充填条件等,其中合金流动性是影响充型能力的最主要因素。

(1)合金流动性

液态合金本身的流动能力,称为合金的流动性,它是合金主要铸造性能之一。合金的流动性是液态金属能否充满铸型,获得外形完整、尺寸准确、轮廓清晰的铸件的基本条件。当合金的流动性良好时,不仅易于铸造薄而复杂的铸件,而且有助于合金在铸型中收缩时得到补充和有利于气体及非金属夹杂物自液态合金中逸出,这对获得高质量的铸件创造了有利的条件。

合金的流动性通常用螺旋形试样来测定,如图 6-1 所示。显然,在相同的浇注条件下,

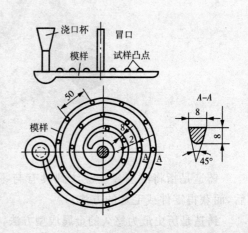

图 6-1 螺旋形试样

铸出来的试样越长,表示合金的流动性越好。

影响合金流动性的因素很多,其中主要是合金的化学成分。共晶成分的合金在恒温下是凝固的,已凝固的固体层从铸件表面逐层向中心推进,与尚未凝固的液体之间界面分明,且固体层内表面比较光滑,对液体阻力小。同时,共晶成分合金的凝固温度最低,相对来说,合金的过热度大,推迟了合金的凝固,故流动性最好。除纯金属外,其他成分合金都是在一定温度范围内结晶的,即这些成分的合金在铸件断面上既存在着发达的树枝晶,又有未凝固的液体相混杂的两相区,越靠近液流前端,枝晶数量越多,金属液的粘度增加,流速下降,所以合金的流动性变差。

如图 6 - 2 所示为铁-碳合金的流动性与碳的质量分数的关系。由图可见,共晶成分流动性最好。离共晶成分越远,结晶温度范围越宽,流动性越差。

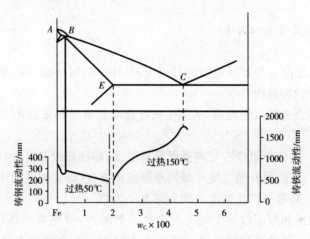

图 6 - 2 铁碳合金流动性与碳的质量分数的关系

(2)浇注条件

① 浇注温度

浇注温度对合金的充型能力有着决定性影响。浇注温度越高,液态合金的粘度越小,又因过热度大,合金液在铸型中保持液态的时间也长,故充型能力强;反之,充型能力差。因而,对薄壁铸件或流动性较差的合金可适当提高浇注温度,以防止产生浇不足和冷隔等缺陷。

但浇注温度过高,会使液态合金的吸气量和总收缩量增大,反而会增加铸件产生其他缺陷(如气孔、缩孔等)的可能性。因此,在保证充型能力足够的条件下,浇注温度应尽可能低些,做到"高温出炉,低温浇注"。

② 充型压力

液态合金所受的压力愈大,充型能力愈好。如压力铸造、低压铸造、离心铸造时,因充型压力较砂型铸造提高甚多,所以充型能力较强。

(3)铸型的充填条件

铸型中凡能增加金属液流动阻力、降低流速和增加冷却速度的因素,均能降低合金的充型能力。诸如:型腔过窄、直浇口偏低、浇口截面积小或布局不合理、型砂含水分或透气性不足、铸型排气不畅和铸型材料导热性过大等,均能降低充型能力,使铸件易于产生浇不足、冷隔等缺陷。因此,为了改善铸型的充填条件,在设计铸件时必须保证其壁厚不小于规定的"最小壁厚";在铸型工艺上要采取相应的措施,如加高直浇口、扩大浇口截面积及采用烘干型等。

2. 液态合金充型能力对铸件质量的影响

液态合金充型能力对铸件质量有很大影响。充型能力好,易获得外形完整、轮廓清晰、尺寸准确的铸件,有利于排气和排渣,也有利于补缩。若充型能力不好,铸件将产生浇不足、冷隔、气孔、夹渣等缺陷。浇不足是指液态金属未充满铸型而产生缺陷的现象;冷隔是指两股金属流汇合时熔合不良而在接头处产生缝隙或凹坑的现象。

6.1.2 合金的收缩

1. 合金的收缩及其影响因素

(1)基本概念

合金从浇注温度凝固冷却至室温的过程中,其体积和尺寸减小的现象称为收缩。收缩是铸造合金本身的物理性质。

任何一种液态合金浇入铸型后,从浇注温度冷凝到室温都要经历三个互相联系的收缩阶段:

◆ 液态收缩。从浇注温度冷却到凝固开始温度(即液相线温度)的收缩。

◆ 凝固收缩。从凝固开始温度冷却到凝固终止温度(即固相线温度)的收缩。

◆ 固态收缩。从凝固终止温度冷却到室温的收缩。

合金的液态收缩和凝固收缩表现为合金体积的缩减,常用单位体积收缩量(即体收缩率)来表示,它们是铸件产生缩孔或缩松的基本原因。合金的固态收缩虽然也是体积上的缩减,但它只引起铸件在尺寸上缩减,因此常用单位长度上的收缩量(即线收缩率)来表示,它导致铸件形状、尺寸变化,产生应力和变形,甚至使铸件产生裂纹。

(2)影响因素

① 化学成分。灰口铸铁中促进石墨形成的元素增加,收缩减少;阻碍石墨形成的元素增加,收缩增大。石墨的比容较大,在结晶过程中,因石墨析出所产生的体积膨胀,抵消了部分凝固收缩,碳和硅是促进石墨化元素,故灰口铸铁中碳硅含量越多,收缩越小;硫能阻碍石墨的析出,使铸铁的收缩增大,但适当的含锰量,可与硫结合成 MnS,抵消了硫对石墨化的阻碍作用,使收缩量减少,若含锰量过高,铸铁的收缩量又有所增加。碳素钢随含碳量的增加,凝固收缩增加,而固态收缩略减。

② 浇注温度。合金的浇注温度越高,过热度越大,液态收缩量增加,故总的收缩量增大。通常浇注温度每下降 100℃,可减少体积收缩量约为 1.6%,所以在生产中多采用"高温出炉,低温浇注"的措施来减少收缩量。

③ 铸件结构与铸型条件。铸件在铸型中冷却时,会受到铸型和型芯的阻碍,故铸件的实际收缩量小于自由收缩量。此外,铸件的形状、尺寸和工艺条件不同,实际收缩量也有所不同。因此,在设计模型时,必须根据合金的生产工艺,铸件的形状、尺寸等因素,选取合适的模型收缩放尺。

2. 缩孔与缩松的形成与防止

液态合金在冷凝过程中,若其液态收缩和凝固收缩所缩减的体积得不到补充,则在铸件最后凝固的部位形成孔洞。按照孔洞的大小和分布,可分为缩孔和缩松两种。

(1)缩孔的形成

缩孔是集中在铸件上部或最后凝固部位容积大的孔洞。缩孔多呈倒圆锥形,内表面粗糙,可以看到发达的树枝晶末梢,通常隐藏在铸件的内层,但在某些情况下,可暴露在铸件的上表面,呈明显的凹坑。

为便于分析缩孔的形成,假设铸件呈逐层凝固,其形成过程如图 6-3 所示。

液态合金注满铸型型腔后,由于铸型的吸热,液态合金温度下降,发生液态收缩,但它将从浇注系统中得到补充,因此,在此期间型腔总是充满金属液,如图 6-3a 所示。但铸件外表的温度下降到凝固温度时,铸件表面凝固一层薄壳,并将内浇口堵塞,使尚未凝固的合金被封闭在薄壳内,如图 6-3b 所示。温度继续下降,薄壳产生固态收缩;液态合金产生液态收缩和凝固收缩,而且远大于薄壳的固态收缩,致使合金液面下降,并脱离壳顶形成真空孔洞,在负压及重力作用下,壳顶向内凹陷,如图 6-3c 所示。依次进行下去,薄壳不断加厚,液面将不断下降,待合金全部凝固后,在铸件上部就形成一个倒锥形孔,如图 6-3d 所示。整个铸件的体积因温度下降至常温而不断缩小,使缩孔的绝对体积有所减小,但其值变化不大,如图 6-3e 所示。如果铸件顶部设置冒口。缩孔将移至冒口中。

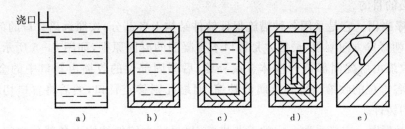

图 6-3 缩孔形成过程示意图

综上所述,在铸件中产生缩孔的基本原因是合金的液态收缩和凝固收缩大于固态收缩。产生缩孔的条件是铸件由表及里地逐层凝固,即纯金属或共晶成分的合金易产生缩孔。

正确地估计铸件上缩孔或缩松可能产生的部位是合理安设冒口和冷铁的重要依据。在实际生产中,常以"等固相线法"和"内切圆法"近似地找出缩孔的部位,等固相线未曾通过的心部和内切圆直径最大处,即为容易出现缩孔的热节。

(2)缩松

分散在铸件某区域内的细小缩孔,称为缩松。缩松的形成原因也是由于铸件最后凝固区域的收缩未能得到补足,或者因合金呈糊状凝固,被树枝状晶体分隔开的小液体区难以得到补缩所致。缩松的形成过程如图 6-4 所示。

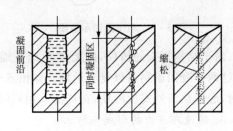

图 6-4 缩松的形成过程示意图

缩松分为宏观缩松和显微缩松两种。宏观缩松是用肉眼或放大镜可以看出的小孔洞,常出现在轴线区域、厚大部位、冒口根部和内浇口附近,如图 6-4 所示。显微缩松是分布在晶粒之间的微小孔洞,要用显微镜才能观察出来,这种缩松分布面积广泛,有时遍及整个截面。显微缩松难以完全避免,对于一般铸件可不作为缺陷对待,但对气密性、机械性能、物理性能或化学性能要求很高的铸件,则必须设法避免显微缩松的产生。

结晶温度间隔大的合金,其树枝状晶体易将未凝固的金属液分离,因此它的缩松倾向大。

(3)缩孔和缩松的防止

缩孔和缩松都使铸件的机械性能下降,缩松还可使铸件因渗漏而报废。因此,缩孔和缩松属铸件的重要缺陷,必须根据技术要求,采取适当的措施予以防止。

防止缩孔和缩松的基本原则是针对合金的收缩和凝固特点制订合理的铸造工艺,使铸件在凝固过程中建立良好的补缩条件,尽可能使缩松转化为缩孔,并使缩孔出现在铸件最后凝固的部位。这样,在最后凝固部位设置冒口补缩,使缩孔移入冒口内,或者将内浇口开设在铸件最后凝固的部位直接进行补缩,就可以获得致密的铸件。

要使铸件在凝固收缩过程中建立良好的补缩条件,主要通过控制整个铸件的凝固原则来实现。依铸件种类与要求,分别采取顺序凝固和同时凝固两种凝固顺序,达到防止缩孔或缩松的目的。

◆ 顺序凝固。它是采用各种措施保证铸件结构上各部分,按照远离冒口的部位最先凝固,然后朝冒口方向凝固,最后才是冒口本身凝固的凝固原则,如图 6-5 所示。这样,先凝固的收缩由后凝固部位的液体金属补缩;后凝固部位的收缩由冒口中的金属液补缩,使铸件各部位的收缩均得到金属液补缩,而缩孔则移至冒口,然后将冒口切除,即可得到致密的铸件。

◆ 同时凝固。它是采取一定的工艺措施,尽量减少铸件结构上各部分之间的温差,使铸件的各部分在同一时间进行凝固,如图 6-6 所示。同时凝固可减轻铸件热应力,防止铸件变形和开裂,但容易在铸件心部出现缩松,故适于收缩小的合金铸件,如碳硅含量较高的灰口铸铁件。

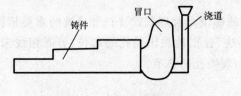
图 6-5 顺序凝固示意图

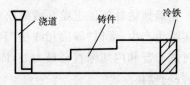
图 6-6 同时凝固示意图

对于结构复杂的铸件,既要避免产生缩孔和缩松,又要减少热应力,防止变形和裂纹,这两种凝固原则可以复合运用。如图 6-7 所示的阀体零件,在全局采用顺序凝固的同时,底部热节处安放冷铁,在局部采用同时凝固。

3.铸造内应力的形成与防止

铸件在凝固之后的继续冷却过程中,其固态收缩若受到阻碍,铸件内部将产生内应力,称为铸造内应力。这种应力是铸件产生变形和裂纹的基本原因。

　　铸造内应力按产生阻碍的原因不同可分为热应力和机械应力两种。铸造应力可能是暂时的,也可能是残留的,当产生这种应力的原因被消除,应力即消失,这种应力称为临时应力;如原因消除之后,应力仍然存在,则称为残留应力。

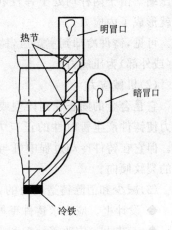

图 6-7　阀体的铸造方案

　　(1)热应力

　　热应力是由于铸件壁厚不均匀,冷却速度不同,在同一时间内铸件各部分收缩不一样而引起的。

　　为了分析热应力的形成,首先必须了解金属自高温冷却到室温时应力状态的改变。铸件在高温下处于塑性状态,在常温下处于弹性状态。从高温冷下来,由塑性状态转变为弹性状态存在着一个临界温度 t_{lj}(碳钢和铸铁的 $t_{lj}=620℃ \sim 650℃$)。高于临界温度,铸件只发生塑性变形,不产生内应力;低于临界温度,则发生弹性变形,产生内应力。

　　下面以 T 形杆件为例分析热应力的形成过程,如图 6-8 所示。杆 I 较厚,冷却较慢;杆 II 较细,冷却较快。在冷却过程中,根据两杆所处的状态不同,热应力的形成过程可分为三个阶段:

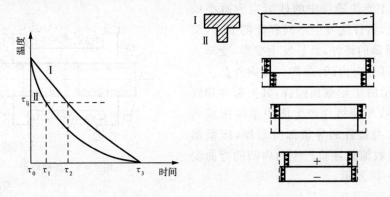

图 6-8　热应力形成过程示意图

　　第一阶段($\tau_0 \rightarrow \tau_1$):杆 I 和杆 II 均处于塑性状态。杆 II 的冷却速度大于杆 I,如两杆能自由收缩,则杆 II 的收缩大于杆 I。但因两杆是一个整体,只能收缩到同一程度,即杆 II 被塑性拉长,杆 I 被塑性压缩,铸件产生塑性变形而不产生应力。

　　第二阶段($\tau_1 \rightarrow \tau_2$):杆 II 已进入弹性状态,杆 I 仍处于塑性状态。因此,杆 I 只能伴随杆 II 而收缩。此时,铸件的收缩主要取决于杆 II,可以认为杆 II 是自由收缩的,所以在铸件中仍不产生应力。

　　第三阶段($\tau_2 \rightarrow \tau_3$):杆 II 已接近室温,长度基本不变;杆 I 刚进入弹性状态,其温度远高于室温,继续进行收缩。此时杆 II 将阻碍杆 I 的收缩,所以杆 I 被弹性拉长,杆 II 被弹性压缩。由于两杆均处于弹性状态，因此在杆Ⅰ内产生拉应力，在杆Ⅱ内产生压应力。这就形成了内应力。

可见，铸件冷却到室温后，铸件的厚大部分（或心部）的残留热应力为拉应力，薄的部分（或外部）为压应力。

（2）机械应力

它是合金的固态受到铸型或型芯的机械阻碍而形成的内应力，如图6-9所示。机械应力使铸件产生暂时性的正应力或剪切应力，这种内应力在铸件落砂之后便可自行消失。但它在铸件冷却过程中可与热应力共同起作用，增大了某些部位的应力，促进了铸件的裂纹倾向。

（3）减少和消除铸造应力的方法

◆ 设计上。应力求铸件壁厚均匀，使铸件各部分温差尽量减小，还应避免尖、锐角。

◆ 工艺上。应改善铸型和型芯的退让性；还可采用自然时效和人工时效。所谓自然时效，就是将铸件露天放置半年至一年多，通过非常缓慢的变形，使残留应力松弛或大部分消除。这种方法虽然不需任何附加设备，但生产周期长和占地面积大，而且消除应力不彻底。所谓人工时效，就是将铸件加热到合金的弹塑性状态的温度范围，保持一段时间，待应力消失后，再缓慢冷却到室温。它比自然时效节省时间，应用较广泛。

4. 铸件的变形与防止

具有残余内应力的铸件是不稳定的，它将自发地通过变形来减缓其内应力，以便趋于稳定状态。显然，只有原来受弹性拉伸的部分产生压缩变形，受弹性压缩的部分产生拉伸变形，才能使铸件中的残留应力减小或消除。因此，铸件常发生不同程度的变形，细而长或大而薄的铸件，最易发生变形，变形方向是：厚的部分向内凹，薄的部分向外凸。如图6-8所示的T形截面铸件，其上部冷却较慢，最后的收缩使铸件产生图中虚线所示的变形。而床身铸件的导轨部分较厚，床壁部分较薄最后收缩使导轨产生向内凹的弯曲变形，如图6-10所示。

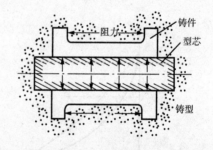

图6-9 机械应力

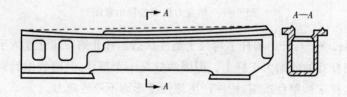

图6-10 车床床身变形示意图

为了防止铸件的变形，可采取如下工艺措施：

◆ 尽量减少铸件内应力。如尽量使铸件壁厚均匀；采用同时凝固原则；提高型（芯）砂的退让性等。

◆ 使铸件结构对称。由于铸件结构对称,内应力互相平衡而不易变形。

◆ 采用反变形法。预先将模样做成与铸件变形方向相反的形状,以补偿铸件变形。

◆ 设置拉筋。在铸件上设置拉筋(也称防变形肋)来承受一部分应力,待铸件经热处理消除应力后再将拉肋去掉。

实践证明,尽管铸件冷却时发生了一定的变形,但铸造应力仍难以彻底去除。经机械加工后,这些内应力将重新分布。铸件还会逐渐发生变性,是加工后的零件丧失了应有的精度,严重影响机械产品质量。为此,不允许变形的重要铸件,必须采取时效处理将残留的内应力有效的去除。

5. 铸件的裂纹与防止

当铸造内应力超过金属的强度极限时,铸件便会产生裂纹。裂纹可分为热裂和冷裂两种。

热裂是铸件在高温下产生的裂纹,它是铸钢件、可锻铸铁坯件和某些轻合金铸件生产中最常见的铸造缺陷之一。其特征是:裂口的外观形状曲折而不规则,裂口表面呈氧化色(对于铸钢件裂口表面近似黑色,而铝合金则呈暗灰色),无金属光泽;裂口沿晶粒边界通过。热裂纹一般分布在铸件中易产生应力集中的部位或铸件最后凝固部位的内部。

冷裂是铸件在低温下产生的裂纹。塑性差、脆性大、导热系数低的合金,如白口铸铁、高碳钢和一些合金钢最易产生冷裂纹。其特征是:外形呈连续直线状(没有分支)或圆滑曲线,裂口表面干净,具有金属光泽,有时也呈轻微的氧化色。冷裂纹常出现在铸件表面,而且常常是穿过晶粒而不是沿晶界断裂。

裂纹是铸件的严重缺陷,常使铸件报废,因此必须设法防止。在设计上,应合理设计铸件结构,以减少铸造内应力;在工艺上应降低磷、硫含量,还应改善型(芯)砂的退让性及控制开箱时间等。

6.1.3　铸件常见缺陷

铸件缺陷是导致铸件性能降低、使用寿命短,甚至报废的重要原因,减少或消除铸件缺陷是铸件质量控制的重要组成部分。

由于铸造工序繁多,因此每一缺陷的产生原因也很复杂,对于某一铸件,可能同时出现多种不同原因引起的缺陷;或者同一原因在生产条件不同时,会引起多种缺陷的发生。表 6-1 是常见的铸件缺陷及其产生的主要原因,供分析时参考。

6.2　铸造方法

铸造方法繁多,主要可分为砂型铸造和特种铸造两大类,其中砂型铸造是最基本的铸造方法,它适用于各种形状、大小、批量及各种合金铸件的生产。

表 6-1 铸件常见的缺陷

类别	名称	缺陷的特征	简 图	产生缺陷的原因
孔眼	气孔	气孔多分布于铸件的上表面或内部,呈球状或梨形,内孔一般比较光滑		(1)造型材料水分过多或含有大量发起物质; (2)型砂和型芯砂的透气性差,或烘干不良; (3)拔模及修型时局部刷水过多; (4)铁水温度过低,气体难以析出; (5)浇注速度过快,型腔中气体来不及排除; (6)铸件结构不合理,不利排气等
	缩孔	孔的内壁粗糙,形状不规则,多产生在厚壁处		(1)浇注系统和冒口的位置不当,未能保证顺序凝固; (2)铸件结构设计不合理,如壁厚差过大,过渡突然,因而使局部金属聚集; (3)浇注温度太高、或铁水成分不对,收缩太大
	砂眼	孔内填有散落的型砂		(1)型砂和型芯砂的强度不够,春砂太松,起模或合箱时未对准,将型砂碰坏; (2)浇注系统不合理,使型砂或型芯被冲坏; (3)铸件结构不合理,使型砂或型芯的突出部分过细、过长,容易被冲坏等
	渣眼	孔形不规则,孔内充塞熔渣		(1)浇注时挡渣不良,熔渣随金属也流入型腔; (2)浇口杯未注满或断流,致使熔渣与金属液流入型腔; (3)铁水温度过低,流动性不好,熔渣不易浮出等
表面缺陷	热裂	铸件开裂,裂纹处金属表面成氧化色		(1)铸件结构设计不合理,壁厚差太大; (2)浇注温度太高,导致冷却速度不均匀,或浇口位置不当,冷却顺序不对; (3)春砂太紧,退让性差或落砂过早等
	粘砂	铸件表面粗糙,粘有砂粒		(1)型砂,耐火性不够; (2)沙粒粗细不合适; (3)砂型的紧实度不够,春砂太松; (4)浇注温度太高,未刷涂料或刷得不够
	冷隔	铸件有未完全熔合的缝隙,交接处多呈圆形		(1)铁水温度太低,浇注速度太慢,金属也汇合时,因表层氧化未能融为一体; (2)浇口太小或布置不对; (3)铸件壁太薄,型砂太湿,含发气物质太多等
	浇不足	铸件未浇满		(1)铁水温度太低,浇注速度太慢,或铁水量不够; (2)浇口太小或未开出气口,产生抬箱或跑火; (3)铸件结构不合理,如局部过薄,或表面过大;上箱高度低,铁水压力不足等

(续表)

类别	名称	缺陷的特征	简图	产生缺陷的原因
形状尺寸和重量不合格	错箱	铸件沿分型面产生错移		(1)合箱时上下箱未对准； (2)砂箱的标线或定位销未对准； (3)分模的上下木模未对准
	偏芯	型芯偏移，引起铸件形状及尺寸不合格		(1)型芯变形或放置偏位； (2)型芯尺寸不准或固定不稳； (3)浇口位置不对，铁水冲偏了型芯
化学成分及组织不合格	白口	铸件的断口呈银白色，难于切削加工		(1)炉料成分不对； (2)熔化配料操作不当； (3)开箱过早； (4)铸件壁太薄

6.2.1　砂型铸造

用型(芯)砂制造铸型，将液态金属浇入后获得铸件的铸造方法称为砂型铸造，其生产过程如图 6-11 所示。如图 6-12 所示为套筒铸件的铸造生产过程。

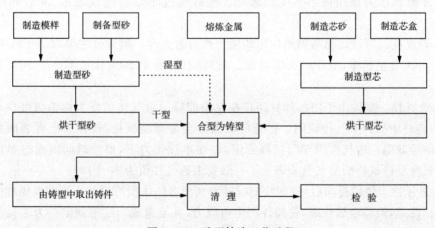

图 6-11　砂型铸造工艺过程

1. 模样

模样用来形成铸件外部轮廓，模样的外形尺寸与铸件外形相适应。制造模样的材料可用木材、金属或其他材料。用木材制造的模样称为木模，用金属制造的模样称为金属模。

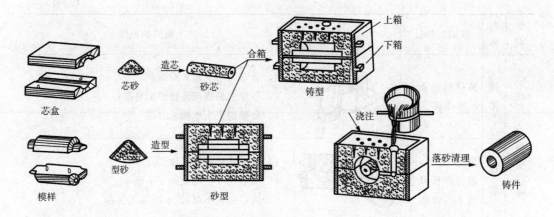

图 6-12　套筒铸件的铸造生产过程

2. 造型材料

制造铸型或型芯用的材料称为造型材料。造型材料包括型砂、芯砂及涂料等。合理地选用和配制造型材料,对提高铸件质量,降低成本具有决定性的作用。因此型砂和芯砂应具备以下性能:

◆ 可塑性。造型材料在外力作用下容易获得清晰的型腔轮廓,外力去除后仍能保持其形状的性能称为可塑性。砂子本身是几乎没有塑性的,粘土却有良好的塑性,所以型砂中粘土的含量越多,塑性越高;一般含水 8% 时塑性较好。

◆ 强度。砂型承受外力作用而不易破坏的性能称为强度。它包括常温湿强度、干强度以及高温强度。铸型必须具有足够的强度,以便在修整、搬运及液体金属浇注时受冲力和压力作用而不致变形毁坏。型砂强度不足会造成塌箱、冲砂和砂眼等缺陷。

◆ 耐火度。型砂经受高温热作用的能力称为耐火度。耐火度主要取决于砂中 SiO_2 的含量,SiO_2 含量越多,型砂耐火度越高。对铸铁件,砂中 SiO_2 含量不小于 90% 就能满足要求。

◆ 透气性。型砂由于内部砂粒间存在空隙能够通过气体的能力称为透气性。透气性过差,铸件中易产生气孔缺陷。但透气性太高会使砂型疏松,铸件易出现表面粗糙和机械粘砂等缺陷。透气性用专门仪器测定,以在单位压力下,单位时间内通过单位面积和单位长度型砂试样的空气量来表示。一般要求透气性值为 30~100。

◆ 退让性。铸件凝固后,冷却收缩时砂型和型芯的体积可以被压缩的性能称为退让性。退让性差,阻碍金属收缩,使铸件产生内应力,甚至造成裂纹等缺陷。为了提高退让性,可在型砂中加入附加物,如草灰和木屑等,使砂粒间的空隙增加。

3. 造型

造型就是用型砂和模样制造铸型的过程。造型方法分手工造型和机器造型两大类。一般单件小批生产采用手工造型,而大批量生产主要采用机器造型。

(1)手工造型

手工造型时,填砂、紧砂和起模等都是用手工来进行的。其操作灵活,适应性强,模

样成本低,生产准备周期短,但铸件质量差,生产率低,且劳动强度大。常见的造型方法有以下几种:

① 整模造型。整模造型是将模样做成与零件形状对应的整体结构进行造型的方法,如图 6-13 所示。整模造型的特点是:模样是整体结构,最大截面在模样一端为平面;分型面多为平面,操作简单。整模造型适用于形状简单的铸件,如盘、盖类。

② 分模造型。分模造型的应用最广泛,其特点是模样是分开的,模样的分开面(称为分型面)必须是模样的最大截面,以利于起模,如图 6-14 所示。分模造型适用于形状较复杂的铸件,如套筒、管子和阀体等。

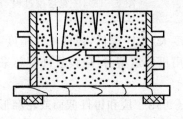
图 6-13　整模造型

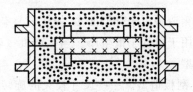
图 6-14　分模造型

③ 活块造型。当模样上有妨碍起模的侧面伸出部分(如小凸台)时,常将该部分做成活块,采用活块造型,如图 6-15 所示。活块模造型的特点是:模样主体可以是整体的,也可以是分开的;对工人的操作技术水平要求较高,操作较麻烦;生产率较低。活块模造型适用于有无法直接起模的凸台、肋条等结构的铸件。

④ 挖砂造型。有些铸件的分型面是一个曲面,起模时,覆盖在模样上面的型砂阻碍模样的起出,必须将覆盖其上的砂挖去才能正常起模,这种方法称为挖砂造型。手轮的挖砂如图 6-16 所示,为便于起模,下型分型面需要挖到模样最大截面处造型过程,分型面坡度尽量小并应修抹得平整光滑。

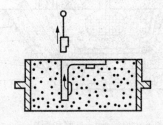
图 6-15　活块造型

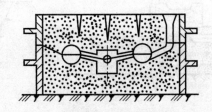
图 6-16　挖砂造型

挖砂造型的生产率低,对操作人员的技术水平要求较高,它只适用于单件小批生产的小型铸件。当铸件的生产数量较多时,可采用假箱造型代替挖砂造型。假箱造型是用预制的成形底板或假箱来代替挖砂造型中所挖去的型砂,如图 6-17 所示。

⑤ 多箱造型。有些形状结构复杂的铸件,当模样两端外形轮廓尺寸大于中间部分的尺寸时,为了起模方便,需设置多个分型面;对于高度较大的铸件,为了便于紧实型砂、修型、开浇口和组装铸型,也需设置多个分型面,这种需用两个以上砂箱进行造型的方法称为多箱造型,带轮的三箱造型过程如图 6-18 所示。

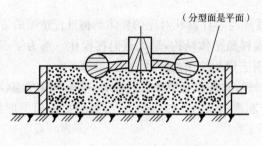

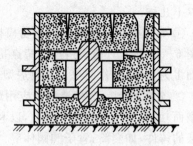

图 6-17　手轮的假箱造型　　　　　　　图 6-18　三箱造型过程

多箱造型由于分型面多,操作较复杂,劳动强度大,生产率低,铸件尺寸精度不高,所以只适用于单件小批生产。当生产批量较大或采用机器造型时,应设置外型芯采用分模两箱造型。

⑥ 刮板造型。一些尺寸较大的旋转体铸件,还可用一块和铸件截面或轮廓形状相适应的刮板代替模样,用以刮制规则的砂型型腔,这种方法称为刮板造型。大带轮的刮板造型如图 6-19 所示。

刮板造型模样简单,节省制模材料及制模工时,但造型操作复杂,生产效率很低,仅用于大、中型旋转体铸件的单件生产。

⑦ 地坑造型。大型铸件单件生产时,为节省下砂箱,降低铸型高度,便于浇注操作,多采用地坑造型。在地平面以下的砂床中或特制的砂床中制造下型的造型方法称为地坑造型,如图 6-20 所示。

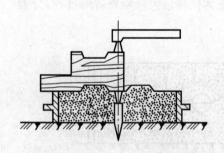

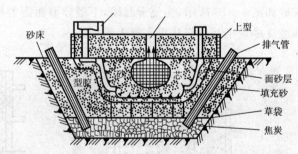

图 6-19　带轮的刮板造型过型　　　　　图 6-20　地坑造型和型图

造型时,先在挖好的地坑内填入型砂,制好砂床;再用锤敲打模样使之卧入砂床内,继续填砂并舂实模样周围型砂,刮平分型面后进行造上型等后续工序的操作。

⑧ 机器造型。随着现代化大生产的发展,机器造型已代替了大部分的手工造型,机器造型不但生产率高,而且质量稳定,劳动强度低,是成批大量生产铸件的主要方法。机器造型的实质是用机器进行紧砂和起模,根据紧砂和起模的方式不同,机器造型可分为震压式造型、多触头高压造型、射压造型、空气气冲造型和抛砂造型等。下面仅介绍目前我国中、小工厂常用的震压式造型机和抛砂造型机。

a. 震压式造型机。震压式造型机结构如图 6-21 所示。压缩空气使震击活塞多次震击,将砂箱下部的型砂紧实。再用压实气缸将上部的型砂压实。

震压式造型机结构简单,动作可靠,震压力大;但工作时噪声、震动大,劳动条件差。经震实后的砂箱内,其各处及上下部的紧实程度都不够均匀。

如图 6-22 所示的气动微震式造型机,工作时的震动、噪声小,且用多触头压实,效果良好。液压连通器使每个触头上所产生的压力是相同的,保证紧砂均匀。气动微震式造型机主要用于成批、大量生产中、小型铸件。

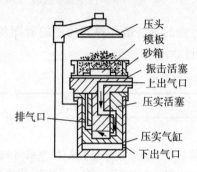

图 6-20　振压实造型机

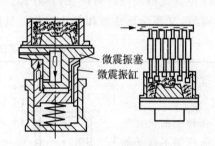

图 6-21　气动微振式造型机

b. 抛砂紧实。抛砂紧实是将型砂高速抛入砂箱中而同时完成填砂和紧实的造型方法。如图 6-23 所示,转子高速旋转(约 1000r/min),叶片以 30~50m/s 的速度将型砂抛向砂箱。随着抛砂头在砂箱上方的移动,使整个砂箱填满并紧实。由于抛砂机抛出的砂团速度相同,所以砂箱各处的紧实程度都很均匀。此外,抛砂造型不受砂箱大小的限制,故它适用于生产大、中型铸件。

4. 造芯

型芯主要是用来形成铸件的内腔,有时也用来形成形状复杂的外形。浇注时,由于型芯

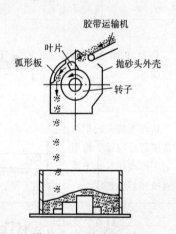

图 6-23　抛砂造型机

的表面被高温金属液所包围,收到的冲刷及烘烤要比砂型厉害,因此要求型芯具有更高的强度、透气性、耐火性和退让性等,以确保铸件质量。一般都选用较好的造型材料,如用未使用过的新砂,以桐油、合成树脂等作粘结剂。型芯往往都要进行烘干处理,其目的是增加强度和透气性,减少发气量。此外,在生产还可在型芯中放入芯骨,以提高型芯的强度和刚度;在型芯中做出贯通的通气道,以提高型芯的透气性;在型芯的表面刷一层涂料,防止铸件产生粘砂。

造芯的方法也有手工造芯和机器造芯两种,成批、大量生产时广泛采用机器造芯。机器造芯除可用前述的振击、压实的紧砂方法外,最常用的是吹芯机或射砂机。

6.2.2 铸造工艺图的制订

铸造工艺图是根据零件图的要求，在分析铸件铸造工艺性的基础上，将确定的工艺方案、工艺参数及浇冒口系统等，用规定的工艺符号、文字，用不同的颜色标注在零件图上而成的图样。图上主要包括铸件的浇注位置、分型面、型芯机芯头、工艺参数、浇注系统和冒口、冷铁等。

1. 浇注位置的选择

浇注位置是指浇注时铸件在铸型内的位置。它的选择既要符合铸件的凝固规律，保证充型良好，又要简化造型和浇注工艺。具体选择原则见表6-2。

表6-2　浇注位置选择原则

	选择原则	图　例	理　由
1	铸件上的重要加工面应朝下或呈侧立面		铸件的上表面容易产生夹渣、气孔等缺陷，组织也不如下表面致密。若不能朝下，则应尽量使其呈侧立面
2	铸件上的大平面应朝下		铸件的大平面若朝上，在浇注过程中金属液对型腔上表面有强烈的热辐射，型砂因急剧热膨胀和强度下降而拱起或开裂，因此容易产生夹砂等缺陷
3	铸件上的大面积的薄壁部分应置于铸型的下部或使其处于垂直或倾斜位置		这是为了防止产生浇不足或冷隔等缺陷，特别是对于充型能力差的合金更应注意
4	厚大部分置于上部或侧面		对于容易产生缩孔的铸件，应使厚大部分置于上部或侧面，以便能直接安置冒口，使之自下而上进行顺序凝固

2. 分型面的选择

分型面是两半铸型的分界面。铸型分型面的选择正确与否是铸造工艺和理性的关键之一。如果选择不当，不仅影响铸件质量，而且还会使制模、造型、造芯、合箱或清理等工序复杂化，甚至还会加大切削加工的工作量。因此，分型面的选择，应在保证铸件质量的前提下，尽量简化工艺过程，以节省人力物力。根据生产实际经验，分型面的选择原则如下：

(1)应便于起模,使造型工艺简化

① 尽量使分型面平直且数量少

如图 6-24 所示为一起重臂铸件,图中分型面合理,便于采用简便的分模造型;若采用俯视图的弯曲面粉分型面,则需采用挖砂或假箱造型。

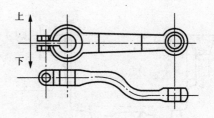

图 6-24　起重臂的分型面

如图 6-25 所示为一三通管铸件,其内腔必须采用一个 T 字型芯来形成,但不同的分型方案,其分型面数量不同。显然,图 d 的方案分型最合理,造型工艺简便。

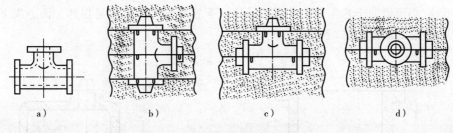

a)　　　　　b)　　　　　c)　　　　　d)

图 6-25　三通管铸件的分型方案

② 尽量避免采用活块或挖砂造型

如图 6-26 所示为支架的分型方案。按图中方案Ⅰ,凸台必须采用四个活块方可制出,而下部两个活块的部位较深,取出困难。当改为方案Ⅱ,可省去活块,仅在 A 处稍加挖砂即可。

③ 应使型芯的数量少

如图 6-27 所示为一底座铸件。若按方案Ⅰ采用分模造型,其上下内腔均需采用型芯,而改为方案Ⅱ后,可采用整模造型,上下内腔可自带型芯。

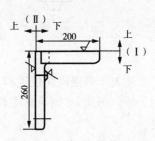

图 6-26　支架的分型方案

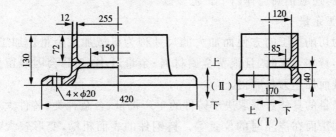

图 6-27　底座的分型方案

② 应使铸件全部或大部分位于同一砂箱,以防止产生错箱缺陷,如图 6-28 所示;且最好位于下箱,以便下芯、合箱及检验铸件壁厚等。

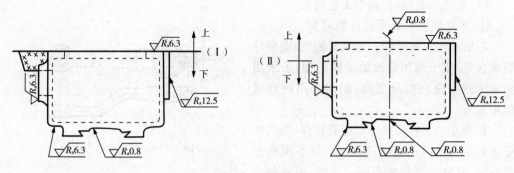

图 6-28 床身铸件

图 6-29 为齿轮箱的两种铸造方案。采用方案 I 时,由于下端芯头尺寸过小,重心偏移而不稳,必须借助于芯撑来固定型芯,同时,下芯时该芯头也容易损坏。而方案 II 芯头尺寸大,型芯的固定牢靠,下芯也方便。

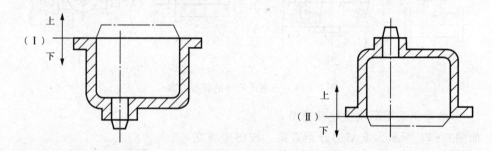

图 6-29 齿轮箱分型方案

上述关于确定浇注位置和分型面的原则,对于具体铸件来说多难以满足,有时甚至互相矛盾。因此,必须抓住主要矛盾、全面考虑,至于次要矛盾,则应从工艺措施上设法解决。

3. 工艺参数的确定

铸件的工艺设计,除了根据铸件的特点和具体的生产条件正确选择铸造方法和确定铸造工艺方案外,还应正确选择以下工艺参数:

（1）机械加工余量

在铸件上为切削加工的方便而加大的尺寸称为机械加工余量。加工余量的大小应适当,余量过大,费加工工时,且浪费金属材料;余量过小,制品会因残留黑皮而报废,或因铸件表面过硬而加速刀具磨损。

机械加工余量的具体数据取决于铸件的生产批量、合金种类、铸件大小、加工面与基准面的距离及加工面在浇注时的位置等。铸钢件的表面粗糙,变形较大,其加工余量比铸铁件大些;有色金属价格较贵,且表面光洁、平整,其加工余量一般较小;机器造型比手工造型生产的铸件精度高,加工余量可小些;浇注时朝上的表面因产生缺陷的几率较大,其加工余量应比底面和侧面大;铸件尺寸越大或加工面与基准面的距离越大,铸件的尺寸误差也越大,故加工余量也应随之加大。

　　铸件上的孔、槽是否铸出,不仅取决于工艺上的可能性,还必须考虑其必要性。一般来说,较大的孔、槽应当铸出,以减少切削加工工时、节省金属材料,同时也可减小铸件上的热节。但铸件上的小孔、槽则不必铸出,直接钻孔反而更经济。灰铸铁件的最小铸孔(毛坯孔径)推荐如下:单件生产 30～50mm,成批生产 15～20mm,大量生产 12～15mm。对于零件图上不要求加工的孔、槽,无论大小均应铸出。

　　(2)起模(拔模)斜度

　　为了在造型和造芯时便于从铸型中起模或从芯盒中取芯,在模型或芯盒的起模方向上应具有一定的斜度,此斜度称为起模斜度,如图 6－30 所示。

　　起模斜度的大小取决于垂直壁的高度、造型方法、模型材料及表面粗糙度等。垂直壁愈高,其斜度愈小;机器造型铸件的斜度比手工造型时小;木模要比金属模的斜度大。通常起模斜度在 15′～3°之间。

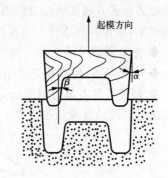

图 6－30　起模斜度

　　(3)铸造收缩率

　　铸件在冷却、凝固过程中要产生收缩,为了保证铸件的有效尺寸,模样和芯盒上的相关尺寸应比铸件放大一个收缩量。收缩率的计算公式为:

$$k=\frac{L_{模样}-L_{铸件}}{L_{铸件}}\times100\%$$

　　式中:k——铸件收缩率,%;

　　　　　$L_{模样}$——模样的尺寸;

　　　　　$L_{铸件}$——铸件的尺寸。

　　铸造收缩率的大小随合金的种类及铸件的尺寸、结构、形状而不同,通常灰铸铁为0.7%～1.0%,铸钢为 1.5%～2.0%,有色金属为 1.0%～1.5%。

　　(4)型芯头

　　芯头的作用是为了保证型芯在铸型中的定位、固定以及通气。

　　型芯头的形状与尺寸对于型芯在铸型中装配的工艺性与稳固性有很大的影响。型芯头按其在铸型中的位置分垂直芯头和水平芯头两类,如图6－31所示。垂直芯头的高度主要取决于性芯头的直径。垂直的芯头上下应有一定的斜度。处于下箱的芯头,其斜度应小些,高度大些,以便增加型芯的稳固性;上箱的芯头斜度应大些,高度小些,以易于合箱。水平芯头的长度主要取决于芯头的直径和型芯的长度,并随型芯头的直径和型芯的长度增加而加大。

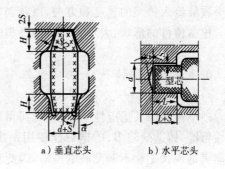

a)垂直芯头　　b)水平芯头

图 6－31　型芯头的构造

型芯头与铸型的型芯座之间应有 1～4mm 的间隙,以便与铸型的装配。

(5)铸造圆角

在设计和制造模型时,在相交壁的交角要作成圆弧过渡,称为铸造圆角。其目的是为了防止铸件交角处产生缩孔和由于应力集中而产生裂纹,以及防止在交角处产生粘砂等缺陷。

4. 浇注系统

金属液进入铸型所经过的通道称为浇注系统。合理地设置浇注系统,能避免铸造缺陷的产生,保证铸件质量。对浇注系统的要求是:

◆ 使金属液平稳、连续、均匀地流入铸型,避免对砂型和型芯的冲击。

◆ 防止熔渣、砂粒或其他杂质进入铸型

◆ 调节铸件各部分温度分布,控制冷却和凝固顺序,避免缩孔、缩松及裂纹的产生。

浇注系统的组成如图 6-32 所示,各部分的作用如下:

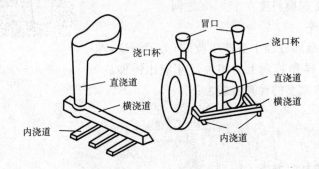

图 6-32 浇注系统的组成

◆ 浇口杯。承受金属液的冲击和分离熔渣,避免金属液对砂型的直接冲击。

◆ 直浇道。利用它的高度所产生的静压力,可以控制金属液流入铸型的速度和提高充型能力。

◆ 横浇道。主要起挡渣作用。

◆ 内浇道。它是把金属液直接引入铸型的通道。利用它的位置、大小和数量可以控制金属液流入铸型的速度和方向,以及调整铸件各部分的温度分布。

根据铸件的形状、大小和合金的种类的不同,浇注系统可以设计成不同的形式。

6.2.3 特种铸造

砂型铸造因其适应性广、成本低而得到广泛的应用,但也存在着铸件的尺寸精度低、表面粗糙、铸造缺陷多、砂型只能使用一次、工艺过程繁琐、生产率低等缺点。砂型铸造不能满足现代工业不断发展的需求,因此形成了有别砂型铸造的其他铸造方法人们称之特种铸造。目前,金属型铸造、熔模铸造、压力铸造和离心铸造等多种铸造方法已在生产中得到广泛的应用。

1. 熔模铸造

熔模铸造在我国有着悠久的历史,早在商朝就用此法铸造了很有艺术性的钟鼎和器皿。近几十年来,随着科学技术的不断发展,这种古老的方法又有了新的发展。

熔模铸造是指用易熔材料制成模样,然后在模样上涂挂耐火材料,经硬化后,再将模样熔化以获得无分型面的铸型。由于模样广泛采用蜡质材料来制造,故又常将熔模铸造称为"失蜡铸造"。

(1)熔模铸造的工艺过程

图6-33为熔模铸造工艺过程示意图,整个工艺过程可分为以下几个步骤:

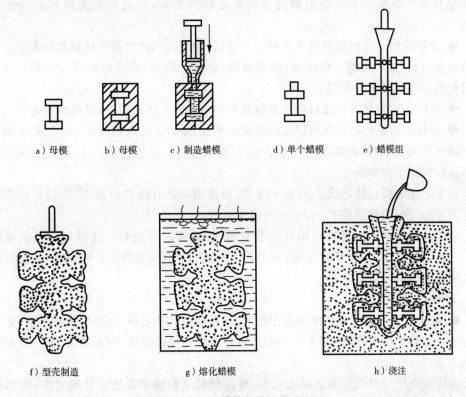

a)母模　　b)母模　　c)制造蜡模　　d)单个蜡模　　e)蜡模组

f)型壳制造　　　　g)熔化蜡模　　　　h)浇注

图6-33　熔模铸造的工艺流程

① 蜡模制造

制造蜡模是熔模铸造的第一道工序,蜡模是用来形成耐火型壳中型腔的模型,所以要想获得尺寸精度高和表面粗糙度低的铸件,蜡模本身就应该具有高的尺寸精度和表面质量。

制造蜡模一般要经过如下程序:

◆ 压型制造。压型(图6-33b)是用来制造单个蜡模的专用模具。

压型一般用钢、铜或铝经切削加工制成,这种压型的使用寿命长,制出的蜡模精度高,但压型的制造成本高,生产准备时间长,主要用于大批量生产。对于小批量生产,压型还可采用易熔合金(Sn、Pb、Bi 等组成的合金)、塑料或石膏直接向模样上浇注而成。

◆ 蜡模的压制。蜡模材料是由石蜡、松香、蜂蜡、硬脂酸等配制而成,最常用的是50%石蜡和50%硬脂酸配成的模样,熔点为50℃~60℃。将蜡料加热到糊状后,在2~3个大气压力下,将蜡料压入到压型内(图6-33c),待蜡料冷却凝固便可从压型内取出,然后修去分型面上的毛刺,即得单个蜡模(图6-33d)。

◆ 蜡模组装。熔模铸件一般均较小,为提高生产率、降低成本,通常将若干个蜡模焊在一个预先制好的浇口棒上构成蜡模组(图6-33e),从而可实现一型多铸。

② 型壳制造

它是在蜡模组上涂挂耐火材料,以制成具有一定强度的耐火型壳的过程。由于型壳的质量对铸件的精度和表面粗糙度有着决定性的影响,因此结壳是熔模铸造的关键环节。

◆ 涂挂涂料。将蜡模组置于涂料中浸渍,使涂料均匀地覆盖在蜡模组的表层。涂料是由耐火材料(如石英粉)、粘结剂(如水玻璃、硅酸乙酯等)组成的糊状混合物。这种涂料可使型腔获得光洁的面层。

◆ 撒砂。它是使浸渍涂料后的蜡模组均匀地粘附一层石英砂,以增厚型壳。

◆ 硬化。为了使耐火材料层结成坚固的型壳,撒砂之后应进行化学硬化和干燥。如以水玻璃为粘结剂时,将蜡模组浸于NH_4Cl溶液中,于是发生化学反应,析出来的凝胶将石英砂粘得十分牢固。

由于上述过程仅能结成1~2mm薄壳,为使型壳具有较高的强度,故结壳过程要重复进行4~6次,最终制成5~12mm的耐火型壳(图6-33f)。

为了从型壳中取出蜡模以形成铸型空腔,还必须进行脱蜡。通常是将型壳浸泡于85℃~95℃的热水中,使蜡料熔化,并经朝上的浇口上浮而脱除(图6-33g)。脱出的蜡料经回收处理后可重复使用。

③ 焙烧与浇注

◆ 焙烧。为了进一步去除型壳中的水分、残蜡及其他杂质,在金属浇注之前,必须将型壳送入加热炉内加热到800℃~1000℃进行焙烧。通过焙烧,型壳强度增高,型腔更为干净。

为防止浇注时型壳发生变形或破裂,常在焙烧之前将型壳置于铁箱之中,周围填砂(图6-33h)。若型壳强度已够,则可不必填砂。

◆ 浇注。将焙烧后的型壳趁热(600℃~700℃)进行浇注,这样可减缓金属液的冷却速度,从而提高合金的充型能力,防止产生浇不足和冷隔缺陷。

(2)熔模铸造的特点及应用范围

① 铸件具有较高的尺寸精度和较低的表面粗糙度,如铸钢件尺寸精度为IT11~IT14,表面粗糙度R_a值为1.6~6.3μm。

② 由于其特殊的起模方式,可适于制造形状复杂或特殊、难用其他方法铸造的零件。

③ 适于各种铸造合金,特别是小型铸钢件。

④ 生产批量不受限制。

⑤ 工艺过程较复杂,生产周期长,铸件重量不能太大(<25kg)。

因此,熔模铸造多用于制造各种复杂形状的小零件,特别适用于高熔点金属或难切削加工的铸件,如汽轮机叶片、刀具等。

2. 金属型铸造

金属型铸造是指将液态金属浇入金属制成的铸型中,以获得铸件的方法。由于金属型可以重复使用几百次至几万次,所以又称之为"永久型铸造"。

(1)金属型构造

金属型的结构主要取决于铸件的形状、尺寸、合金种类及生产批量等。

用金属型铸造时,必须保证铸件与浇冒口系统能从铸型中顺利地取出。为适应各种铸件的结构,金属型按分型面的不同可分为水平分型式、垂直分型式、复合分型式和铰链开合式金属型等(图 6-34)几种。其中,垂直分型式(图 6-34b)开设浇口和取出铸件都比较方便,易实现机械化,所以应用较多。对于结构复杂的铸件,常需采用复合分型式。如图 6-34c 结构,金属型设有两个水平分型面和一个垂直分型面,整个铸件由四大块金属材料所组成。图 6-34d 结构为铸造铝合金活塞的铰链开合式金属型,它由左、右半型和底型组成,左半型固定,右半型用铰链连接。它采用了鹅颈缝隙式浇注系统,金属液能平缓地进入型腔。为防止金属型过热,还设有强制冷却装置。

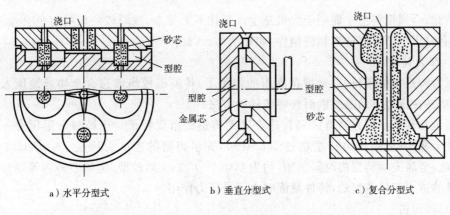

a) 水平分型式　　　　b) 垂直分型式　　　　c) 复合分型式

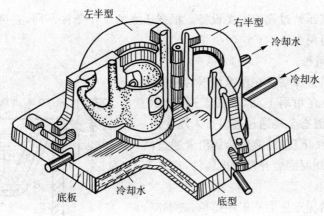

d) 铰链开合式金属型

图 6-34　金属型的结构类型

金属型一般用铸铁制成,有时也采用碳钢。铸件内腔可用金属型芯或砂芯来形成,其中金属型芯通常只用于浇注有色金属件。为使金属型芯能在铸件凝固后迅速从腔中抽出,金属型还常设有抽芯机构。对于有侧凹内腔,为使型芯得以取出,金属型芯可由几块组合而成。

(2)金属型铸造的特点及应用

① 实现"一型多铸",不仅节省工时、提高生产率,而且还可以节省造型材料。

② 铸件尺寸精度高、表面质量好。铸件尺寸精度为 IT12~IT14,表面粗糙度 R_a 值为 $6.3\sim12.5\mu m$。

③ 铸件的力学性能高。由于金属型铸造冷却速度快,铸件的晶粒细密,提高了力学性能。

④ 工作环境好。金属型铸造不用或少用型砂,大大减少了车间内的硅尘含量,从而改善了工作环境。

⑤ 制造金属型的成本高,周期长,铸造工艺规格要求严格。

⑥ 由于金属型导热快,退让性差,故易产生冷隔、裂纹等缺陷。而生产铸铁件易出现白口组织。

因此,金属型铸造主要用于大批量生产形状不太复杂、壁厚较均匀的有色合金的中、小件,有时也生产某些铸铁和铸钢件,如铝活塞、气缸体等。

3. 压力铸造

压力铸造简称压铸,它是指在高压的作用下,将液态或半液态合金快速地压入金属铸型中,并在压力下结晶凝固而获得铸件的方法。

高压和高速是压力铸造区别普通金属型铸造的重要特征。压铸时所用压力一般为几至几十兆帕(最高压力甚至超过 200MPa),充填铸型的速度大约在 $5\sim100m/s$ 范围内,因此,金属充填铸型的时间很短,约为 $0.001\sim0.2s$。而砂型、金属型铸造等则是靠金属本身的重力充填铸型的,铸件凝固时也不受压力作用。

(1)压铸机

压铸机是完成压铸过程的主要设备。根据压室的工作条件不同,它可分热压室压铸机和冷压室压铸机两大类。

① 热压室压铸机

热压室压铸机的压室浸在保温坩埚的液体金属中,压射部件装在坩埚上面,如图6-35所示。当压射头上升时,液态金属通过进口进入压室内,合型后,在压射冲头下压时,液体金属沿着通道经喷嘴充填型腔,冷却凝固后开型取出铸件,完成一个压铸循环。

这种压铸机的优点是生产工序简单,效率高;金属消耗少,工艺稳定;压入型腔的液体金属较干净,铸件质量好;易实现自动化。但压室、压射冲头长期浸在液体金属中,影响使用寿命。热压室

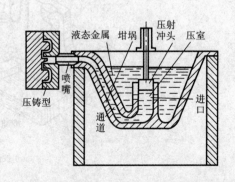

图6-35 热压室压铸机工作原理图

压铸机目前大多用于压铸锌合金等低熔点合金铸件,但有时也用于压铸小型镁合金铸件。

② 冷压室压铸机

冷压室压铸机的压室与保温炉是分开的,压铸时,从保温炉中取出液体金属浇入压室后完成压铸。

这种压铸机的压室与液态金属的接触时间很短,可适用于压铸熔点较高的有色金属,如铜、铝、镁等合金,还可用作黑色金属和处于半液态金属的压铸。

冷压室压铸机有立式和卧式两种,如图 6-36 和图 6-37 所示。

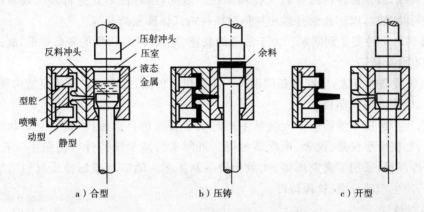

图 6-36　立式冷压室压铸机工作原理图

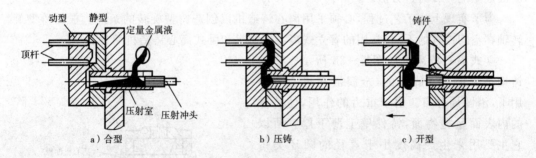

图 6-37　卧式冷压室压铸机工作原理图

两种压铸机的异同如下:在结构上仅压射机构不同,立式压铸机有切断,顶出余料的下油缸,结构比较复杂,增加了维修的难度;而卧式压铸机压室简单,维修方便。在工艺上,立式压铸机压室内空气不会随液态金属进入型腔,便于开设中心浇口,但由于浇口长,液体金属耗量大,充填过程能量损失也较大。而卧式压铸机液体金属进入型腔行程短,压力损失小,有利于传递最终压力,便于提高比压,故使用较广。

(2)压力铸造的特点及应用

① 铸件的精度及表面质量均较其他铸造方法高。尺寸精度可达 IT11～IT13,表面粗糙度值为 $R_a 1.6 \sim 6.3 \mu m$。因此,压铸件不经机械加工或少许加工即可使用。

② 可压铸出形状复杂的薄壁件或镶嵌件。如可铸出极薄件(铝合金的最小壁厚可达0.05mm)或直接铸出小孔、螺纹等,这是由于压铸型精密,在高压下浇注,极大地提高了合金充型能力。

③ 铸件的强度和硬度均较高。因为铸件的冷却速度快,又在高压作用下结晶凝固,其组织致密、晶粒细,如抗拉强度可比砂型铸造提高25%~30%。

④ 生产率高。由于压铸的充型速度和冷却速度快,开型迅速,故其生产率比其他铸造方法均高。如我国生产的压铸机生产能力可达50~150次/h,最高可达500次/h。

⑤ 易产生气孔和缩松。由于压铸速度极高,型腔内气体很难及时排除,厚壁处的收缩也很难补缩,致使铸件内部常有气孔和缩松。因此,压铸件不宜进行较大余量的切削加工和进行热处理,以防孔洞外露和加热时铸件内气体膨胀而起泡。

⑥ 压铸合金种类受到限制。由于液流的高速、高温冲刷,压型的寿命很低,故压铸不适宜高熔点合金铸造。

⑦ 压铸设备投资大,生产准备周期长。压铸机造价高,投资大。压铸模结构复杂,制造成本高,生产准备周期长。

因此,压力铸造主要适应于大批量生产的低熔点有色合金铸件,特别是形状复杂的薄壁小件,如精密小仪器、仪表、医疗器械等。近年来为减少压铸件中的微小气孔,进一步提高铸件质量,采用了真空压铸、吹氧压铸等新工艺。随着新型压铸模材料的研究成功,我国已能生产部分钢、铁压铸件。

4. 离心铸造

离心铸造是将液体金属浇入旋转的铸型中,使液体金属在离心力作用下充填铸型和凝固成型的一种铸造方法。

为了实现上述工艺过程,必须采用离心铸造机以创造铸型旋转的条件。根据铸型旋转轴在空间位置的不同,常用的有立式离心铸造机和卧式离心铸造机两种类型。

立式离心铸造机如图6-38所示。它的铸型是绕垂直轴旋转的,金属液在离心力作用下,沿圆周分布。由于重力的作用,使铸件的内表面呈抛物面,铸件壁上薄下厚。所以它主要用来生产高度小于直径的圆环类铸件,如轴套、齿圈等,有时也可用来浇注异形铸件。

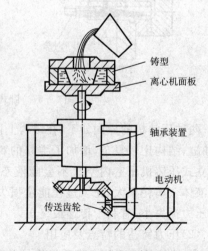

铸型
离心机面板
轴承装置
电动机
传送齿轮

图6-38 立式离心铸造机

卧式离心铸造机如图6-39所示。它的铸型是绕水平轴转动,金属液通过浇注槽导入铸型。采用卧式离心压铸机铸造中空铸件时,无论在长度方向或圆周方向均可获得均匀的壁厚,且对铸件长度没有特别的限制,故常用它来生产长度大于直径的套类和管类铸件,如各种铸铁下水管、发动机缸套等。这种方法在生产中应用最多。

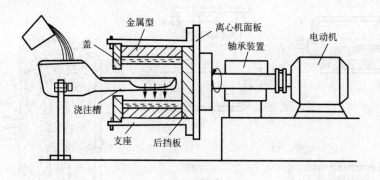

图 6 - 39　卧式离心铸造机

　　由于离心铸造时,液体金属是在旋转情况下充填铸型并凝固的,因此离心铸造具有以下特点:

　　◆ 铸件力学性能好。铸件在离心力的作用凝固,其组织致密,同时也改善了补缩条件,不易产生缩孔和缩松等缺陷。铸件中的非金属夹杂物和气体集中在内表面,便于去除。

　　◆ 不需型芯和浇注系统。由于金属液在离心力作用下充填铸型,故带孔的圆柱形铸件,不需采用型芯和浇注系统即可铸出,工艺简便并可节省金属材料的消耗。

　　◆ 金属液的充型能力好,也便于制造双层金属。离心力提高了金属液的充型能力,可适于流动性差的铸造合金或薄壁铸件。此外,利用这种方法还能制造出双层金属铸件,如轴瓦、钢套衬铜等。

　　◆ 内孔的表面质量差,尺寸不准确。

　　◆ 容易产生比重偏析。对于容易发生比重偏析的合金,如铅青铜等,不宜采用离心铸造,因为离心力将使铸件内、外层成分不均匀,性能不佳。

　　因此,离心铸造主要适应于生产中、小型管、筒类零件,如铸件管、铜套、内燃机缸套、钢套衬铜的双金属件等。

　　5. 其他特种铸造方法简介

　　(1)壳型铸造

　　用树脂砂制成薄壳铸型来制造铸件的方法称为壳型铸造。它是 20 世纪 50 年代才发展起来的一种特种铸造方法。壳型铸造的结壳方法有多种,其中最基本的是翻斗法,如图 6 - 40 所示。它是将预热(180℃～200℃)的模板反扣到盛有树脂砂的翻斗上,将翻斗反转 180℃(图 6 - 40a),树脂砂落于模板上,于是靠近模板的树脂受热软化。当翻斗返回原始位置时,软化的树脂粘附在模板上,形成壳型(图 6 - 40b),而未被软化的树脂又落回到翻斗中。将模板送入电炉内加热至 350℃左右(图 6 - 40c),使树脂砂固化。再用顶杆机构将壳型顶出,成为半型(图 6 - 40d)。用同样的方法制成另一半型后,将成对的两半型组合并夹紧后即可浇注(图 6 - 40e)。

　　壳型铸造耗用造型材料较少,铸件质量与熔模铸造相当,但生产工艺较简单,且易于实现机械化或自动化。它可浇注薄而复杂的高熔点合金铸件。但因设备和模具的费用较高,一般用于大批、大量生产。这种方法因树脂的成本较高,在应用上受到一定限制。

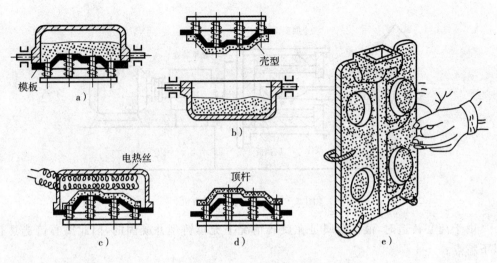

图 6-40 壳型制造过程

（2）低压铸造

低压铸造是介于重力铸造和压力铸造之间的一种铸造方法。其工作原理如图 6-41所示。在一个盛有液态金属的坩锅中，由进气管向密封室通入干燥的压缩空气或惰性气体（表压力为 0.02～0.08MPa），金属液在气体压力的作用下沿升液导管上升经浇口进入铸型。金属液充满型腔后，保持（或增大）压力直至铸件完全凝固，然后及时撤除压力，升液导管中的金属液仍流回坩锅。最后开启铸型取出铸件。

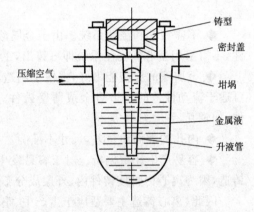

图 6-41 低压铸造原理示意图

低压铸造有如下特点：

◆ 充型压力和充型速度便于控制，故可适应各种铸型，如金属型、砂型、熔模型壳、树脂型壳等。由于充型平稳，冲刷力小，且液流和气流的方向一致，故气孔、夹渣等缺陷减少。

◆ 铸件组织较砂型铸造致密；对于铝合金铸件针孔缺陷的防止效果尤为明显。

◆ 由于省去了补缩冒口，使金属的利用率提高到 90%～98%。

◆ 由于提高了充型能力，有利于形成轮廓清晰、表面光洁的铸件。

◆ 设备较压铸简单、投资较少。

因此，低压铸造可用来制造铝合金、铜合金和镁合金铸件，如汽车发动机的气缸体、气缸盖、曲轴带轮、叶轮、电机齿盘等，也可用低压铸造浇注大型球墨铸铁曲轴等高熔点合金。

低压铸造存在的主要问题是升液导管寿命短，液态金属在保温过程中易产生氧化和夹渣等，这有待进一步研究解决。

（3）实型铸造

实型铸造又称气化模铸造和消失模铸造。它是采用泡沫塑料做模样，造型时不起模，直接浇注，泡沫模样气化、消失，使金属液充填模样的位置，冷却凝固后得到铸件的一种铸造方法。由于这种铸型呈实体，故名实型铸造，其工艺过程如图 6-42 所示。

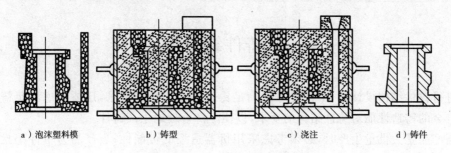

　a）泡沫塑料模　　　　　b）铸型　　　　　　c）浇注　　　　　d）铸件

图 6-42　实型铸造原理示意图

实型铸造工艺省去了起模工序，有点类似于熔模铸造，但与之相比更方便。其特点是工序简化，效率高，应用灵活，劳动强度低，铸件尺寸精度高，而且零件设计自由度大。故它应用范围较广，几乎不受铸件结构、尺寸、重量、材料和批量的限制，特别适于高精度、少余量、复杂铸件的单件小批生产。存在的问题是尚须开发发起量低、残留物少、污染小的泡沫塑料。

（4）悬浮铸造

悬浮铸造是在浇注过程中，将一定量的金属粉末或颗粒加到金属液流中混合，一起充填铸型。经悬浮浇注到型腔中的已不是通常的过热金属液，而是含有固态悬浮颗粒的悬浮金属液。悬浮浇注时所加入的金属颗粒，如铁粉、铁丸、钢丸、碎切屑等统称悬浮剂。由于悬浮剂具有通常的内冷铁的作用，所以也称微型冷铁。

悬浮浇注如图 6-43 所示。浇注的液体金属沿引导浇道呈切线方向进入悬浮杯后，绕其轴线旋转，形成一个漏斗形旋涡，造成负压，由漏斗落下的悬浮剂吸入，形成悬浮的金属液，通过直浇道注入铸型的型腔。

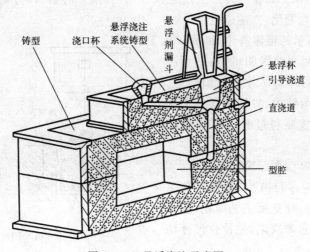

图 6-43　悬浮浇注示意图

悬浮剂有很大的活性表面,并均匀分布于金属液中,因此与金属液之间能产生一系列的热物理化学作用,进而控制合金的凝固过程,起到冷却作用、孕育作用、合金化作用等。悬浮铸造法得到的铸件与普通铸造法相比,可降低热裂倾向、缩松倾向,并可使缩孔减少 10%～20%,改善断面均匀性,提高力学性能。

6.3　铸件结构设计

进行铸件结构设计时,不仅要考虑满足铸件的使用性能要求,还要考虑满足铸造工艺及合金的铸造性能对铸件结构的要求,以便经济合理地生产铸件。

当产品是大批量生产时,必须考虑采用机器造型的可能性;当产品为单件小批生产时,应尽量使所设计的铸件在现有条件下能顺利生产出来;当为特大铸件时,必须从生产的全过程出发,考虑机械加工、装配和运输等要求;当某些铸件需要采用金属型铸造、压力铸造或熔模铸造等特种铸造方法时,还必须考虑这些方法对铸件结构的特殊要求。下面仅介绍砂型铸造对结构设计的主要要求。

6.3.1　铸件结构与铸造工艺的关系

在满足零件使用性能的前提下,铸件的结构设计应尽量使制模、造型、造芯、合箱和清理等过程简化,避免浪费工时,防止铸件产生缺陷,并为实现机械化生产创造条件。为此,在设计铸件的外形和内腔结构时,应考虑下面几方面的问题。

1. 铸件的外形设计

(1)铸件的外形应力求简单

铸造生产的一个显著优点是能生产形状复杂的铸件,但并不是说铸件的结构越复杂就越好,在设计铸件外形时,必须考虑其生产工艺特点,避免那些不必要的、使制模和造型过程复杂化的结构。如铸件外形上沿起模方向的外凸和内凹部分都将增加造型的难度,应力求这种结构简化,方便造型。

如图 6-44 所示的箱体铸件,如图 a 所示结构因设计了两个曲线凹坑,在造型必须增加两个较大的外型芯才能起出模型。若改为如图 b 所示结构,将凹坑延伸到底部,则造型是模型能顺利起出,避免了使用两个较大的型芯。

(2)尽量使分型面少而简单

铸件分型面应尽量减少,从而避免采用三箱或多箱造型,使造型工艺简化,还可避免出现错箱、偏芯等缺陷,使铸件尺寸精度提高。

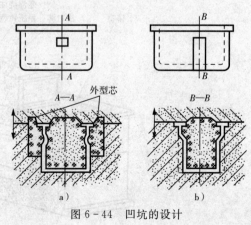

图 6-44　凹坑的设计

如图 6 - 45a 所示的底座铸件,其上下部位均有凸缘,需要采用三箱造型或增加外型芯而采用两箱造型。无论是三箱造型或增设外型芯,铸造工艺都很复杂。如果将上部的凸缘结构按图 b 结构改进,则可使铸型只有一个分型面,可以很方便地采用两箱整模造型。

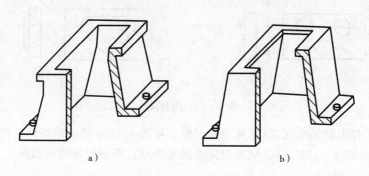

图 6 - 45　底座铸件

此外,分型面最好是一个简单的平面,使制模和造型工艺简化。图 6 - 46 所示轴承座铸件,原结构(图 6 - 46a)中的圆柱套轴线与侧壁错位,使分型面为一个曲面,增加了造型的难度(需采用挖砂或假箱造型)。若能改成图 6 - 46b 所示的结构,则使分型面成为一个平面,使造型简便。

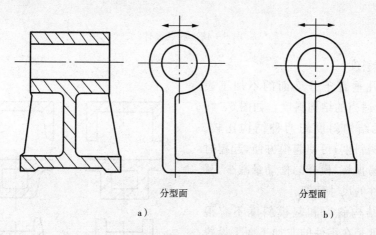

图 6 - 46　轴承座铸件

(3)凸台和筋条的结构应便于起模

零件上的配合面、接合面等处是需要进行机械加工的面,为减少机械加工量,通常设计成凸台。但设计铸件上的凸台时,应尽量避免使用活块。图 6 - 47a 所示的凸台通常必须采用活块(或外型芯)才能起模。若改为图 6 - 47b 所示的结构,将凸台延伸至分型面,则可以避免采用活块造型。

另外,凸台的厚度不宜过大,否则形成热节而引起局部金属积聚,产生缩孔。在一般情况下,凸台的厚度应小于铸件的厚度。

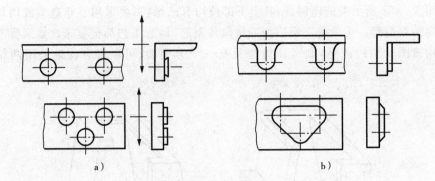

图 6-47　凸台设计

在设计铸件上的筋条时,应避免妨碍起模。如图 6-48a 所示的铸件上部的筋条会妨碍起模,改成如图 6-48b 结构(顺着起模方向布置)后,模型便可顺利取出。

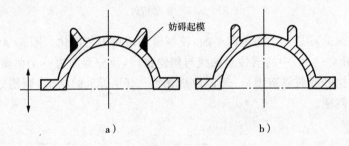

图 6-48　筋条设计

（4）结构斜度

铸件上凡垂直于分型面的不加工表面,最好给予适当的结构斜度。如图 6-49所示为有、无结构斜度的两种结构比较。铸件设有结构斜度,可使起模方便,起模时铸型表面不易损坏,模样的松动量减少,从而提高了铸件的尺寸精度。

铸件的结构斜度和起模斜度不容混淆。结构斜度是在零件的非加工面上设置的,直接标注在零件图上,且斜度值较大。起模斜度是在零件的加工面上设置的,在绘制铸造工艺图或模样图时使用,切削加工时将被切除。

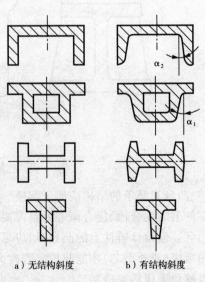

a）无结构斜度　　b）有结构斜度

图 6-49　结构斜度

2. 铸件内腔设计

铸件的内腔大多由型芯来形成,复杂的型芯不仅制造难度大,而且在合箱和浇注时也容易损坏。

(1)应尽量不用或少用型芯

不用或少用型芯,不仅可使生产工艺过程简化,还可以避免多种铸造缺陷。如图 6-50a 所示的支柱铸件和图 6-51a 的托架铸件,其框形截面的结构设计都是为了增加铸件的刚度,铸造时需用型芯形成。如果将框形截面改成工字形截面(图 6-50b 和图 6-51b),同样能达到增加刚度的目的,但却能避免使用型芯。

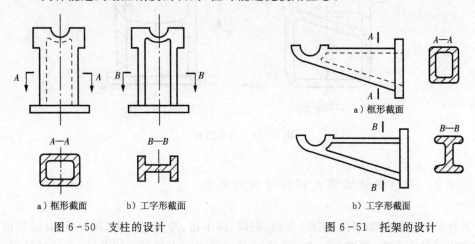

a)框形截面　　b)工字形截面
图 6-50　支柱的设计

a)框形截面

b)工字形截面
图 6-51　托架的设计

如图 6-52a 所示带有向内的凸缘,必须采用型芯形成内腔,若改为如图 6-52b 所示结构,则可通过自带型芯形成内腔,使工艺过程大大简化。

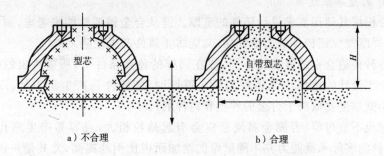

a)不合理　　　　　　　　　　b)合理
图 6-52　内腔的两种设计

(2)应使铸型中的型芯定位准确、安放稳固、排气通畅、清理方便

型芯在铸型中须能可靠地固定和便于排气,以避免偏芯、气孔等缺陷。如图 6-53a 所示为一轴承架,其内腔采用两个型芯,其中较大的呈悬臂状,须用型芯撑来加固。若改为如图 6-55b 所示的整体型芯,则型芯的稳定性大为提高,且下芯简便,也易于排气。

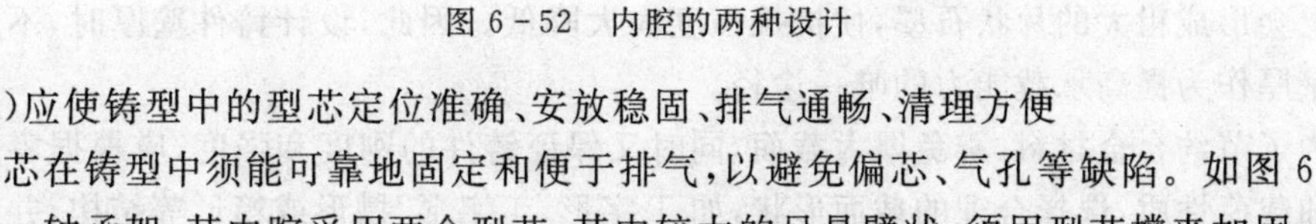

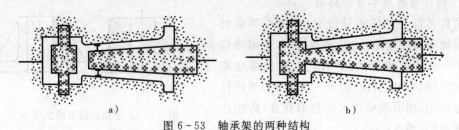

a)　　　　　　　　　　b)
图 6-53　轴承架的两种结构

（3）应避免封闭内腔。

如图 6-54a 所示铸件为封闭空腔结构，其型芯安放困难、排气不畅、无法清砂、结构工艺性极差。若改为图 6-54b 所示结构，上述问题就迎刃而解了。

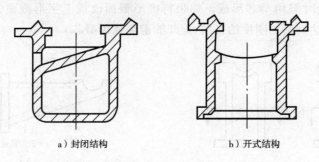

a）封闭结构   b）开式结构

图 6-54 内腔结构

6.3.2 合金铸造性能对铸件结构的要求

铸件的许多缺陷如缩孔、缩松、变形、裂纹、浇不足、冷隔、气孔和偏析等，有时是由于铸件结构设计不合理，未能充分考虑合金的铸造性能而引起的。因此，在设计铸件时，必须考虑以下几方面的问题。

1. 铸件的壁厚应适当

首先要根据其使用要求设计铸件的壁厚。但从合金铸造性能来考虑，则铸件的壁厚应适当，这样既能保证铸件的力学性能，又能防止铸件产生缺陷。

由于各种铸造合金的流动性不同，故在同样的铸造条件下，所能铸出的铸件最小壁厚也不同。当设计的壁厚小于铸件的最小壁厚时，则铸件易产生浇不足、冷隔等缺陷。铸件的最小壁厚主要取决于合金的种类和铸件的尺寸。

铸件壁也不宜过厚，否则金属液聚集会引起晶粒粗大，且容易产生缩孔、缩松等缺陷，所以铸件的实际承载能力并不随壁厚的增加而成比例地提高，尤其是灰铸铁件，在大截面上会形成粗大的片状石墨，使抗拉强度大大降低。因此，设计铸件壁厚时，不应单以增加壁厚作为提高承载能力的唯一途径。

为了节约合金材料，避免厚大截面，同时又保证铸件的刚度和强度，应根据零件受力大小和载荷性质，选择合理的截面形状，如 T 字形、工字形、槽形或箱形等结构，并在薄弱环节安置加强筋，如图 6-55 所示。

2. 铸件壁厚应尽可能均匀

铸件各部分壁厚差异过大，不仅在厚壁处因金属聚集易产生缩孔、缩松等缺陷，还因冷却速度不一致而产生较大的热应力，致使薄壁和厚壁的连接处产生裂纹（图 6-56a）。如果铸件的壁厚均匀，则可避免过大的热节存在，防止产生上述缺陷（图 6-56b）。

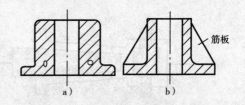

a）   b）

图 6-55 用加强筋来减少壁厚

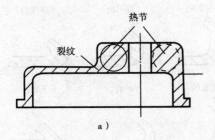 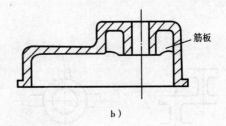

图 6-56 铸件壁厚应尽量均匀

对于某些难以做到壁厚均匀的铸件,若合金的缩孔倾向很大,则应使其结构便于实现顺序凝固,以便安置冒口进行补缩。

3. 铸件壁的连接

铸件壁的连接处和转角处是铸件的薄弱环节,在设计时,应注意设法防止金属液的积聚和内应力的产生。

(1)铸件的圆角结构

在铸件壁的连接处和转角处,应设置圆角,避免直角连接。这是由于:

◆ 直角连接处形成了金属的积聚,而内侧散热条件差,较易产生缩松和缩孔。

◆ 在载荷的作用下,直角处的内侧产生应力集中,使内侧实际承受的应力较平均应力大大增加(图 6-57a)。

◆ 一些合金的结晶过程中,将形成垂直于铸件表面的柱状晶。若采用直角连接,则因结晶的方向性,在转角的分角线上形成整齐的分界面(图 6-58a),在此分界面上集中了许多杂质,使转角处成为铸件的薄弱环节。

上述诸因素均使铸件转角处力学性能下降,较易产生裂纹。当铸件采用圆角结构时(图 6-57b 和图 6-58b),则可克服上述不足。此外,圆角结构还有利于造型,减少取模时掉砂,并使铸件外形美观。

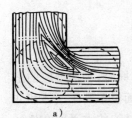 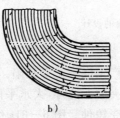    

图 6-57 不同转角的热节和应力分布   图 6-58 金属结晶的方向性

(2)避免交叉和锐角连接

为了减小热节,避免铸件产生缩孔、缩松等缺陷,铸件壁或筋的连接应尽量避免交叉,中小铸件可考虑将交叉点错开,大件则以环状接头为宜,如图 6-59a 所示。当两壁必须锐角连接时,要采用图 6-59b 所示的过渡形式。

(3)厚壁和薄壁间的连接要逐步过渡

铸件各部分的壁厚难以做到均匀一致,当不同厚度的铸件壁相连接时,应避免壁厚的突变,而是采取逐步过渡的办法,以减少应力集中和防止产生裂纹。

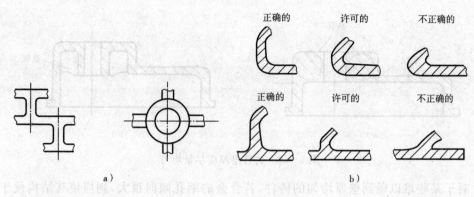

图 6-59　壁间连接结构

(4)避免受阻收缩

如前所述,当铸件的收缩受到阻碍、铸造内应力超过合金的强度极限时,铸件将产生裂纹。因此,在铸件结构设计时,可考虑设有"容让"的环节,该环节允许微量变形,以减少收缩阻力,从而缓解其内应力。

如图 6-60 所示为轮辐的几种设计。图 6-60a 为直线形偶数轮辐,结构简单,制造方便,但如果合金收缩大时,轮辐的收缩力互相抗衡,容易开裂。而图 6-60b 至图 6-60d 三种轮辐结构则可分别以轮辐的变形、轮毂的转动和移动来缓解应力。

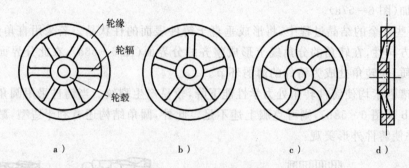

图 6-60　轮辐的设计

(5)避免过大的水平面

铸件上的大平面,不利于金属的填充,容易产生浇不足等缺陷。同时,平面型腔的上表面,由于受液体金属长时间的烘烤,易于产生夹砂。此外,大水平面也不利于气体和非金属夹杂物的排除。如图 6-61 所示为薄壁罩壳铸件。图 6-61a 结构的大平面在浇注时处于水平位置,气体和非金属夹杂物上浮容易滞留,影响铸件表面质量。若改成图 6-61b结构,浇注时,金属液沿斜壁上升,能顺利地将气体和夹杂物带出。同时,金属液的上升流动也使铸件不易产生浇不足等缺陷。

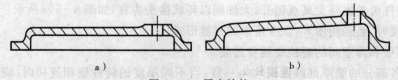

图 6-61　罩壳铸件

先导案例解答

图片零件是汽车发动机的进排气歧管,外形结构复杂,体积尺寸较大,内部空心,因此,很难进行加工,然而采用铸造的方法加工就显得非常简单,高效,合理。

小　结

本章重点是铸造工艺基础、各种铸造方法及应用,难点是铸造工艺图的制定和铸件结构设计。各种铸造方法小结如下:

铸造方法	定　义	应　用
砂型铸造	用型砂紧实成型的方法	成本低、灵活性大、适应性广。适用于各种形状、尺寸及铸造合金的生产
金属型铸造	将液态金属浇入用金属材料制成的铸型而获得铸件的方法	铸件尺寸精确、表面光洁、加工余量小、力学性能高,实现了一型多铸。主要用于大批量生产形状不太复杂、壁厚较均匀的有色合金的中、小件,有时也生产某些铸铁和铸钢件,如铝活塞、气缸体等
压力铸造	在高压作用下,将液态或半液态金属快速压入金属铸型中,并在压力下凝固而获得铸件的方法	保留了金属型铸造的一些特点,但铸件的质量更高。主要适应于大批量生产低熔点有色合金铸件,特别是形状复杂的薄壁小件,如精密小仪器、仪表、医疗器械等
离心铸造	将液态金属浇入高速旋转的铸型中,使金属液在离心力作用下凝固成形的方法	铸件组织致密,无缩孔、气孔、夹渣等缺陷。适应于生产中、小型管、筒类零件,如铸件管、铜套、内燃机缸套、钢套衬铜的双金属件等
熔模铸造	用易熔材料—蜡料制成零件模样,在模样上涂以若干层耐火涂料制成型壳,然后加热型壳,使型壳内模样熔化,流出而完成造型工序,再经浇注,去除型壳而得到铸件的一种方法	铸件尺寸精度高、表面粗糙度低。多用于制造各种复杂形状的小零件,特别适用于高熔点金属或难切削加工的铸件,如气轮机叶片、刀具等

复习思考题

6-1　为什么铸造是毛坯生产中的重要方法?试从铸造的特点并结合实例分析。

6-2　什么是液态合金的充型能力?它与合金的流动性与何关系?不同化学成分的合金为何流动性不同?为什么铸钢的充型能力不铸铁差?

6-3　缩孔和缩松是如何形成的?它们对铸件的使用性能有何影响?如何防止或减少它们的危害?

6-4　什么是同时凝固原则和顺序凝固原则?如何实现?采用这两种原则时各有何利弊?

6-5 用铸造工艺图符号标注下列铸件在小批生产条件下的分型面,并选用造型方法。

6-6 何谓砂型铸造? 它包括哪些主要工艺过程?

6-7 零件、铸件和模样三者在形状、尺寸上有何不同?

6-8 浇注系统由哪几部分组成? 各起何作用?

6-9 金属型铸造有何优点? 为何它不能广泛代替砂型铸造?

6-10 何谓离心铸造? 它在圆筒件铸造中有哪些优越性?

6-11 下列铸件在大批量生产时,最适宜采用哪一种铸造方法?

铝活塞　　缝纫机头　　汽轮机叶片　　气缸套　　车床床身

摩托车气缸体　　汽车喇叭　　大口径铸铁污水管　　大模数齿轮滚刀

6-12 什么是铸件的结构斜度? 它与起模斜度有何不同? 图示铸件的结构是否合理? 应如何改正?

第 7 章　金属压力加工

【本章知识点】

(1) 了解金属压力加工的特点、分类及其应用；

(2) 理解金属塑性变形的有关理论基础知识；

(3) 掌握自由锻、模锻及板料冲压的原理、设备、工序及应用；

(4) 掌握自由锻件结构工艺性，了解模锻件及板料冲压件的结构工艺性。

【先导案例】

如图 7-1 所示为一齿轮毛坯，请选择在单件小批生产条件下的合适加工方法。

金属压力加工是借助外力的作用，使金属坯料产生塑性变形，从而获得具有一定形状、尺寸和力学性能的原材料、毛坯或零件的加工方法。

经压力加工制造的零件或毛坯同铸件相比具有以下特点：

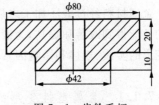

图 7-1　齿轮毛坯

◆改善金属的组织、提高力学性能。金属材料经锻压加工后，其组织、性能都得到改善和提高，锻压加工能消除金属铸锭内部的气孔、缩孔和树枝状晶等缺陷，并由于金属的塑性变形和再结晶，可使粗大晶粒细化，得到致密的金属组织，从而提高金属的力学性能。在零件设计时，若正确选用零件的受力方向与纤维组织方向，可以提高零件的抗冲击性能。

◆除自由锻造外，生产率都比较高，因为压力加工一般是利用压力机和模具进行成形加工的。例如，利用多工位冷镦工艺加工内六角螺钉，比用棒料切削加工工效提高约400 倍以上。

◆不适合成形形状较复杂的零件。锻压加工是在固态下成形的，与铸造相比，金属的流动受到限制，一般需要采取加热等工艺措施才能实现。对制造形状复杂，特别是具有复杂内腔的零件或毛坯较困难。

因此压力加工主要用于制造各种重要的、受力大的机械零件或工具的毛坯，或制造薄板构件，也可用于生产型材。

压力加工方式很多,主要有轧制、挤压、拉拔、自由锻、模锻和板料冲压等,如图7-2所示。轧制、挤压、拉拔一般用来制造常用金属材料的板材、管材、线材等原材料;锻造主要用来制造承受重载荷的机器零件的毛坯,如机器的主轴、重要齿轮等;而板料冲压广泛用于制造电器、仪表零件等。

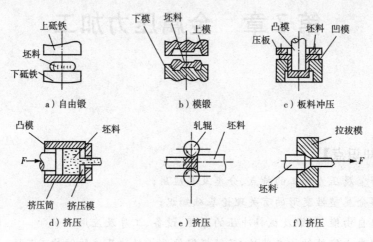

图7-2 常用压力加工方法

7.1 金属的塑性变形

金属材料经过锻压加工之后,由于产生了塑性变形,其内部组织发生很大变化,使金属的性能得到改善和提高,为锻压方法的广泛使用奠定了基础。因此只有较好地掌握塑性变形的实质、规律和影响因素,才能正确选用锻压加工方法,合理设计锻压加工零件。

7.1.1 金属塑性变形的实质

各种金属压力加工方法是通过金属施加外力使其产生塑性变形来实现的。金属在外力作用下,可分为弹性变形和塑性变形。当应力低于金属的弹性极限时,应力和应变成正比,外力消失后,变形即消失,这种变形称为弹性变形。当应力超过金属的屈服极限时,即使外力消失,变形也不能完全消失,部分变形被保留下来,这部分变形称为塑性变形。

实际使用的金属材料,都是由无数晶粒构成的多晶体,其塑性变形过程比较复杂。为便于了解金属塑性变形的实质,首先讨论单晶体的塑性变形。

1. 单晶体的塑性变形

单晶体的塑性变形方式有滑移和孪晶两种,如图7-3所示。

滑移是金属塑性变形最常见的方式,它是指晶体在切应力作用下,晶体的一部分相对另一部分,沿一定的晶面(滑移面)和一定的方向(滑移方向)相对滑动的结果。

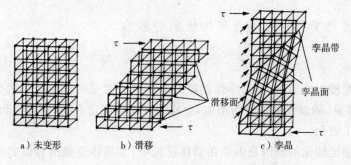

图 7 - 3 滑移和孪晶时晶格的变化

滑移是由滑移面上的位错运动造成的,如图 7 - 4 所示。有位错的晶体,在切应力作用下,使位错中心附近的原子作微量位移,就可使位错中心向右迁移,当位错中心移动到晶体表面时,就造成了一个原子间距的滑移,于是晶体就产生塑性变形。由此可见,通过位错运动方式的滑移,并不需要整个晶体上半部原子相对于下半部原子同时移动,只需位错附近的少量原子作微量移动。因此,位错移动所需要的临界切应力远远小于刚性滑移的相应值。

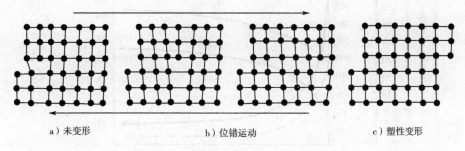

图 7 - 4 位错运动引起塑性变形示意图

孪晶是指晶体在外力作用下,其一部分沿一定的晶面(孪晶面)在一个区域(孪晶代)内作连续、顺序的位移(如图 7 - 3c 所示)。孪晶时原子移动的距离各层不一样,相邻层原子的位移量只有原子间距的几分之一。孪晶后晶体曲折了,孪晶带的晶体位向与原来的不一致。

孪晶所需切应力要比滑移大得多,因此孪晶只有在滑移很难进行的场合才发生。孪晶后,由于孪晶带的位向变化了,可能变得有利于滑移,于是晶体又开始滑移。所以有时孪晶和滑移是交替进行的。

2. 多晶体的塑性变形

工业上使用的金属都是多晶体。多晶体的塑性变形与单晶体相比并无本质的区别,但由于晶界的存在和各个晶粒的位向不同,多晶体的塑性变形过程比单晶体复杂得多。

多晶体的塑性变形包括晶内变形和晶间变形两部分。晶内变形仍以滑移与孪晶两种方式进行,晶间变形包括晶粒之间的微量相互位移和转动。

7.1.2 塑性变形对金属组织和性能的影响

1. 加工硬化

金属材料经塑性变形后,其力学性能随内部组织的改变而发生明显的变化,如图 7 - 5 所示。由图可见,随着变形程度的增加,金属的强度和硬度升高,而塑性和韧性下降,这种现象称为加工硬化。

金属产生加工硬化的原因是由于在滑移过程中,多晶体金属滑移面邻近的晶格发生歪扭和紊乱,从而产生了内应力,与此同时,在滑移面上产生了许多细小的晶粒碎块,使得滑移面凹凸不平,从而增大了滑移阻力,使多晶体金属的进一步滑移发生困难。金属的变形程度越大,强度、硬度越高,而塑性、韧性越低。

加工硬化对金属冷变形工艺产生很大影响。加工硬化后金属强度提高,要求压力加工设备的功率增大。加工硬化金属塑性下降,使金属继续塑性变形困难,因而必须增加中间退火工序。这样就降低了生产率,提高了生产成本。

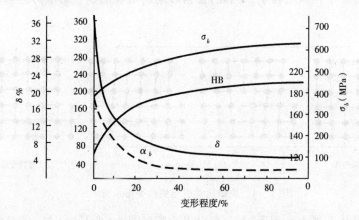

图 7 - 5 低碳钢冷变形程度与力学性能的关系

另一方面,也可利用加工硬化作为一种强化金属的手段。特别是一些不能用热处理方法强化的金属材料,可应用加工硬化来提高其承载能力,例如用滚压方法提高青铜轴瓦的承载能力和耐磨性;用喷丸处理提高主见的疲劳强度等。

2. 回复和再结晶

加工硬化是一种不稳定的现象,具有自发地回复到稳定状态的倾向(指晶体的晶格未被歪扭和破碎),但在室温下,由于金属中原子活动能力相当微弱,不易实现。提高温度,原子获得热能,热运动加剧,使原子得以回复正常的排列,金属的组织和性能又会发生变化。

随着加热温度的逐渐升高,这个变化过程可经历回复—再结晶—晶粒长大三个阶段,如图 7-6 所示。由于回复和再结晶对加工硬化都有不同程度的消除作用,故而通常将这两个过程称为金属的软化过程。

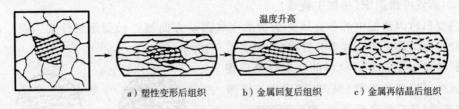

a）塑性变形后组织　　　b）金属回复后组织　　　c）金属再结晶后组织

图 7-6　金属的回复和再结晶示意图

将变形后的金属加热到不太高的温度,在晶粒大小尚无变化的情况下使其力学性能和物理性能部分得以恢复的过程称为回复。

回复作用是不能改变加工硬化金属的晶粒形状及大小,只能使大部分残余应力得以消除,部分消除加工硬化产生的不良影响。

当温度继续升高到该金属熔点绝对温度的 0.4 倍时,金属原子获得更多的热能,开始以某些碎晶或杂质为核心,按变形前的晶格结构结晶成新的晶粒,从而全部消除加工硬化现象,这个过程称为再结晶。这时的温度称为再结晶温度,即

$$T_{再}=0.4T_{熔}$$

式中:$T_{再}$——以绝对温度表示的金属再结晶温度。

当金属在高温下受力变形时,加工硬化和再结晶过程是同时存在的。不过变形中的加工硬化随时都被再结晶过程所消除,变形后无加工硬化现象。

3. 金属的冷变形和热变形

金属在不同温度下变形后的组织和性能也不同,因此金属的塑性变形可分为冷变形和热变形。

在再结晶温度以下的变形称为冷变形。冷变形的后果是使制件产生加工硬化,因此变形后金属只具有加工硬化组织,无再结晶现象。冷变形的优点是尺寸、形状精度高;表面质量好;金属强度、硬度提高;劳动条件好。但它的变形抗力大,变形程度小,金属内部残余应力大。要想继续进行冷加工,必须进行中间再结晶退火。因此,生产中常用冷变形对已热变形过的坯料进行再加工,如用冷冲、冷弯、冷挤和冷顶镦等方法生产各种零件和半成品;用冷轧和冷拔的方法生产小口径薄壁无缝管、薄板、薄带和线材等。

在再结晶温度以上的变形称为热变形。变形后金属具有再结晶组织,无加工硬化痕迹。热变形能以较小的能量获得较大的变形,即可提高金属的塑性,降低变形抗力;同时还可得到细小的等轴晶粒,均匀致密的组织和力学性能优良的制品。所以绝大部分钢和有色金属及其合金的铸锭都通过热变形(热锻、热轧等)成形或制成所需坯件,已消除铸锭中的缺陷、改善组织和提高材料的力学性能。

金属热变形对组织结构和性能的影响如下:

(1)消除铸态金属的某些缺陷,提高材料的力学性能

通过热轧和锻造可使金属铸锭中的疏松、气泡压合,部分消除某些偏析,将粗大的柱状晶粒和枝晶压碎,再结晶成细小均匀的等轴晶粒,改善夹杂物、碳化物的形态与分布,从而提高了金属材料的致密度和力学性能。

（2）形成纤维组织（热加工流线）

热变形时因铸锭中的非金属夹杂物沿金属流动方向被拉长而形成纤维组织。这些夹杂物在再结晶时不会改变其纤维状，如图7-7所示。

纤维组织导致金属材料的机械性能呈现各向异性。沿纤维方向（纵向）较垂直于纤维方向（横向）具有较高的强度、塑性和韧性。

因此在设计和制造零件时应做到：

◆ 应使流线与零件上所受最大正应力方向一致。

◆ 与零件上所受剪应力或冲击力方向相垂直。

◆ 纤维组织与零件外形相符合，不被切断。

a）变形前原始组织　　b）变形后的纤维组织

图7-7　铸锭热变形前后的组织

生产中用模锻方法制造曲轴、用局部镦粗法制造螺钉、用轧制法制造齿轮等（图7-8），形成的流线就能适应零件的受力情况，比较合理。

a）模锻制造曲轴　　b）局部镦粗制造螺钉　　c）轧制齿形

图7-8　合理的热变形流线

热变形形成的纤维组织，不能用热处理方法消除。对不希望出现各向异性的零件和工具，则在锻造时可采用交替镦粗与拔长来打乱其流线。

7.1.3　金属的锻造性能

金属的锻造性能是衡量材料经受塑性成形加工，获得优质锻件难易程度的一项工艺性能。金属锻造性能的优劣，常用金属的塑性变形能力和变形抗力两个指标来衡量。金属塑性高，变形抗力低，则锻造性能好；反之，则锻造性能差。

金属的可锻性取决于金属的本质和加工条件。

1. 金属的本质

（1）化学成分的影响。不同化学成分的金属其可锻性不同。一般情况下，纯金属的锻造性能比合金好；碳钢的碳的质量分数越低，锻造性能越好；钢中含有较多碳化物形成元素（铬、钨、钼、钒等）时，则其锻造性能显著下降。

（2）金属组织的影响。金属的组织构造不同，其锻造性能也有很大差别。合金呈单相固溶体组织（如奥氏体）时，其锻造性能好；而金属具有金属化合物组织（如渗碳体）时，其锻造性能差。铸态柱状组织和粗晶粒不如经过压力加工后的均匀而细小的组织锻造性能好。

2. 加工条件

加工条件包括变形温度、变形速度和变形方式。

(1)变形温度

提高金属变形时的温度,是改善金属锻造性能的有效措施。金属在加热过程中,随着加热温度的升高,金属原子的活动能力增强,原子间的吸引力减弱,容易产生滑移,因而塑性提高,变形抗力降低,锻造性能明显改善,故锻造一般都在高温下进行。

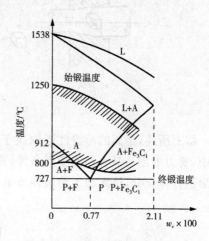

图 7 - 9　碳钢的锻造温度范围

始锻温度即开始锻造温度,原则上要高,但加热温度过高,会使晶粒急剧长大,导致金属塑性减小,锻造性能下降,这种现象称为"过热"。如果加热温度接近熔点,会使晶界氧化甚至熔化,导致金属的塑性变形能力完全消失,这种现象称为"过烧",坯料如果过烧将报废。终锻温度即停止锻造温度原则上要低,但不能过低,否则金属将产生加工硬化,使其塑性显著降低,而强度明显上升,锻造时费力,对高碳钢和高碳合金工具钢而言甚至打裂。因此变形温度要控制在一定范围内,碳钢的锻造温度范围见图 7 - 9。

(2)变形速度

变形速度级单位时间内的变形程度。变形速度对金属可锻性的影响如图 7 - 10 所示。由图可见,它对可锻性的影响是两方面的:一方面随着变形速度的提高,回复和再结晶来不及进行,不能及时克服加工硬化现象,使金属的塑性下降,变形抗力增加,可锻性变坏(图中 a 点以左)。另一方面,金属在变形过程中,消耗

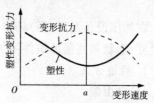

图 7 - 10　变形速度对塑性及
变形抗力的影响

于塑性变形的能量有一部分转化为热能,相当于给金属加热,使金属的塑性提高、变形抗力下降,可锻性变好(图中 a 点以右)。变形速度越大,热效应越明显。

(3)变形方式(应力状态)

变形方式不同,变形金属内应力状态不同。例如挤压变形时为三向受压状态;而拉拔时则为两向受压、一向受拉的状态;镦粗时坯料中心部分的应力状态是三向压应力,周边部分上下和径向是压应力,切向是拉应力,如图 7 - 11 所示。

实践证明,三个方向的应力中,压应力的数目越多,则金属的塑性越好;拉应力的数目越多,则金属的塑性越差。同号应力状态下引起的变形抗力大于异号应力状态下的变形抗力。拉应力使金属原子间距增大,尤其当金属的内部存在气孔、微裂纹等缺陷时,在拉应力作用下,缺陷处易产生应力集中,使裂纹扩展,甚至达到破坏报废的程度。压应力使金属内部原子间距减小,不易使缺陷扩展,故金属的塑性提高。但压应力使金属内部摩擦阻力增大,变形抗力亦随之增大。

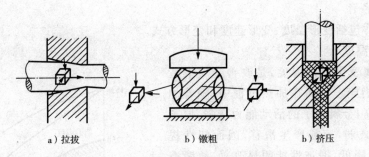

图 7-11 几种锻压方法的应力状态

　　综上所述,金属的可锻性既取决于金属的本质,又取决于变形条件。在压力加工过程中,要力求创造最有利的变形条件,充分发挥金属的塑性,降低变形抗力,使能耗最少,变形进行得充分,达到加工的最佳效果。

7.2　压力加工方法

用于制造机器零件的压力加工方法主要有锻造和板料冲压两大类。

7.2.1　锻造

在加压设备及工(模)具作用下,使坯料产生局部或全部的塑性变形,已获得一定几何尺寸、形状和质量的锻件的加工方法称为锻造。

1.锻造方法
(1)自由锻

自由锻是利用冲击力或压力使金属在上下两抵铁之间产生变形,从而得到所需形状及尺寸的锻件的方法。金属受力时的变形是在上下两抵铁平面间作自由流动,所以称之为自由锻。

自由锻可分为手工锻造和机器锻造两种,前者只能生产小型锻件,后者是自由锻造的主要方式。自由锻具有以下特点:

　◆ 所用工具简单,通用性强,灵活性大,因此适合单件小批生产锻件。

　◆ 精度差,生产率低,工人劳动强度大,对工人技术水平要求高。

　◆ 自由锻可生产不到1kg的小锻件,也可生产300t以上的重型锻件,适用范围广。对大型锻件,自由锻是唯一的锻造方法。

　① 自由锻设备

常用的自由锻设备有空气锤、蒸汽-空气锤和液压机三种。

空气锤和蒸汽-空气锤统称为锻锤,它们都是产生冲击力使金属变形,故其吨位用落下部分的质量表示。空气锤操作方便,但能力不大,适合于锻造小型锻件。蒸汽-空气锤吨位稍大,适用于锻造中小型锻件。

　　液压机是利用 15～40MPa 的高压水推动工作活塞形成巨大的静压力使金属变形，故其吨位用对坯料产生的最大压力表示。液压机工作时无振动，噪声小，工作平稳、安全，锻件质量好。但要有一套控制设备，造价大，设备复杂，故主要用于大型锻件的锻造，而且是大型锻件的唯一锻造设备。

　　② 自由锻工序

　　各种类型的锻件都得采用不同的锻造工序来完成。自由锻工序可分为基本工序、辅助工序和精整工序三大类。

　　a. 基本工序。它是使金属能产生一定程度的塑性变形，以达到所需形状及尺寸的工序。主要有：

　　◆ 镦粗。使坯料的高度减小、横截面积增大的工序。若使坯料的局部截面增大叫局部镦粗。镦粗是自由锻生产中最常用的工序，适用于盘套类锻件的生产。

　　◆ 拔长。使坯料横截面积减小、长度增加的工序。锻造轴类、杆类工件时常用这种工序。拔长除了用于锻件成型外，还常用来改善锻件内部质量。拔长还常与镦粗交替进行，以获得更大的锻造比。

　　◆ 冲孔。用冲头在坯料上冲出通孔或不通孔的锻造工序。锻造齿轮坯、圆环和套筒等工件在镦粗后常接着进行冲孔。常用的冲孔方法有三种：实心冲头单面冲孔（适用于在薄坯料上冲孔）、实心冲头双面冲孔（适用于在厚坯料上冲孔）和空心冲头冲孔（适用于在水压机上冲大型锻件上直径大于 400mm 的孔）。

　　◆ 扩孔。减小空心坯料的壁厚而增大其内、外径的锻造工序。锻造各种圆环锻件时需要扩孔工序。常用的扩孔方法有冲头扩孔（用于扩孔量不大的场合）和芯棒扩孔（用于锻造扩孔量大的薄壁环形锻件，其实质是将坯料沿圆周方向拔长）两种。

　　◆ 弯曲。使坯料弯成曲线或一定角度的锻造工序。锻造吊钩、地脚螺栓、角尺和 U 形弯板等锻件时需用这种工序。

　　◆ 错移。使坯料的一部分相对另一部分平移错开的工序，它是生产曲拐或曲轴类锻件所必需的工序。

　　◆ 扭转。使坯料的一部分相对另一部分绕其共同的轴线旋转一定角度的工序。锻造多拐曲轴、麻花钻和校正锻件时常用这种工序。

　　◆ 切割。切除锻件一部分的锻造工序，又称剁料。它常用于切除钢锭底部、锻件料头以及分割锻件等场合。

　　b. 辅助工序。为基本工序操作方便而进行的预先变形，如压钳口、压钢锭棱边、压肩等。

　　c. 精整工序。在完成基本工序之后，用以提高锻件尺寸及位置精度的工序，如校正、滚圆、平整等。一般在终锻温度以下进行。

　　(2) 模锻

　　模锻是把金属坯料放在具有一定形状的锻模模腔内受压变形而获得锻件的方法。由于金属在模腔内变形，其流动受到模具的限制，因而模锻生产的锻件尺寸精确、加工余量小、机构可以较复杂，而且生产率高，但设备投入较大，因此模锻主要适用于成批和大量生产中、小型锻件。

　　模锻按所用设备的类型不同,可以分为锤上模锻、胎模锻、曲柄压力机上模锻、平锻机上模锻和摩擦压力机上模锻等。

　　① 锤上模锻

　　锤上模锻所用的设备主要是蒸汽-空气模锻锤,如图7-12所示,其工作原理与自由锻用蒸汽-空气锻锤基本相同,但由于模锻生产要求精度高,故模锻锤的机架直接与砧座通过螺栓和弹簧相连(弹簧可使锤击时作用在螺栓上的冲击力得到缓冲),引导锤头移动的导轨很长,锤头与导轨间的间隙较小,以保证锤头运动时上、下锻模的位置对得较准,减小模锻件在分模面处的错移误差,提高锻件的形状与尺寸精度。

　　锻模是由上模和下模两部分组成,如图7-13所示。下模紧固在模垫上,上模紧固在锤头上,与锤头一起作上下运动。上下模皆有模膛。模锻时坯料放在下模的模膛上,上模随着锤头的向下运动对坯料施加冲击力,使坯料充满模膛,最后获得与模膛形状一致的锻件。

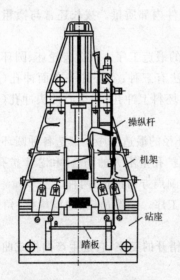

图7-12　蒸汽-空气模锻锤

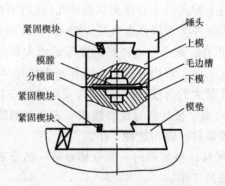

图7-13　锤上模锻用锻模

　　模膛根据其功用的不同,可分为模锻模膛、制坯模膛和切断模膛三大类。

　　a. 模锻模膛

　　由于金属在此模膛中发生整体变形,故作用在锻模上的变形抗力较大。模锻模膛又分为终锻模膛和预锻模膛两种。

　　◆ 终锻模膛。其作用是使坯料最后变形到锻件所要求的形状和尺寸,因此它的形状应和锻件的形状相同。但因锻件冷却时要收缩,终锻模膛的尺寸应比锻件的尺寸大一个收缩量。另外,沿模膛四周设有毛边槽,用以增加金属从模膛中流出的阻力,促使金属充满模膛;同时容纳多余的金属;还可缓冲锤击,避免锻模过早被击陷或崩裂。对于具有通孔的锻件,应留有冲孔连皮,因为不可能靠上、下模的突出部分把金属完全挤压掉。此外,终锻模膛应放在多腔模具的中间。

　　◆ 预锻模膛。其作用是使坯料变形到接近于锻件的形状和尺寸,这样在进行中锻时,金属容易充满模膛而获得锻件所要求的尺寸。同时减少了终锻模膛的磨损,延长锻模的使用寿命。预锻模膛与终锻模膛的区别是：考虑到终锻过程是以镦粗成型为主，因此预锻模膛的高度应大于终锻模膛；不设毛边槽；圆角、斜度较大；细小的沟槽和花纹不制出。对于形状简单或批量不大的模锻件可不设置预锻模膛。

b. 制坯模膛

对于形状复杂的锻件，为了使坯料形状逐步地接近锻件的形状，以便金属变形均匀，流线合理分布和顺利地充满模锻模膛，因此，必须先在制坯模膛内制坯。

根据锻件的形状和尺寸，需采用不同的制坯模膛。制坯模膛主要有以下几种：

◆ 拔长模膛（图 7-14a）。它的作用是减小坯料某一部分的横截面积以增加其长度。它设置在锻模的一边或一角。拔长是制坯的第一步，需锤击多次，边送进边翻转，它兼有清除氧化皮的功用。

◆ 滚挤模膛（图 7-14b）。它的作用是减小坯料某一部分的横截面积以增大另一部分的横截面积，使坯料的横截面积与锻件各横截面积相等。毛坯可直接送入滚挤模膛或经拔长后送入。滚挤时，坯料不轴向送进，只反复绕轴线翻转。滚挤模膛用于横截面积相差较大的锻件的制坯。

◆ 成型模膛（图 7-14c）。它的作用是使坯料获得接近模锻模膛在分模面上的轮廓形状，能局部聚料。通常坯料在成型模膛中仅锤击一次，然后将坯料翻转 90°，放入预锻或终锻模膛中模锻。成型模膛常用于叉状、枝丫和十字形锻件经滚挤后的进一步制坯。

◆ 弯曲模膛。它的作用是用来弯曲中间坯料，使它获得预锻或终锻模膛在分模面上的轮廓形状。坯料经过弯曲模膛锻打后，也需翻转 90°放入预锻或终锻模膛中模锻。

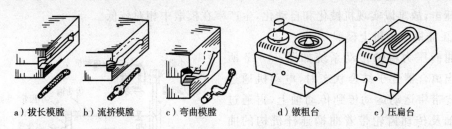

a）拔长模膛　b）流挤模膛　c）弯曲模膛　d）镦粗台　e）压扁台

图 7-14　制坯模膛

◆ 镦粗台和压扁台。镦粗台（图 7-14d）用于圆盘类锻件的制坯。它的作用是减小坯料的高度，增大坯料直径，减少终锻时的锤击次数，有利于充满模膛，防止产生折叠，又兼有去除氧化皮的作用。镦粗台一般设置在锻模的左前方。压扁台（图 7-14e）用于扁平的矩形锻件的制坯。先将圆坯料或方坯料在压扁台上锤扁后放入终锻模膛模锻。压扁台一般设置在锻模的左侧。

图 7-15　切断模膛

c. 切断模膛（图 7-15）

它是在上模和下模的角部组成一对刀口，用来切断金属。单件锻造时，用它从坯料上切下锻件或从锻件上切下钳口；多件锻造时，用它来分离成单个件。

根据模锻件的复杂程度不同，所需变形的模膛数量不等，可将锻模设计成单膛锻模或多腔锻模。单腔锻模是在一副锻模上只有终锻模腔一个模腔,如齿轮坯模锻件就可将截下的圆柱形坯料直接放入单腔锻模中成型。多腔锻模是在一副锻模上具有两个以上模腔的锻模,如图 7-16 所示弯曲连杆模锻件的锻模即为多腔锻模。

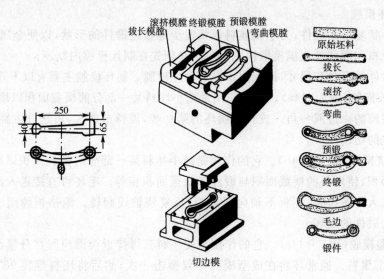

图 7-16 弯曲连杆的模锻过程

锤上模锻具有设备投资较少、适应性强、锻件质量较好、可以实现多种变形工步锻制不同形状锻件等优点,但由于锤上模锻振动大、噪声大,完成一个变形工步往往需要经过多次锤击,故难以实现机械化和自动化,生产率在模锻中相对较低。

② 曲柄压力机上模锻

曲柄压力机的传动系统如图 7-17 所示。当离合器处于结合状态时,电动机通过三角皮带将运动运动传到传动轴上,再通过传动轴及传动齿轮带着曲柄连杆机构的曲轴、连杆和滑块作上下直线运动。当离合器处在脱开状态时,大带轮空转,制动器使滑块停在确定的位置上。锻模的上模固定在滑块上,而下模固定在下部的楔形工作台上。顶杆用来从模腔中推出锻件,实现自动取件。

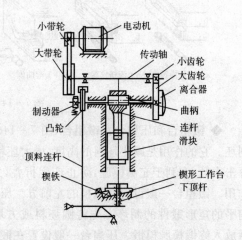

图 7-17 曲柄压力机传动图

曲柄压力机的吨位是以滑块处于下死点时所产生的最大压力表示。

曲柄压力机上模锻的特点是:

◆锻件精度高、生产率高、节省金属。

◆无震动,噪音小,劳动条件好,容易实现机械化和自动化。

◆模具制造简单,更换容易,节省贵重的模具材料。

◆坯料表面上的氧化皮不易被清除掉,影响表面质量。

◆具有良好的导向装置和自动顶件机构,因此锻件的余量、公差和模锻斜度都比锤上模锻的小。

◆行程和压力不能随意调节,因此不宜用于拔长、滚挤等工序。

◆设备造价高。

因此,曲柄压力机与其他制坯设备如辊锻机配套,适合在大批大量生产中制造优质中小型锻件。

③ 摩擦压力机上模锻

摩擦压力机的工作原理如图 7－18 所示。电动机通过皮带传动带动主轴和两个摩擦盘转动。改变操纵杆位置,通过杠杆拨动摩擦盘左右移动与飞轮接触,使飞轮和螺杆正、反旋转,带动滑块在导轨间上下运动,从而实现模锻生产。滑块上固定着锻模的上模,下模固定在机座上。

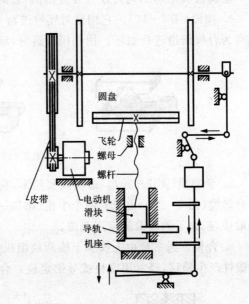

图 7－18　摩擦压力机传动图

摩擦压力机主要是靠飞轮、螺杆和滑块向下运动时所积蓄的能量来时锻件变性的。摩擦压力机的吨位是以滑块到达最下位置时所产生的压力来表示。

摩擦压力机工作过程中,滑块运动速度为 0.5～1.0m/s,具有一定的冲击作用,且滑块形成可控,这与锻锤相似。坯料变形中抗力由机架承受,形成封闭力系,这又是压力机的特点。所以摩擦压力机具有锻锤和压力机的双重工作特性。

摩擦压力机上模锻的特点是:

◆具有模锻锤(滑块行程不固定)和曲柄压力机(变形速度低)双重的工作特性,用途广。

◆备有顶出装置,可锻或挤压带长杆锻件,也可实现小模锻斜度、无模锻斜度和小余量、无余量的精密模锻工艺。

◆设备简单、维修方便、成本低、劳动条件好;螺杆和滑块间是非刚性联接,承受偏心载荷能力较差,一般只适于单模腔模锻。

◆导轨对滑块的导向不够精确,所以要求较高的锻模其上下模之间需有导向装置。

◆生产率低,能量消耗较大。

因此,它主要适于中小批量生产中小模锻件及校整、压印和精密模锻,特别适合模锻塑性较差的金属。

④ 胎模锻

胎模锻实在自由锻设备上使用胎模生产模锻件的方法。通常用自由锻方法使坯料初步成型,然后放在胎模中终锻成型。胎模锻所用设备为自由锻设备,不需较贵重的模锻设备,且胎模一般不固定在锤头和砧座上,结构比固定式锻模简单。因此,胎模锻在没有模锻设备的中小型工厂得到广泛的应用,且最适合于几十件到几百件的中小批量生产。

胎模锻与自由锻相比,能提高锻件质量,节省金属材料,提高生产率,降低锻件成本等。而与其他模锻相比,它不需要较贵重的专用模锻设备,锻模简单,但锻件质量稍差、工人劳动强度大、生产率偏低、胎模寿命短等。

胎模按其结构不同大致可分为扣模、套筒模及合模三种。

a. 扣模(图7-19)。它用来对坯料进行全部或局部扣形,以生产长杆非回转体锻件,也可为合模锻造进行制坯。用扣模锻造时,坯料不转动。

图 7-19 扣模

b. 套筒模(图7-20)。锻模成套筒形,它主要用于锻造齿轮、法兰盘等盘套类锻件。组合筒模(图7-20c)由于有两个半模(增加一个分模面)的结构,可锻出形状更复杂的胎模锻件,扩大了胎模锻的应用范围。

c. 合模。通常是由上模和下模两块组成,如图7-21所示。为了使上下模吻合及不使锻件产生错移,经常用导柱或导锁定位。合模多用于连杆、叉形等较复杂件的终锻。

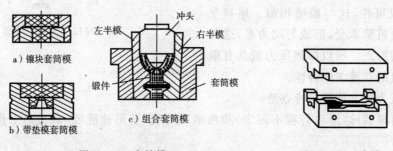

图 7-20 套筒模   图 7-21 合模

2. 锻造工艺规程的制订

制订工艺规程是锻造生产必要的技术准备工作。在制订工艺规程时,必须密切结合生产条件、设备能力和技术水平等实际情况,力求合理、先进,以便正确指导生产。制订锻造工艺规程的主要内容有:

(1)绘制锻件图

锻件图是指在零件图基础上,考虑锻造工艺特点而绘制成的图样。绘制自由锻件图时只需考虑机械加工余量、敷料及锻件公差即可,而绘制模锻件图还应考虑分模面的选择、模锻斜度和圆角半径等。

① 机械加工余量、敷料及锻件公差

机械加工余量是为保证锻件的尺寸精度和表面粗糙度而在零件加工表面留有的金属。其大小与零件形状、尺寸、结构的复杂程度和锻造方法有关。

敷料是为了简化锻件形状,便于锻造而附加上去的一部分金属。当零件上带有较小的凹挡、台阶、凸肩、法兰和孔时,皆需附加敷料。由于附加敷料增加了金属的损失和切削加工量,所以应合理安排。

锻件公差是锻件名义尺寸上下允许的偏差,一般约为加工余量的 1/4～1/3。

考虑了加工余量、锻件公差的大小和敷料后即可绘出自由锻件图,如图 7-22 所示,图中双点画线表示零件的轮廓。

② 分模面

分模面即上下模在锻件上的分界面。制订锻件图时必须首先确定分界面,并应考虑以下几个问题:

a. 要保证锻件能从模膛顺利取出

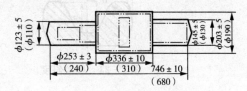

图 7-22　自由锻件图

图 7-23 所示零件,若选 $a-a$ 为分模面,则锻件无法从模膛取出。一般情况下,分模面应选在锻件最大截面上。

b. 应使上下两模沿分模面的模膛轮廓一致,以便及时发现错模现象。图 7-23 中的 $c-c$ 分模面就不符合这个要求。

c. 应选在使模膛深度最浅的位置上,以便金属充满模膛,也有利于锻模的制造。图 7-23 中的 $b-b$ 面就不适合做分模面。

d. 应使零件上所加的敷料最少。图 7-23 中的 $b-b$ 分模面所加的敷料最多,因此不宜作分模面。

e. 分模面最好为平面,上下模的深浅应相当,以利锻模的制造。

按以上原则综合分析,图 7-23 中的 $d-d$ 面是最合理的分模面。

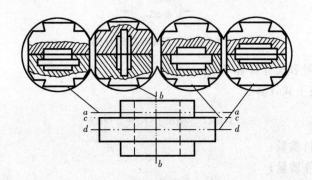

图 7-23　分模面选择比较图

③ 模锻斜度

模锻件的侧面,即平行于锤击方向的表面必须有斜度,如图 7-24 所示,以便于锻件从模膛中取出。对于锤上模锻的斜度一般为 5～15°。模锻斜度与模膛深度和宽度有关,模膛深度 h 与宽度 b 比值愈大时,模锻斜度取大值。斜度 α_1 为外壁斜度(即当锻件冷缩时锻件与模壁夹紧的表面),其值比内壁斜度 α_2(即当锻件冷缩时锻件与模壁离开的表面)小,因为内壁在锻件冷却后容易被夹紧,使锻件很难取出。

④ 圆角半径

为使金属容易充满模腔,增大锻件强度,避免锻模内尖角处产生裂纹,提高锻模使用寿命,在模锻件上所有两平面的交角处均需作成圆角,如图 7-25 所示。外圆角半径 R 一般比内圆角半径 r 大 3~4 倍。钢锻件内圆角半径 r 可取 1~4mm。

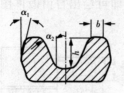

图 7-24　模锻斜度

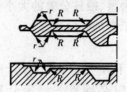

图 7-25　圆角半径

⑤ 冲孔连皮

对于带孔的锻件要留有冲孔连皮,当孔径为 30~80mm 时,冲孔连皮的厚度应取 4~8mm。当孔径小于 25mm 时,一般不锻出,因为孔径越小和连皮越薄,冲头越易损坏。

确定了上述几个因素以后,即可绘制模锻件图。如图 7-26 所示为一齿轮坯的模锻件图。

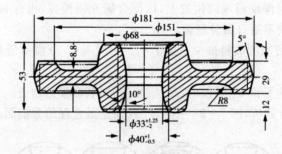

图 7-26　齿轮坯模锻件图

(2)坯料的质量和尺寸计算

坯料质量可按下式计算:

$$G_{坯料} = G_{锻件} + G_{烧损} + G_{料头}$$

式中:$G_{坯料}$——坯料质量;

　　$G_{锻件}$——锻件质量;

　　$G_{烧损}$——加热中坯料表面因氧化而烧损的质量(第一次加热取被加热金属重量的 2~3%,以后各次加热的烧损量取 1.5~2%);

　　$G_{料头}$——在锻造过程中冲掉或被切掉的那部分金属的质量。

坯料尺寸的确定与所采用工序有关,当所采用的锻造工序不同时,确定坯料尺寸的方法也不同。如镦粗时,毛坯高度 H 与直径 D 之比应满足 $1.25 \leqslant H/D \leqslant 2.5$;拔长时,毛坯的横截面积 $F_{坯}$ 与锻件最大横截面积 $F_{锻}$ 应满足 $F_{坯}/F_{锻} = Y$(锻造比,与锻件的结构及材料有关)。

（3）确定锻造温度范围及加热次数

（4）锻造工序的选择

包括确定锻件所必须的基本工序、辅助工序和精整工序，决定工序顺序，设计工序尺寸等。

（5）锻造设备能力的确定

锻造设备能力的确定吨位的选择尤为关键。如选的设备吨位太小，锻件内部锻不透，而且生产率低；若设备吨位选的过大，不但浪费动力，提高锻件成本，操作也不灵便，还以打坏工具。因此，锻造设备吨位的大小应适当。

7.2.2　板料冲压

板料冲压是利用冲模使板料产生分离或变形，从而获得毛坯或零件的压力加工方法。板料冲压通常是在冷态下进行的，故又称之为冷冲压。只有当板料厚度超过 8～10mm 时才采用热冲压。

板料冲压的特点是：

◆可以冲压出形状复杂的零件，且废料较少。

◆产品具有足够高的精度和较低的表面粗糙度值，冲压件互换性好。

◆能获得重量轻、材料消耗少、强度和刚度都较高的零件。

◆冲压操作简单，工艺过程便于机械化和自动化，生产率很高，故零件成本低。

◆冲模制造复杂、成本高，手工操作时不安全。

因此，板料冲压适用于成批或大批大量生产，特别是在汽车、拖拉机、飞机、电器、仪表、国防产品和日用品生产中占有极重要的地位。

板料冲压所用的原材料，特别是制造中空杯状和弯曲件、钩环状等成品时，必须具有足够的塑性。常用的金属材料有低碳钢、高塑性的合金钢、铜、铝镁及其合金等。对非金属材料如石棉板、硬橡皮、绝缘纸等，亦广泛采用冲压加工方法。

冲压生产中常用的设备有剪床和冲床。剪床用来把板料剪切成一定宽度的条料，以供下一步冲压工序用。冲床用来实现冲压工序，以制成所需形状和尺寸的零件。

1. 冲压基本工序

板料冲压的基本工序又分离工序和变形工序两大类。分离工序是使坯料的一部分与另一部分相互分离的工序，而变形工序是使坯料的一部分相对于另一部分产生位移而不破裂的工序。

下面主要阐述最常用的冲压工序——冲裁、弯曲和拉深。

（1）冲裁

冲裁是将板料按封闭的轮廓线分离的工序，包括落料和冲孔两种工序。落料时，冲落部分为成品，而周边为废料；冲孔时，冲下部分为废料，而带孔的周边为成品，如图 7-27 所示。

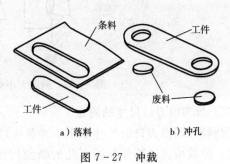

a）落料　　　　b）冲孔

图 7-27　冲裁

① 冲裁变形过程

为了深入了解冲裁工艺,控制冲裁件质量,分析冲裁是板料分离的实际过程是很重要的。这个过程大致可分为三个阶段,如图 7-28 所示。

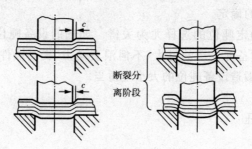

图 7-28　冲裁变形过程

a. 弹性变形阶段。凸模接触板料并下压后,板料产生弹性压缩、弯曲与拉伸等变形。随着凸模继续压入,材料内的应力达到弹性极限。此时,涂抹下的材料略有弯曲,凹模上的材料则向上翘。间隙越大,弯曲和上翘越严重。

b. 塑性变形过程。凸模继续向下运动,板料中的应力值达到屈服极限,板料金属产生塑性变形。变形达到一定程度时,位于凸、凹模刃口处的金属硬化加剧,出现微裂纹。

c. 断裂分离阶段。凸模再继续向下运动,已形成的上、下裂纹逐渐扩展并向内延伸,当上、下裂纹相遇重合时,板料便被剪断分离。

冲裁件分离面的质量主要与凸凹模的间隙、刃口锋利程度有关,同时也受模具结构、材料性能及板料厚度等因素影响。

② 凸凹模间隙

凸凹模间隙不仅严重影响冲裁件的断面质量,也影响着模具寿命、冲裁力和冲裁件的尺寸精度等。间隙过大或过小均将导致上、下裂纹不能相交重合于一线,如图 7-29 所示。间隙过大时,凸模刃口附近的剪裂纹较正常间隙时向内错开一段距离,难以与凹模刃口附近的裂纹汇合,冲裁件被撕开,边缘粗糙。间隙太小时,凸模刃口附近的裂纹比正常间隙时向外错开一段距离,这时上、下两裂纹也不能很好重合。只有间隙值控制在合理范围内,上下裂纹才能基本重合于一线,冲裁件断口质量最好。

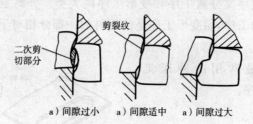

a）间隙过小　　a）间隙适中　　a）间隙过大

图 7-29　间隙大小对冲裁件断面质量影响

③ 凸凹模刃口尺寸的确定

凸模和凹模刃口的尺寸取决于冲裁件尺寸和冲模间隙,因此必须正确设计冲模刃口尺寸。冲裁所得的落件和板料孔的断面均由圆角带、光亮带和断裂带三部分组成,如图

7-30所示。其中光亮带部分为柱形,代表落件和孔的尺寸。落件尺寸决定于凹模刃口尺寸,孔的尺寸决定于凸模刃口尺寸。所以落料时,由工件尺寸确定凹模尺寸,凸模尺寸等于凹模尺寸减去双边间隙值。冲孔时,由工件尺寸确定凸模尺寸,凹模尺寸等于凸模尺寸加上双边间隙值。

冲模在使用过程中有磨损,落料件的尺寸会随凹模刃口的磨损而增大;而冲孔的尺寸则随凸模的磨损而减小。为了保证零件的尺寸要求,并提高模具的使用寿命,因此落料是所取凹模刃口尺寸应靠近落件公差范围内的最小尺寸;而冲孔时,所取凸模尺寸刃口的尺寸应靠近孔的公差范围内的最大尺寸。不管是落料还是冲孔,冲模间隙均应采用合理间隙范围内的最小值。

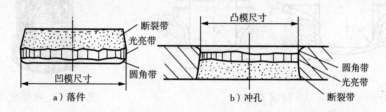

图 7-30　冲裁件的断面

(2)弯曲

弯曲是将坯料的一部分相对另一部分弯成一定角度的工序。弯曲时金属变形如图 7-30所示。从图中可以看出,在弯曲时坯料内侧受压缩,而外侧受拉伸。当外侧的拉应力超过板料的强度极限时,既会造成金属破裂。板料越厚,内弯曲半径 r 越小,则拉应力越大,越容易弯裂。为防止弯裂,应限制最小弯曲半径,一般 $r_{min}=(0.25\sim1)\delta$($\delta$ 为金属板料厚度)。材料塑性愈好时,弯曲半径可小些。

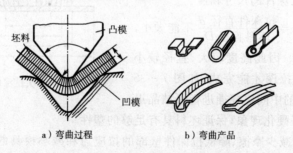

图 7-31　弯曲过程金属变形简图

a)弯曲过程　　　b)弯曲产品

弯曲时应尽可能使弯曲线与板料的纤维方向垂直,如图 7-32所示。否则容易造成弯裂,此时为使金属不弯裂,应增大弯曲半径约一倍。

在弯曲结束后,由于弹性变形的恢复,板料略微弹回一点,是弯曲件的角度增大,此现象称为回弹。一般回弹角为 $0\sim10°$。因此,在设计弯曲模时,必须使模具的角度比成品件角度小一个回弹角,以保证成品件的弯曲角度符合要求。

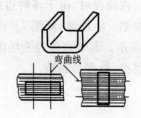

图 7-32　弯曲时的纤维方向

3. 拉深

拉深是使平板坯料变成中空形状零件的工序。其操作过程如图 7-31 所示,即利用凸模将平板坯料压入凹模内,使之变形。

从拉深过程中可以看出,拉深件主要拉应力作用。当拉应力值超过材料的强度极限时,拉深件将被拉裂甚至拉穿。最危险部位是直壁与底部的过渡圆角处,如图 7-34 所示。

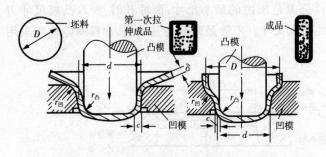

图 7-33 拉深工序图   图 7-34 拉穿废品

为了防止坯料被拉裂甚至拉穿,应采取以下措施:

① 凸凹模的边缘应制成圆角。对钢拉深件,取 $r_{凹}=10\delta$(δ 为板厚),$r_{凸}=(0.6\sim 1)r_{凹}$。

② 凸凹模之间应有一定的间隙。一般取单边间隙 $c=(1.1\sim 1.2)\delta$。间隙过小,模具与拉深件间的摩擦力增大,易拉穿工件和擦伤工件表面,且降低模具寿命。间隙过大,又容易使拉深件起皱,影响拉深件的尺寸精度。

③ 拉深系数 $m=\dfrac{拉深件直径\ d}{坯料直径\ D}$ 不能太小,一般 $m=0.5\sim 0.8$。因此高度较大、直径较小的空心件需要多次拉深才能完成,如图 7-35 所示。在多次拉深的中间应穿插进行再结晶退火处理,以消除加工硬化现象,保证坯料具有足够的塑性。

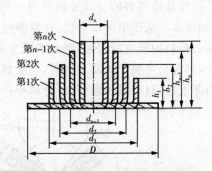

图 7-35 多次拉深时圆筒直径变化

④ 润滑。为了减少摩擦、降低拉深件壁部的拉应力和减小模具的磨损,拉深时通常要加润滑剂或对坯料进行表面处理。

在拉深时,由于坯料边缘在切线方向受到压缩,因而可能产生波浪形,最后形成另一种缺陷——起皱,如图 7-36 所示。为防止起皱产生,可采用设置压边圈来解决,如图 7-37 所示。起皱现象与毛坯的相对厚度(δ/D)和拉深系数有关。相对厚度越小伙拉深系数越小,越容易起皱。

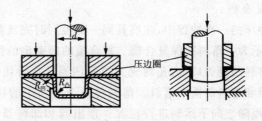

<table>
</table>

图 7 - 36　起皱拉深件　　　　　图 7 - 37　有压边圈的拉深

2. 冲模

冲模的结构合理与否对冲压件质量、生产率及模具寿命等都有很大影响。冲模可分为简单模、连续模和复合模三种。

(1)简单模

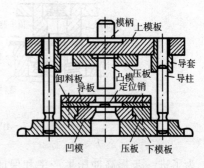

在冲床的一次冲程中只完成一个工序的冲模称为简单模。如图 7 - 38 所示为简单落料模。凹模用压板固定在下模板上,下模板用螺栓固定在冲床的工作台上。凸模用压板固定在上模板上,上模板则通过模柄与冲床的滑块连接。为了使落料凸模能精确对准凹模孔,并保持间隙均匀,通常设置有导柱和导套。条料在凹模上沿两个导板之间送进,碰到定位销为止。凸模冲下的零件(或废料)进入凹模孔落下,而条料则夹住凸模并随凸模一起回程向上运动。条料碰到卸料板时(固定在凹模上)被推下。

图 7 - 38　简单冲模

(2)连续模

在冲床的一次冲程中,在模具的不同位置上同时完成数道工序的模具称为连续模,图 7 - 39 所示为一冲孔落料连续模。工作时,上模板向下运动,定位销进入预先冲出的孔中使坯料定位,落料凸模进行落料,冲孔凸模同时进行冲孔。上模板回程中卸料板推下废料,再将坯料送进(距离由挡料销控制)进行第二次冲裁。连续模可以安排很多冲压工序,生产率很高,在大批、大量生产中冲压复杂的中、小件应用较多。

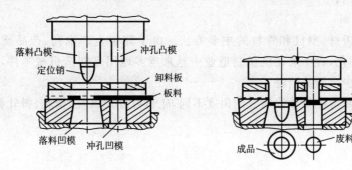

图 7 - 39　冲孔落料连续模

3.复合模

在冲床的一次冲程中,在模具同一部位同时完成数道工序的模具称为复合模。如图7-40所示为一落料拉深复合模。复合模的最突出的特点是模具中有一个凸凹模。它的外圆是落料凸模刃口,内孔则成为拉深凹模。当滑块带着凸凹模向下运动时,条料首先在凸凹模和落料凹模中落料。落料件被下模当中的拉深凸模顶住。滑块继续向下运动时,凸凹模随之向下运动进行拉深。顶出器和卸料器在滑块的回程中把拉深尖顶出,完成落料和拉深两道工序。复合模一般只能同时完成 2~4 道工序,但由于这些工序在同一位置上完成,没有连续模上条料的定位误差,所以冲件精度更高。因此,复合模主要用于产量大、精度要求较高的冲压件生产。

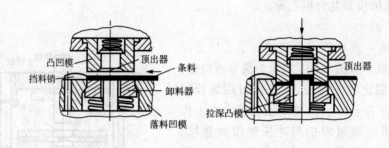

图 7-40   落料及拉深复合模

为了进一步提高冲压生产率和保证安全生产,可在冲模上或冲床上安装自动送料装置,它特别适合于大批量生产。单件小批生产实现冲压自动化可采用数控冲床,根据产品图纸和排样方案事先编好程序,用数字程序控制使坯料在纵向和横向自动送料,进行冲压。

7.2.3 零件的轧制、挤压和拉拔

下面阐述几种“少无切屑”的金属压力加工方法——轧制、挤压和拉拔,以及它们在零件制造中的应用。

1.零件的轧制

轧制式生产板材、型材和管材的主要方法。由于轧制生产率高、产品质量好、成本低、便于实现自动化,近年来在机械制造业中越来越多地用来制造机械零件,以实现“少无切屑”加工,减少金属的消耗。

根据轧辊轴线与坯料轴线所交的角度不同,轧制可分为纵轧、横轧、斜轧和楔横轧等四大类,见表 7-1。

表 7 - 1　各种轧制方法比较

轧制方法	定义及应用	图　例
辊锻	轧辊轴线与坯料轴线互相垂直的轧制方法称为纵轧,也称为辊锻。辊锻既可作为模锻前的制坯工序,也可直接辊制锻件	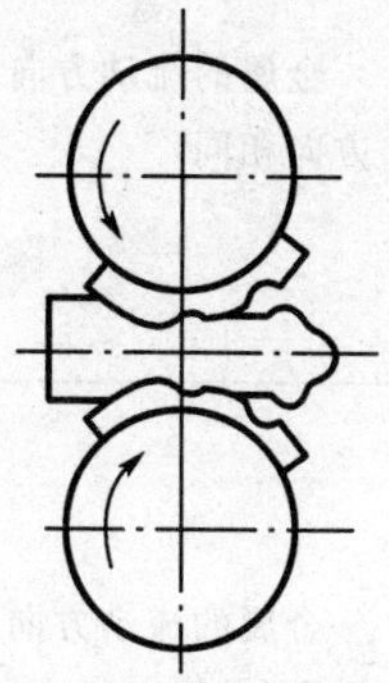
横轧	轧辊轴线与坯料轴线相互平行的轧制方法。横轧可以制造直齿轮、斜齿轮和人字齿轮	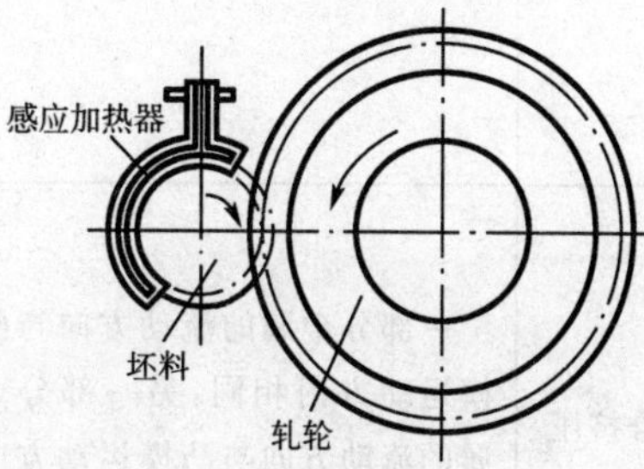
斜轧	轧辊轴线与坯料轴线在空间相交一定角度的轧制方法。斜轧可用于轧制钢球、周期性截面变化的杆件、冷轧丝杠等	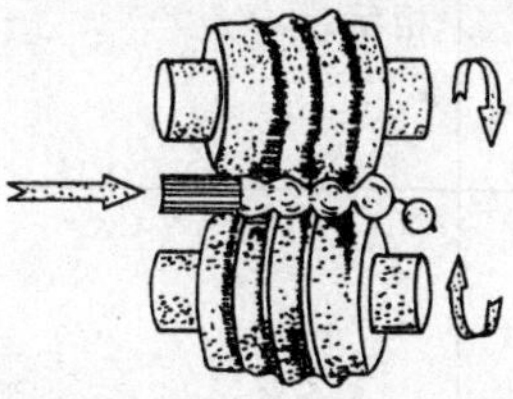
楔横轧	两个轴线平行的轧辊上都装有楔块。轧制时,楔块逐渐挤压坯料,使坯料直径变小,长度增加,金属作轴向流动而形成各种成形轴类零件。楔横轧适用于大量生产,热轧各种成形阶梯轴毛坯	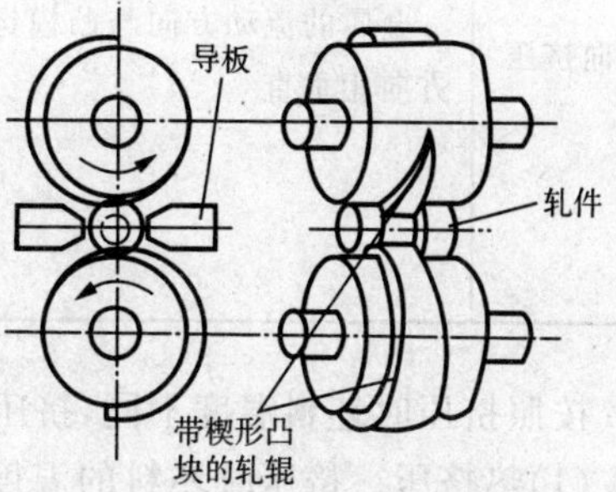

2. 零件的挤压

　　挤压使用强大的压力作用于放在模具中的金属坯料,使金属产生区大的塑性变形,由模孔或凸、凹模缝隙中挤出,从而形成获得型材、管材或零件的方法。

　　按照挤压时金属流动方向和凸模运动方向不同,挤压方法可分为以下四种:

表 7 - 2 挤压方式分类

基本方式	金属流动方向	简 图	应 用
正挤压	金属的流动方向与凸模运动方向相同		用于制造带头部的杆件和带凸缘的空心件
反挤压	金属的流动方向与凸模运动方向相反		用于制造杯形零件
复合挤压	一部分金属的流动方向与凸模运动方向相同,另一部分金属的流动方向与凸模运动方向相反		用于制造比较复杂的零件,如双杯形和杯杆形件等
径向挤压	金属的流动方向与凸模运动方向相垂直		用于制造中部直径较大的阶梯形零件

按照挤压时坯料温度不同,挤压可以分为热挤压、冷挤压和温挤压。

(1)热挤压。挤压时坯料的温度高于再结晶温度,与锻造温度相同。这种温度下金属的塑性很好,变形抗力较小。所以热挤压允许的变形程度较大,但制件的尺寸精度较低,表面质量较差。热挤压广泛用于冶金工业生产铝、铜、镁及共合金的型材和管材,也用于生产机械零件及其毛坯。

(2)冷挤压。挤压时坯料的温度低于再结晶温度,通常在室温下挤压。挤压件的精度能达到 IT8~IT9 级,表面粗糙度 R_a 在 $0.4\sim3.2\mu m$ 之间,因此可以不必再切削加工或只需精加工,既提高了生产率又减少了金属的消耗。挤压件金属纤维连续,由于加工硬化材料强度大为提高,可用普通碳素钢代替合金钢(如冷挤压活塞销就可用 20 钢代替原来的 20Cr 钢)。但冷挤压时,所需挤压力很大,挤压压力高达(2000~3000)MPa。有色金属变形抗力小些,钢的变性抗力更大。由于受模具强度、刚度与寿命的限制,目前还只能对有色金属以及中、低碳钢的小型零件进行冷挤压。为了降低金属的变形抗力,冷挤压前要对坯料进行退火处理。此外,还可在采用有效可靠的润滑方法,以减少挤压力,从而减少模具磨损。冷挤压是一种高生产率的先进加工方法,在汽车、拖拉机、电机、电器、仪表、航空、军工和轻工业部门得到广泛的应用,目前最大冷挤压件的质量已达 30 千克。

(3)温挤压。热挤压制件表面有氧化皮和脱碳层,尺寸精度也低。冷挤压金属变形扰力很大,挤压钢件有时压力机吨位不够;金属在室温下塑性不大,挤压变形量大时材料已产生破坏。为了克服热挤压和冷挤压的这些缺点,近年来出现了温挤压。温挤压时金属坯料的变形温度介于室温和再结晶温度之间(100℃~800℃)。温挤压可比冷挤压减少 1/4~1/2 的挤压力,并比冷挤压便于成形,挤压前坯料不必退火处理。温挤压时采用二硫化钼和玻璃粉混合作润滑剂,实践证明可取得良好效果。

零件挤压工艺具有以下特点:

◆挤压时金属坯料处于三向受压状态,可提高金属坯料的塑性,因而适合于挤压的材料品种多,如非铁金属、碳钢、合金钢、不锈钢及工业纯铁等。在一定的变形量下,某些高碳钢、轴承钢,甚至高速钢等也可进行挤压。

◆可制出形状复杂、深孔、薄壁和异型断面的零件。

◆挤压零件的精度可达 IT7~IT6,表面粗糙度值可达 R_a0.4~3.2μm,从而可达到少、无屑加工的目的。

◆挤压变形后,零件内部的纤维组织基本上是沿零件外形分布而不被切断,从而提高了零件的力学性能。

◆节省原材料。其材料利用率可达 70%,生产率也较高,比其他锻造方法提高几倍。

挤压是在专用挤压机(有液压式、曲轴式、肘杆式等)上进行的,也可在适当改造后的通用曲柄压力机或摩擦压力机上进行。

3. 零件的拉拔

拉拔是将金属坯料从拉模的模孔中拉出而是坯料变形的加工方法,如图 7-41 所示。坯料通过形状及尺寸逐渐变化的模孔,横截面减小,长度增加。拉拔一般在常温下进行,故又称冷拉。原始坯料一般为轧制或挤压的棒材和管材,材料可以是钢或有色金属及其合金。

拉拔过程中会产生加工硬化,故每道拉拔工序中材料的变形程度都有一个极限值,否则易断裂。拉拔前,坯料应退火以消除内应力,多道拉拔工序中,要进行再结晶退火。坯料在拉拔前还应经表面处理,并采用润滑剂,以降低金属材料与模具之间的摩擦。

拉拔产品尺寸精确,如拉拔直径为 1.0~1.6mm 的钢丝,公差仅为 0.02mm。产品的表面质量也很高,因而常用于轧制型材和管材的精校加工、生产各类细线材(最小直径仅为 0.002mm)。拉拔还可生产各种特定截面的型材(图 7-42),如棱形导轨和特形导轨、月牙键、棱柱形键和特形键、开槽的小轴、凸轮和小齿轮等,它有时可代替切削加工,提高了生产率及材料的利用率。

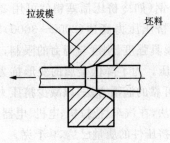

图 7-41　拉拔示意图

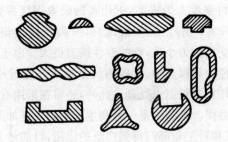

图 7-42　拉拔产品截面形状

7.2.4　压力加工新工艺简介

随着现代化工业的高速发展,对材料及其加工方法提出了更严格的要求。为了满足这种要求,在压力加工方面也研制出许多新工艺。其主要特点是尽量使锻压件形状接近零件的形状,以便达到少、无切屑的目的;提高尺寸精度和表面质量,提高锻压件的力学性能;节省金属材料;降低生产成本,改善劳动条件,大大提高生产率并能满足一些特殊工作要求。

1. 精密模锻

精密模锻是在普通模锻设备上锻造出形状复杂、高精度锻件的锻造工艺。如精密锻造锥齿轮,其齿形部分可直接锻出而不必再切削加工。精密模锻件尺寸精度可达 IT12～IT15、表面粗糙度 R_a 值可达 $1.6～3.2\mu m$。如图 7-43 所示是 TS12 差速齿轮锻件图。

保证精密模锻的措施:

(1)要精确计算原始坯料的尺寸,严格按质量下料。否则会增大锻件尺寸公差,降低精度。

(2)精细地清理坯料表面,除净坯料表面的氧化皮、脱碳层及其他缺陷等。

(3)采用无氧化或少氧化加热法,尽量减少坯料表面形成的氧化皮。

(4)精锻模膛的精度必须比锻件精度高两级。精锻模应有导柱、导套结构,以保证合模准确。精锻模上应开有排气小孔,以减小金属的变形阻力,更好地充满模膛。

(5)模锻进行中要很好地冷却锻模和进行润滑。

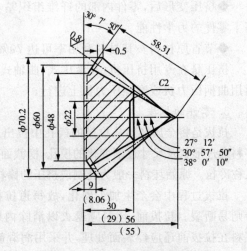

图 7-43　TS12 差速齿轮锻件图

(6)精密模锻一般都要在刚度大、运动精度高的设备(如曲柄压力机、摩擦压力机、高速锤等)上进行,它具有精度高、生产率高、成本低等优点。

2. 高速高能成型

高速高能成型有多种加工形式,其共同特点是在极短的时间内,将化学能、电能、电磁能和机械能传递给被加工的金属材料,使之迅速成型。

高速高能成型分为:利用炸药的爆炸成型、利用放电的放电成型、利用电磁力的电磁成型和利用压缩空气的高速锤成型等。高速高能成型的速度高,可以加工加工难度大的材料,加工精度高、加工时间短,设备费用也较低。

(1)高速锤成型

高速锤成型是利用 14MPa 的高压气体的短时间突然膨胀,推动锤头和框架系统作高速相对运动而产生悬空打击,使金属坯料在高速冲击下成型。在高速锤上可以锻打强度高、塑性低的材料。可以锻打的材料有铝、镁、铜、铁合金、高强度钢、耐热钢、工具钢、高熔点合金等。在高速锤上可以锻出叶片、涡轮、壳体、接头、齿轮等数百种锻件。

高速锤成型的主要特点是:

◆工艺性能好。由于高速锤的打击速度比普通锻锤高出几倍,可达 30m/s 或更高,金属变形时间极短,约为 0.001～0.002s,热效应高,金属成型性能好,适于锻造形状复杂、薄壁高筋锻件。

◆锻件质量好。由于变形时间极短,产生的热量来不及传出,而引起变形区金属温度迅速上升,降低了变形抗力,锻件具有细晶组织和较高的力学性能,尤其是冲击韧度和疲劳强度提高较多。

◆锻件精度高。由于采用少、无氧化加热及较小的锻造公差,可获得较高精度的锻件。

◆节约材料。由于高速锤锻造时余量、公差、模锻斜度、圆角半径比一般模锻时小得多,所以材料利用率高。

◆设备轻巧,投资少(重量只有一般模锻锤的 1/5～1/10),对厂房、地基无特殊要求。

◆锻件加热条件要求高,需采用无氧化加热,且高速锤锻模寿命较短。

(2)爆炸成型

爆炸成型是利用炸药爆炸的化学能使金属材料变形的方法。在模膛内置入炸药,其爆炸时产生大量高温高压气体,使周围介质(水、砂子等)的压力急剧上升,并在其中呈辐射状传递,使坯料成型。这种成型方法变形速度高、投资少、工艺装备简单,适用于多品种小批量生产,尤其适合于一些难加工金属材料,如钛合金、不锈钢的成型及大件的成型。

(3)放电成型

放电成型的坯料变形的机理与爆炸成型基本相同。它是通过放电回路中产生强大的冲击电流,使电极附近的水汽化膨胀,从而产生很强的冲击压力使坯料成型。与爆炸成型相比,放电成型时能量的控制与调整简单,成型过程稳定,使用安全、噪音小,可在车间内使用,生产率高。但是放电成型受到设备容量的限制,不适于大件成型,特别适于管子的胀形加工。

(4)电磁成型

电磁成型是利用电磁力来加压成型的。成型线圈中的脉冲电流可在极短的时间内迅速增长和衰减,并在周围空间形成一个强大的变化磁场。毛坯置于成型线圈内部,在此变化磁场作用下,毛坯内产生感应电流,毛坯内感应电流形成的磁场和成型线圈磁场相互作用的结果,使毛坯在电磁力的作用下产生塑性变形。这种成型方法所用的材料应当是具有良好导电性能的铜、铝和钢。如需加工导电性差的材料,则应在毛坯表面放置有薄铝板制成的驱动片,用以带动毛坯成型。电磁成型不需要水和油之类的介质,也几乎不消耗工具,装置清洁、生产率高,产品质量稳定,但由于受到设备容量的限制,只适于加工厚度不大的小零件、板材或管材。

3. 液态模锻

液态模锻是一种介于铸造和模锻之间的加工方法。它是将定量的金属直接浇入金属模内然后在一定时间内以一定压力作用于液态或半液态金属上使之成型,并在此压力下结晶和塑性流动,如图 7 - 44 所示。

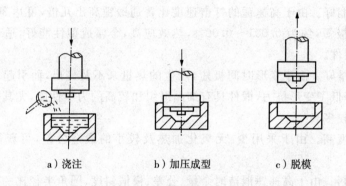

a）浇注　　　　　b）加压成型　　　　c）脱模

图 7 - 44　液态模锻工作示意图

液态模锻的一般工艺流程为:原材料配制→熔炼→浇注→合模和加压→开模和顶出锻件→灰坑冷却锻件→锻件热处理→检验入库。

从上可以看出,液态模锻实际上是压力铸造和模锻的组合工艺。既有铸造工艺简单、成本低的特点,又兼有锻造产品力学性能好、质量可靠的优点。所以,液态模锻适于生产形状复杂,性能、尺寸有较高要求的制件,是一种很有前途的新工艺。用于液态模锻的金属可以是各种类型的合金,如铝合金、铜合金、灰口铸铁、碳钢、不锈钢等。

液态模锻具有以下特点:

◆金属在压力下结晶成型,晶粒细化、组织均匀致密,性能优良。锻件强度指标可接近或达到模锻件水平。

◆液态模锻外形准确,表面粗糙度低,可少用或不用切削加工。

◆利用金属废料熔炼进行液态模锻,节约材料。

◆锻件在封闭的模具内一次成型,不需要更多的模具,从而提高生产率、减小劳动强度,也节省了大量模具钢。而且,液态模锻所需设备的吨位也较小。

液压机的压力和速度可以控制,施压平稳,不易产生飞溅。所以,液态模锻基本上是在液压机上进行。

7.3　锻压件结构设计

锻压件结构除应满足功能要求外,还要依各种锻压工艺的特点,考虑各自的结构设计工艺性要求。

7.3.1　自由锻件结构工艺性

自由锻件设计,总的要求是结构形状应尽量简单,能够或容易用自由锻生产。具体结构设计要求见表 7-3。

表 7-3　自由锻设计举例

一般原则	图　例		不良结构改进措施
	工艺性差	工艺性好	
不允许有锥度和斜面结构			改为圆柱体、平面结构;用余块简化,锻后再切削成锥体或斜面
锻件形状应尽量简单,避免非平面交接结构,以免出现截交与相贯			改为自由锻可以锻出的平面交接结构
上不允许有肋板、凸台、工字形截面等结构			去掉自由锻锻不出的结构;分别用焊接肋板、加余块等方法补救;凸台改为沉孔

（续表）

一般原则	图　例		不良结构改进措施
	工艺性差	工艺性好	
采用组合件	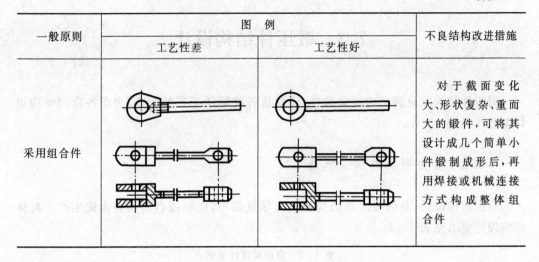		对于截面变化大、形状复杂、重而大的锻件，可将其设计成几个简单小件锻制成形后，再用焊接或机械连接方式构成整体组合件

7.3.2　模锻件结构工艺性

设计模锻件时，为便于模锻件生产和降低成本，应根据模锻特点和工艺要求，使其结构符合下列原则：

（1）必须保证模锻件易于从锻模取出。模锻件要有合理的分模面，且应使敷料最少，锻模容易制造。

（2）应有合适的模锻斜度和圆角半径。由于模锻件尺寸精度较高和表面粗糙度值低，因此零件上只有与其他机件配合的表面才需进行机械加工，其他表面均应设计为非加工表面。模锻件上与分模面垂直的非加工表面，应设计出模锻斜度。两个非加工表面形成的角（包括外角和内角）都应按模锻圆角设计。

（3）零件的外形应力求简单。模锻虽然比自由锻更能制出复杂形状的零件，但为了使金属容易充满模腔和减少工序，模锻件外形应力求简单、平直和对称。尽量避免模锻件截面间差别过大，，或具有薄壁、高筋、凸起等外形结构。如图 7-45a 所示的零件，其最小与最大直径之比如小于 0.5，就不宜采用模锻。此外，该零件的凸缘凸起部分太薄、太高，中间凹下部分很深也是不适宜的。图 7-45b 所示的零件很扁很薄，锻造时薄的部分不易锻出。图 7-45c 所示的零件有一个高而薄的凸缘，使锻模的制造和锻件的取出都较困难，如改为图 7-45d 所示的形状，对零件的功用没有影响，但锻造更方便。

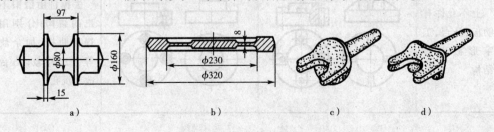

图 7-45　模锻件形状

　　(4)采用组合结构。有些零件的形状单用模锻方法来制坯比较困难,应尽量采用锻-焊联合结构,以减少敷料,简化模锻工艺,如图 7-46 所示。

a)模锻件　　　　　　　　b)焊合件

图 7-46　锻焊结构模锻件

7.3.3　板料冲压结构工艺性

　　冲压件在设计时不仅应保证它具有良好的使用性能,而且也应具有良好的工艺性能,以减少材料的消耗,提高模具寿命,降低制件成本,提高生产率,保证冲压件质量等。影响冲压件工艺性的主要因素有:冲压件的形状、尺寸、精度和材料等。

　　1. 材料方面

　　材料费在冲压件的成本中占很大的比重,因此,正确的选择材料是一项很重要的工作。

　　(1)材料品种。材料品种的选择,首先是根据冲压件的用途,其次还要考虑工艺上的要求和材料的供应情况。如对成形件,所用材料应具有良好的塑性,以满足成形过程的要求。应尽可能用廉价材料代替贵重材料,如用钢板代替有色金属等。此外,还应尽量统一和减少所用材料的牌号和规格,以便供应。

　　(2)板料厚度。在强度允许条件下,要尽可能采用较薄的材料,以减少金属的消耗。对局部刚度不够的地方,可采用加强筋的办法,从而用薄料代替厚料,如图 7-47 所示。

　　2. 冲压件的形状和尺寸

　　无论是落料、冲孔、弯曲或拉深的冲压件,都应尽量采用简单而对称的外形。这样在冲压时坯料受力均衡,质量容易保证,冲模也容易制造和耐用。

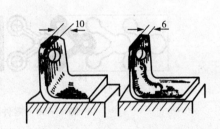

图 7-47　使用加强筋举例

　　1. 对落料件和冲孔件的要求

　　① 落料件的外形和冲孔件的孔形应力求简单、对称　应尽可能采用圆形或矩形等规则形状,尽量避免如图 7-48 所示的长槽或细长悬臂结构,否则会使制造模具困难,并使模具寿命降低。

　　② 冲孔及其有关尺寸如图 7-49 所示

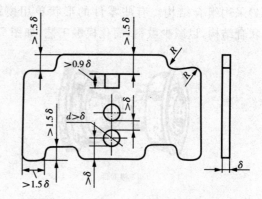

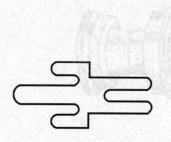

图 7-48 落料件外形不合理　　　　图 7-49 冲孔件尺寸与厚度的关系

③ 冲裁件上直线与直线、曲线与直线的交接处,都应采用圆弧连接。最小圆角半径见表 7-4 所示。

表 7-4　落料、冲孔件的最小圆角半径

工序	圆弧角	最小圆角半径			
		黄铜、紫铜、铅	低碳钢	合金钢	
落料	$\alpha \geqslant 90°$	$0.24 \times \delta$	$0.30 \times \delta$	$0.45 \times \delta$	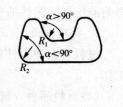
	$\alpha < 90°$	$0.34 \times \delta$	$0.50 \times \delta$	$0.70 \times \delta$	
冲孔	$\alpha \geqslant 90°$	$0.20 \times \delta$	$0.35 \times \delta$	$0.50 \times \delta$	
	$\alpha < 90°$	$0.45 \times \delta$	$0.60 \times \delta$	$0.90 \times \delta$	

(4)工件的结构应使在排样时有可能将废料降低到最少。如图 7-48a 所示结构不合理,材料利用率仅为 38%;如图 7-50b 所示结构则较为合理,材料利用率达到 79%。

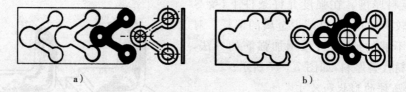

图 7-50　零件形状与节约材料的关系

(2)对弯曲件的要求

① 弯曲件形状应尽量对称,弯曲半径不能小于材料允许的最小弯曲半径。为了减少回弹,保证弯曲角度和圆角半径的精度,圆角半径也不能太大。

② 弯曲边要有一定的高度。工件弯曲边高度 H 不能太小,否则不易成形,一般应大于 2δ,如图 7-51 所示。若要求很短,则须先留出相当的余量以增大 H,弯好后再切去多余材料。

③ 保证孔的精度。若弯曲前需先冲孔,则为了避免孔的变形,孔的位置应如图 7-52 所示,图中 $L > (1.5 \sim 2)\delta$。

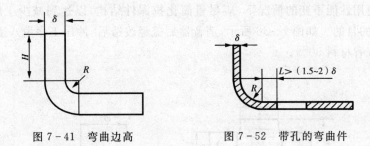

图 7-41 弯曲边高   图 7-52 带孔的弯曲件

(3)对拉深件的要求

① 拉深件外形应力求简单、对称,尽量避免深度大的拉深件,以减少拉深次数。

② 带凸缘的筒形件,为发挥压边圈的作用,防止起皱,凸缘直径 $d_凸$ 与拉深件直径 d、板厚 δ 最好应满足:$d+12\delta \leqslant d_凸 \leqslant d+25\delta$。

③ 拉深件的圆角半径在不增加工艺程序的情况下,最小许可半径如图 7-51 所示。否则必将增加拉深次数和整形工作,也增多模具数量,并容易产生废品和提高成本。

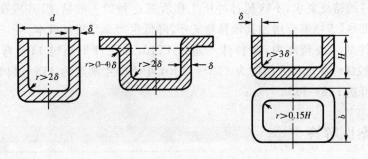

图 7-51 拉深件最小允许半径

3. 改进结构以简化工艺和节省材料

(1)采用冲焊结构。对于复杂形状的冲压件可先分别冲制若干个简单件,然后再焊成整体组合结构,如图 7-54 所示。这种结构与铸造、锻造或切削加工制品相比能大量节省材料和工时,并大大提高生产率和降低成本。

(2)采用冲口工艺,以减少组合件数量。如图 7-55 所示,原来用三件铆接或焊接而成,先采用冲口工艺做出整体零件,可以节省材料,也简化了工艺。

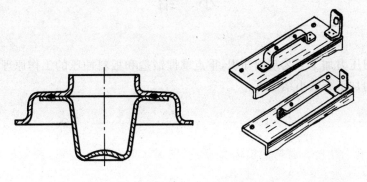

图 7-54 冲压焊接结构零件   图 7-55 冲口工艺的应用

（3）在使用性能不变的情况下，应尽量简化拉深件结构，以达到减少工序、节省材料和降低成本的目的。如图7-56所示，消音器后盖经改造后，冲压工序由八道工序减少为两道工序，节省材料50%。

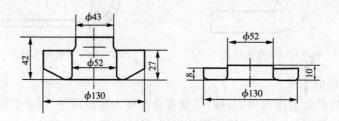

图7-56　消音器后盖零件结构

4. 冲压件的精度

对冲压件的精度要求，不应超过冲压工作所能达到的一般精度，并应在满足需要的情况下尽量低些，否则需要增加其他精整工序，降低生产率且提高成本。

冲压工件的一般精度为：落料件不超过 IT10；冲孔件不超过 IT9；弯曲件不超过 IT9～IT10；拉深件高度尺寸精度为 IT8～IT10，直径尺寸精度为 IT9～IT10，经整形后的尺寸精度可达 IT6～IT7。

先导案例解答

齿轮在工作时会受到比较大的载荷作用，因此选择锻件作为其毛坯。考虑该齿轮的形状及尺寸，生产批量又为单件小批生产，故选择自由锻方法进行生产。主要参数如下：

◆毛坯尺寸：$\phi 40 \times 90$；

◆设备：75kg 空气锤；

◆基本工序：下料→镦粗→双面冲孔→外圆滚圆。

小　结

通过学习压力加工工艺基础知识，重点掌握锻造和板料冲压的工作原理和方法及应用。各种压力加工方法小结如下：

加工方法		原　理	特　点	应　用
锻造	自由锻	在锻造设备的上、下砧座间直接使坯料变形而获得锻件	工具设备简单,通用性较大,可锻造小至几克大至数百吨的锻件	单件小批生产形状简单、精度要求不高的锻件
	模锻	利用模具使坯料变形而获得锻件	锻件形状和尺寸比较精确,加工余量少,能锻出形状比较复杂的锻件	大批量生产中小型锻件
	胎膜锻	在自由锻设备上使用胎模生产锻件	锻件精度高,不需专用模锻设备,锻模制造容易,工艺灵活	广泛用于小批量生产
板料冲压		经变形或分离工序而得到制件	便于实现机械化和自动化,冲压件具有较高的尺寸精度和表面质量,强度和刚度好	用于生产汽车外壳、电器、日用品等
轧制		在旋转轧辊的压力作用下,产生连续塑性变形,获得要求的截面形状并改变其性能的方法	生产率高,质量好,节约材料,成本低,制件力学性能好	主要用于生产板材、无缝管材和型材等
挤压		坯料在三个方向不均匀压应力作用下,从模具孔口挤出,使横截面积减小、长度增加,成为所需制品	零件的精度和表面质量高,零件的力学性能可得到提高	可生产复杂截面的型材或零件
拉拔		坯料在牵引力作用下通过模孔拉出,产生塑性变形而得到截面缩小、长度增加的制品	产品表面光洁、尺寸精度高	主要用来制造各种线材、薄壁管材及各种截面形状的型材

复习思考题

7-1　铅在室温、钨在 1100℃ 时的变形各属哪种变形?为什么?（铅的熔点为 327℃,钨的熔点为 3380℃）

7-2　何谓加工硬化?加工硬化在生产中有何利弊?如何消除加工硬化?

7-3　何谓金属的可锻性?影响金属可锻性的因素有哪些?

7-4　自由锻有哪几种基本工序?它们各有何特点?各适用于锻造哪类锻件?

7-5　如何确定分模面的位置?图示零件采用锤上模锻制造,请选择最合适的分模面位置。

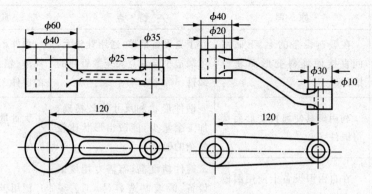

题 5 图

7-6 改正图示模锻件结构的不合理处。并请绘出改正后结构的模锻件图。

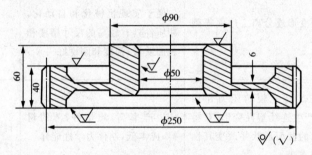

题 6 图

7-7 锤上模锻、摩擦压力机上模锻和曲柄压力机上模锻各有何特点？各适用于何种场合？

7-8 拉深凸模、凹模的尺寸和形状与冲裁凸模、凹模的尺寸和形状有何区别？

7-9 在成批大量生产条件下,冲制外径为 φ40mm、内径为、厚度为 2mm 的垫圈时,应选用何种冲压模进行冲制才能保证孔与外圆的同轴度？

7-10 冲模可分为哪几种？各自的应用场合如何？

7-11 试述图示冲压件的生产过程。

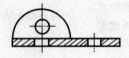

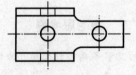

题 11 图

7-12 挤压方式有哪几种？各自的适用场合如何？

7-13 何谓液态模锻？它有何特点？为何称它为先进的无屑加工方法？它适用于何种场合？

7-14 精密模锻需要哪些工艺措施才能保证产品的精度？

7-15 轧制零件的方法有哪几种？各有何特点？

第 8 章　焊　接

【本章知识点】

(1)了解焊接方法分类及应用;

(2)掌握焊接工艺基础知识,如焊接电弧、电焊条等;

(3)掌握常用焊接方法的特点及应用;

(4)掌握焊接性的概念,了解常用金属材料的焊接;

(5)了解焊接材料的选择,掌握焊缝的布置。

【先导案例】

如图 8-1 所示为一液化石油气钢瓶,批量生产,试设计该钢瓶加工工艺。

焊接是一种永久性联接金属材料的工艺方法。焊接过程的实质是利用加热或加压或两者兼用,借助于金属原子的结合和扩散作用,使分离的金属材料牢固地连接起来。

根据实现原子间结合的方式不同,焊接方法可以分为三大类:

◆熔焊。将待焊处的母材金属熔化以形成焊缝的焊接方法。实现熔焊的关键是加热热源,其次是必须采取有效的措施隔离空气以保护高温焊缝。

◆压焊。焊接过程中,必须对焊件施加压力(加热或不加热),以完成焊接的方法。

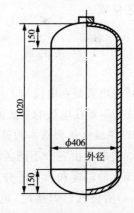

图 8-1　液化石油气钢瓶结构

◆钎焊。采用比母材熔点低的金属材料作钎料,将焊件和钎料加热到高于钎料熔点,低于母材熔化温度,利用液态钎料润湿母材,填充接头间隙并与母材相互扩散实现连接的焊接方法。

在现代制造业中,焊接技术起着十分重要的作用。无论是在钢铁、车辆、航空航天、石化设备、机床、桥梁等行业,还是在电机电器、微电子产品、家用电器等行业,焊接技术都是一种基本的,甚至是关键性或主导性的生产技术。

随着焊接技术的不断发展,焊接几乎全部代替了铆接。不仅如此,在机械制造业中,

不少过去一直用铸件、锻件的大型毛坯也改成了铸-焊、锻-焊联合结构。因为焊接于其他加工方法相比,具有下列特点:

◆节省材料和工时,产品密封性好。在金属结构件制造中,用焊接代替铆接,不仅可节省材料15%~20%,还可减轻重量。另外,制造压力容器在保证产品密封性方面,焊接也比铆接优越。与铸造方法相比,焊接不需专门的熔炼、浇注设备,工序简单,生产周期短,这一点对单件和小批量生产特别明显。

◆能实现以小拼大,化大为小。在制造大型构件或形状复杂的结构件时,可采用锻-焊或铸-焊联合结构,以克服铸造或锻造设备能力的不足,有利于降低产品成本,取得较好的技术经济效益。

◆可制造双金属结构。用焊接可以对不同性能的材料进行连接,不仅发挥了各金属的性能,而且降低了成本。

但焊接结构也有缺点,生产中有时也发生焊接结构失效和破坏。这是因为焊接过程中局部加热,焊件性能不均匀,并存在较大的焊接残余应力和变形的缘故,这些将影响到构件强度和承载能力。

8.1 焊接工艺基础

一个合格的焊接接头,不仅外观要符合标准,而且还必须保证焊缝成分,以及接头的组织、性能符合要求,焊接缺陷控制在允许的范围之内。下面介绍与焊接接头质量的有关工艺基础。

8.1.1 焊接电弧

焊接电弧是在电极与工件之间的气体介质中产生强烈而持久的放电现象。不同的焊接方法产生焊接电弧的方法也不一样,常用的引弧方法有接触引弧和非接触引弧两种。

1. 焊接电弧的基本构造及热量分布

焊接电弧由三个不同区域组成,即阴极区、阳极区和弧柱区,如图8-2所示,三个区域所产生的温度和热量的分布是不均匀的。

(1)阴极区。焊接时,电弧紧靠负极的区域称为阴极区。阴极区很窄,约为10^{-5}~10^{-6}cm,阴极区温度约为2400K(用钢焊条焊接钢板时,下同),其产生的热量约占电弧总热量的36%。

(2)阳极区。焊接时,电弧紧靠正极的区域称为阳极区。阳极区比阴极区宽,约为10^{-3}~10^{-4}cm,阳极区温度约为2600K,其产生的热量约占电弧总热量的43%。

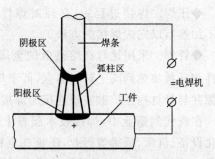

图8-2 焊接电弧的基本构造

（3）弧柱区。阴极区与阳极区之间的弧柱为弧柱区。弧柱区中心的热量比较集中，故温度比两极高，约为 $6000\sim8000K$，但弧柱区产生的热量仅占电弧总热量的 21%。

上面所述的是直流电弧的热量和温度分布情况。至于交流电弧，由于电源极性快速交替变化，所以两极的温度基本相同，约为 $2500K$。

2. 焊接电源极性选用

在使用直流电源焊接时，由于阴、阳两极的热量和温度分布是不均匀的，因此有正接和反接两种不同的接法。

（1）直流正接。焊件接电源正极，电极（焊条）接电源负极的接线法称正接，如图 8-3a 所示。

（2）直流反接。焊件接电源负极，电极（焊条）接电源正极的接线法称反接，如图 8-3b 所示。

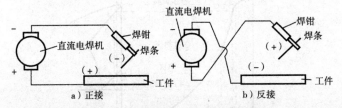

图 8-3 直流电源时的正接与反接

采用正接法还是反接法，主要从保证电弧稳定燃烧和焊缝质量等方面考虑。不同的焊接方法，不同种类的焊条，要求不同的接法。

一般情况下皆用正接，因焊件上热量大，可提高生产率，如焊厚板、难熔金属等。反接只在特定要求时才用，如焊接有色金属、薄钢板或采用低氢型焊条等。

8.1.2 焊接接头的组织与性能

焊接接头包括焊缝和热影响区两部分。所以，焊接接头的性能不仅决定于焊缝金属，而且还与热影响区有关。

1. 焊缝金属

焊缝金属是焊接熔池冷却凝固后形成的铸态组织，如图 8-4 所示。熔池的周围是固态金属，因而焊缝金属的结晶首先从熔池的池壁开始。由于结晶时各个方向的冷却速度不同，在垂直于池壁方向的晶核成长较快，而在其他方向成长较慢，由此形成柱状晶粒。由于焊缝金属冷却速度很快，故形成的柱状晶粒是很细小的，加之焊缝金属中合金元素含量高于基本金属，所以焊缝金属的性能常不低于基本金属。此外，焊缝金属的性能还与焊接规范有关。对于窄焊缝，柱状晶的交界在中心，有较多的杂质聚集在中心线附近，容易产生热裂纹。对于宽焊缝，杂质容易聚集在焊缝上部，可避免出现中心裂纹。

2. 热影响区

热影响区是指焊缝附近的金属，在焊接热源作用下，发生组织和性能变化的区域。热影响区各点温度不同，其组织、性能也不同，低碳钢的焊接接头热影响区可分为熔合区、过热区、正火区和部分相变区，如图 8-4 所示。

(1)熔合区。是指在焊接接头中焊缝向热影响区过渡的区域。该区的金属组织粗大,处在熔化和半熔化状态,化学成分不均匀,其力学性能最差。

(2)过热区。温度在1100℃以上,金属处于严重过热状态,晶粒粗大,其塑性、韧度很低,容易产生焊接裂纹。

(3)正火区。温度在Ac_3至1100℃之间,金属发生重结晶,晶粒细化,力学性能好。

(4)部分相变区。温度在$Ac_1 \sim Ac_3$之间,部分金属组织发生相变,此区晶粒大小不均匀,力学性能稍差。

以上四区是焊接热影响区中主要的组织变化区域,其中以熔合区和过热区对焊接接头组织和性能的不利影响最大。因此在焊接过程中尽量减小热影响区的宽度,其大小和组织变化的程度与焊接方法、焊接材料及焊接工艺参数等因素有关。

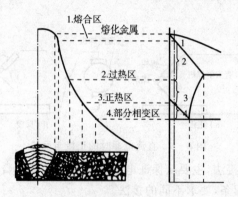

图8-4 低碳钢的焊接接头

8.1.3 焊接应力与变形

焊接应力和变形的存在,会对焊接结构的制造和使用带来不利影响。如降低结构的承载能力,甚至导致结构开裂;影响结构的加工精度和尺寸稳定性等。因此,在焊接过程中,必须设法减小或消除焊接应力与变形。

1. 焊接应力与变形产生的原因

焊接过程中不均匀加热和冷却是产生焊接应力与变形的根本原因。现以平板对接焊缝为例说明焊接应力和变形的形成,如图8-5所示。

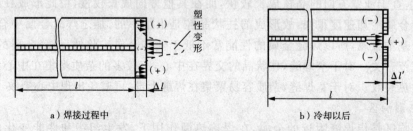

图8-5 平板对接时变形与应力的形成

　　焊接时,焊缝区被加热到很高的温度,离焊缝越远,温度越低。根据金属热胀冷缩的特性,焊件各区域温度不同将产生大小不等的纵向膨胀。如果各部位的金属能自由伸长而不受周围金属的阻碍,其变形如图 8-5a 中虚线所示。但平板是一个整体,这种伸长实际是不能实现的,而只能整体同时伸长,于是焊缝区高温金属伸长因受到两侧金属的阻碍而产生压应力,远离焊缝区的两侧金属则产生拉应力。当焊缝区的压应力超过金属的屈服点时,该区就产生了一定量的压缩塑性变形,压应力也消失了一部分。

　　冷却时,焊缝区加热时已产生了压缩塑性变形,冷却后应该较其他区域缩的更短些,如图 8-5b 中虚线所示。但平板是一个整体,这种缩短实际上也是不能实现的,只能按图中实线所示那样整体缩短。焊缝区金属收缩受到焊缝两侧金属的阻碍而产生了拉应力,在焊缝两侧金属内产生了压应力。拉应力和压应力处于互相平衡状态,并保留到室温,这种室温下被保留下来的焊接应力与变形,称为焊接残余应力与变形。

　　综上所述,平板对接的结果是:

　　(1)焊件比焊前缩短了 Δl;

　　(2)焊缝区产生了拉应力,其两侧金属则受压应力。

　　2. 焊接变形的基本形式

　　当焊接残余应力超过材料的屈服点时,焊件就发生变形。常见焊接变形的基本形式如图 8-5 所示。

　　(1)收缩变形。构件焊接后因焊缝纵向(沿焊缝方向)和横向(垂直焊缝方向)收缩,而导致构件纵向和横向尺寸缩短,如图 8-6a 所示。

　　(2)角变形。它是由 V 形坡口对焊缝,截面形状上下不对称,焊后横向收缩不均匀而引起的,如图 8-6b 所示。

　　(3)弯曲变形。它是 T 形梁焊接时,由于焊缝布置不对称,焊缝纵向收缩引起的,如图 8-6c 所示。

　　(4)扭曲变形。又称螺旋形变形,是由于焊接顺序或焊接方向不合理,或焊前结构装配不当引起的,如图 8-6d 所示。

　　(5)波浪变形。它是薄板焊接时,由于焊缝纵向收缩,使焊件丧失稳定性引起的,如图 8-6e 所示。

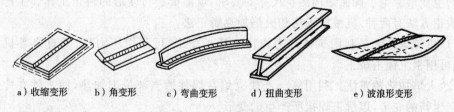

a)收缩变形　　b)角变形　　c)弯曲变形　　d)扭曲变形　　e)波浪形变形

图 8-6　焊接变形的基本形式

　　3. 防止和减少变形的措施

　　焊件出现变形将影响使用,过大的变形量将是焊件报废,因此必须加以防止和消除。在实际生产中采取的主要措施有:

　　(1)加裕量法。根据经验,焊件尺寸在下料时增加一定的裕量,以备焊缝收缩,特别是横向收缩。

(2)刚性固定法。焊前将焊件固定在夹具上(图8-7)或经定位焊来限制其变形。但这种方法会产生较大焊接残余应力,所以只适用于塑性较好的低碳钢结构。

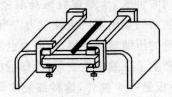

图8-7 刚性固定法

(3)反变形法。预先估计其结构变形的方向和数量,焊前将焊件安放在与焊接变形方向相反的位置,以抵消焊后所产生的焊接变形,如图8-8所示。

a)焊前   b)焊后

图8-8 反变形法

(5)选择合理的焊接次序。施焊时,采用合理的焊接顺序,能有效地减少焊接变形。如构件的对称两侧都有焊缝,应采用对称焊接次序,如图8-9所示X形坡口的多层焊及如图8-10所示工字梁与矩形梁的焊接。

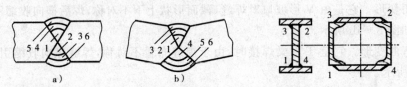

a)   b)

图8-9 X形坡口焊接次序   图8-10 梁的焊接次序

4.焊接变形的矫正方法

由于种种原因,虽然焊接结构在焊接过程中采取了一些预防变形的措施,但焊后仍然会产生变形。为了确保结构形状尺寸的要求,就需要进行变形的矫正工作。生产中常用的矫正方法有两种:机械矫正法和火焰加热矫正法。

(1)机械矫正法是利用机械外力作用来矫正变形,可采用压力机、矫直机等机械外力,也可用手工锤击矫正。

(2)火焰加热矫正法。利用氧-乙炔火焰在焊件适当部位上加热,使工件在冷却收缩时产生新的变形,以矫正焊接所产生的变形。

5.减少与消除焊接应力的措施

(1)焊前对焊件进行整体或局部预热,可以减小焊件各部分的温度差及焊后的冷却速度,从而减少焊接应力。

(2)采用合理的焊接顺序,尽量使焊缝纵向、横向都能自由收缩,有利于减少焊接应力,如图8-11所示。

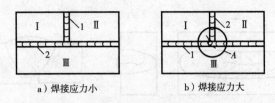

a）焊接应力小　　　　　b）焊接应力大

图 8-11　焊接顺序对焊接应力的影响

（3）锤击焊缝（锤击焊缝最好在热态下进行）使之产生塑性变形，以减少焊接应力。

（4）焊后退火处理是常用的最有效的消除焊接应力的一种方法，即将工件均匀加热到 600℃～650℃，保温一定时间，然后缓慢冷却，整体退火可消除 80%～90% 的焊接应力。

8.1.4　焊接缺陷与检验

1. 焊接缺陷

常见的焊接缺陷主要有咬边、焊瘤、裂纹、气孔与缩孔、夹杂与夹渣、烧穿、未焊满、未熔合与未焊透等。

（1）咬边。咬边是指在基本金属与焊缝金属交接处因焊接而造成的沟槽，如图 8-12a、b 所示。产生咬边的原因有焊接电流太大、电弧太长、焊接速度太快、运条操作不当等。

（2）焊瘤。焊瘤是指在焊接过程中，熔化金属流溢到焊缝之外的未熔化的母材上形成的金属瘤，如图 8-12c 所示。

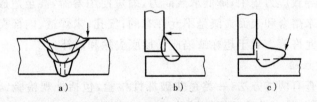

a）　　　　　　　b）　　　　　　　c）

图 8-12　咬边和焊瘤

（3）裂纹，焊接裂纹主要有热裂纹和冷裂纹两种。热裂纹是焊接过程中，焊缝和热影响区金属冷却到固相线附近的高温时产生的裂纹。常见的热裂纹有结晶裂纹和液化裂纹。结晶裂纹是焊缝金属在结晶过程中冷却到固相线附近的高温时，液态晶界在焊接收缩应力作用下产生的裂纹，常发生在焊缝中心和弧坑，如图 8-13a 所示。液化裂纹是靠近熔合线的热影响区和多层间焊缝金属，由于焊接热循环，低熔点杂质被熔化，在收缩应力作用下发生的裂纹。接头表面热裂纹有氧化色彩。冷裂纹是焊接接头冷却到较低温度下（对于钢来说在 Ms 温度以下）时产生的裂纹，延迟裂纹是主要的一种冷裂纹，是焊接接头冷却到室温并在一定时间（几小时、几天，甚至十几天）后才出现的。延迟裂纹常发生在热影响区，如图 8-13b 所示。

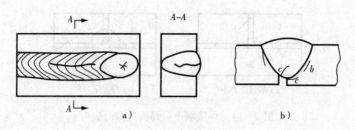

图 8-13 结晶裂纹和延迟裂纹

延迟裂纹的产生与接头的淬硬组织、扩散氢的聚集以及焊接应力有关。为了防止发生冷裂常采取预热、后热,采用低氢焊条、烘干焊条、清除坡口及两侧的锈与油、减小焊接应力等措施。

(4)气孔和缩孔。气孔是熔池中的气泡在凝固时未能溢出而残留下来所形成的空穴。产生气孔的原因有焊条受潮而未烘干,坡口及附近两侧有锈、水、油污而未清除干净,焊接电流过大或过小,电弧长度太长以致熔池保护不良,焊接速度过快等。缩孔是熔化金属在凝固过程中;收缩而产生的残留在焊缝中的孔穴。

(5)夹杂和夹渣。夹杂是残留在焊缝金属中由冶金反应产生的非金属夹杂和氧化物。夹渣是残留在焊缝中的熔渣。产生夹渣的原因主要有坡口角度太小,焊接电流太小,多层多道焊时清渣不干净,运条操作不当等。

(6)未熔合和未焊透。未熔合是在焊缝金属与母材之间或焊道金属之间未完全熔化结合的部分,其原因主要有焊接电流太小,电弧偏吹,待焊金属表面不干净等。未焊透是焊接时接头根部未完全熔透的现象,其原因是焊接电流太小,钝边太大,根部间隙太小,焊接速度太快,操作技术不熟练等。

焊接缺陷会导致应力集中,降低承载能力,缩短使用寿命,甚至造成脆断。一般技术规程规定,裂纹、未熔合和表面夹渣是不允许有的;气孔、未焊透、内部夹渣和咬边等缺陷不能超过一定的允许值。对于超标缺陷应予彻底去除和焊补。

2. 焊接质量检验

焊接质量检查有两类方法:一类是非破坏性检验,包括外观检验、密封性检验、耐压检验和无损探伤等;另一类是破坏性试验,如力学性能试验、金相检验、断口检验和耐腐蚀试验等。

(1)非破坏性检验

① 外观检验。是用肉眼或借助样板,或用低倍放大镜及简单通用的量具检验焊缝外形尺寸和焊接接头的表面缺陷。

② 密封性检验。是检查接头有无漏水、漏气和渗油、漏油等现象的试验。常用的有煤油试验、载水试验、气密性试验和水压试验等。气密性检验是将压缩空气(或氨、氟利昂、卤素气体等)压入焊接容器,利用容器的内外气体的压力差检查有无泄漏的试验方法。

③ 耐压试验。是将水、油、气等充入容器内徐徐加压,以检查其泄漏、耐压、破坏等的试验,通常采用水压试验。水压试验常用于锅炉、压力容器及其管道的检验,既检验受压元件的耐压强度,又可检验焊缝和接头的致密性(有无渗水、漏水)。

④ 焊缝无损探伤。常用方法有渗透探伤、磁粉探伤、射线探伤和超声探伤等。渗透是利用带有荧光染料(荧光法)或红色染料(着色法)的渗透剂的渗透作用,显示缺陷痕迹的无损检验法,现在常用着色法检查各种材料表面微裂纹。磁粉探伤是利用在强磁场中,铁磁性材料表层缺陷产生的漏磁场吸附磁粉的现象而进行的无损检验法,常用来检查铁磁材料的表面微裂纹及浅表层缺陷。射线探伤是用 X 射线或 γ 射线照射焊接接头检查内部缺陷的无损检验法。超声探伤是利用超声波探测材料内部缺陷的无损检验法。

(2)破坏性试验

① 力学性能试验。力学性能试验有焊缝和接头拉伸试验、接头冲击试验、弯曲试验和硬度试验等,测定焊缝和接头的强度、塑性、韧性和硬度等各项力学性能指标。

② 金相检验。金相检验有宏观检验和微观检验两种。金相检验磨片可以从试验焊件产品上切取。宏观检验可检查该断面上裂纹、气孔、夹渣、未熔合和未焊透等缺陷。微观检验可以确定焊接接头各部分的显微组织特征、晶粒大小以及接头的显微缺陷(裂纹、气孔、夹渣等)和组织缺陷。

③ 断口检验用于检查管子对接焊缝,一般是将管接头拉断后,检查该断口上焊缝的缺陷。

④ 耐腐蚀试验用于检查奥氏体不锈钢焊接接头的耐晶间腐蚀等性能。

8.1.5 金属材料的焊接性

1. 焊接性的概念

金属材料的焊接性是指金属材料对焊接加工的适应性。主要指在一定的焊接工艺条件下,金属获得优良焊接接头的难易程度。它包括两方面的内容:一是工艺焊接性,主要是指焊接接头产生工艺缺陷的倾向,尤其是出现各种裂纹的可能性;二是使用焊接性,主要是指焊接接头在使用中的可靠性,包括焊接接头的力学性能及其他特殊性能(如耐热、耐蚀性能等)。

金属材料的焊接性不是金属本身的属性,实质上是其物理、化学性能和力学性能在焊接过程中的综合反映,而且还与焊接工艺水平的发展有密切的关系。由于某种焊接新工艺的出现,有可能使得某些原来认为焊接性很差的金属,焊接时变得并不十分困难。

焊接结构所用金属材料的种类繁多,对于重要的焊接结构必须对其所用金属材料的焊接性进行详细的评定,才能进行合理的设计,制订正确的焊接工艺,从而确保焊接结构的质量。

2. 估算钢材焊接性的方法

钢的焊接性可以通过各种焊接工艺试验来直接加以评定(如抗裂性试验、力学性能试验等),也可以通过钢的化学成分来间接评定。这是因为影响焊接性的主要问题是焊接接头的淬硬与形成裂纹的倾向。而这些又决定于钢中碳及其他合金元素的质量分数,其中尤以碳的影响最为显著,故通常用碳当量法来间接评定钢的焊接性。通常把钢中合金元素(包括碳)的含量,按其作用程度换算成碳的相当含量,其总和称为碳当量 w_{CE}。碳当量常是评定钢材焊接性的最简便的间接判断法,是钢材焊接性高低的一种参考指标。

国际焊接学会推荐,碳素结构钢和低合金结构钢碳当量 w_{CE} 的计算公式为:

$$w_{CE} = w_C + \frac{w_{Mn}}{6} + \frac{w_{Cr} + w_{Mo} + w_V}{5} + \frac{w_{Ni} + w_{Cu}}{15}$$

公式中各符号表示该元素在钢中含量范围的上限。实践证明,碳当量愈高,钢材的焊接性愈差。

当 $w_{CE} < 0.4\%$ 时,钢材的塑性好,焊接性良好。焊接时一般不需要采用工艺措施就能获得优质的焊接接头。

当 $w_{CE} = 0.4\sim0.6\%$ 时,钢材的塑性较差,易出现淬硬组织,产生裂纹,焊接性较差。

当 $w_{CE} > 0.6\%$ 时,钢材的塑性差,淬硬和冷裂倾向严重,焊接性很差。

对焊接性不好的钢材,为减少其裂纹倾向,常采用以下工艺措施:

(1)焊前预热,焊后缓冷,焊后进行热处理。

(2)尽量选用抗裂缝性较好的低氢型焊条。

(3)选用细焊条、小电流、开坡口进行多层焊,以防止母材过多地熔入焊缝,同时减少焊缝热影响区的宽度。

必须指出,用这种方法来判断钢材的可焊性只能作近似的估计,并不完全代表材料的可焊性。例如,同种钢材厚度改变时,其可焊性也会改变。因此对于钢材的可焊性,常须按工件的实际情况,通过可焊性试验来确定。

3. 钢材的焊接

(1)低碳钢的焊接

低碳钢的碳当量 $w_{CE} < 0.4\%$,焊接性良好,焊接时通常不需采取特殊的工艺措施,就能获得优质接头。但在低温环境中焊接厚件时,应考虑焊前预热。此外,对于厚度大于50mm 的焊件或电渣焊焊件,焊后应进行去应力退火或正火处理,以消除残余应力和细化热影响区晶粒。

(2)中、高碳钢的焊接

中碳钢的碳当量 w_{CE} 在 0.4% 左右,焊接性较差,焊缝中易产生热裂缝,热影响区容易产生淬硬组织而导致出现冷裂缝,所以焊接时应采取适当的措施。

高碳钢的碳当量 $w_{CE} > 0.6\%$,焊接时焊缝与热影响区产生裂纹的倾向更大,因此,焊接结构都不采用这种钢材。少数情况下,高碳钢焊接仅用于焊补工件。

(3)低合金结构钢焊接

我国低合金结构钢的碳的质量分数都较低,但由于合金元素种类和碳的质量分数的不同,性能上有较大的差异,所以焊接性也有所不同。

强度 $\sigma_b < 400MPa$ 的低合金结构钢,碳当量 $w_{CE} < 0.4\%$,焊接性良好,焊接时不需采取特殊的工艺措施。但在低温下焊接时或焊接厚度时,应当在焊前预热。

强度 $\sigma_b > 400MPa$ 的低合金结构钢,碳当量 $w_{CE} > 0.4\%$,焊接性较差,焊缝及热影响区淬硬及冷裂缝倾向增大,所以在焊接时应采取适当的工艺措施。

4. 铸铁的焊补

铸铁的焊补主要应用在两个方面:一是铸造生产过程中铸铁件产生的缺陷的焊补;二是使用过程中铸铁件产生裂纹和断裂损坏,采用焊补修复。

由于铸铁碳的质量分数高,硫、磷杂质较多,塑性极差,其焊接性不好,在焊接时熔合区易产生白口组织、焊缝易产生裂纹和气孔。此外,铸铁的流动性好,立焊时熔池金属容易流失,所以一般只应进行平焊。

铸铁焊补时一般采用气焊及焊条电弧焊,个别大件可采用电渣焊。目前生产中焊补铸铁的方法有热焊法和冷焊法两种。

(1)热焊法。焊前将工件整体或局部预热到 600℃～700℃,焊补后缓慢冷却。热焊法能防止工件产生白口组织和裂纹,焊补质量较好,焊后可进行机械加工。但热焊法成本较高,生产率低,焊工劳动条件差。因此,它一般用于焊补形状复杂、焊后需进行加工的重要铸件,如床头箱、汽缸体等。

(2)冷焊法。焊补前工件不预热或只进行 400℃ 以下的低温预热。焊补时主要依靠焊条来调整焊缝的化学成分,以防止或减少白口组织和裂纹冷焊法方便、灵活、生产率高、成本低,劳动条件好。但焊接处切削加工性较差。

5. 非铁金属的焊接

(1)铜及铜合金焊接

铜及铜合金焊接时的主要困难是:

◆ 铜的导热性好,因此焊接时必须供给较大而集中的热量,常需预热,否则将因导热快而不易焊透。

◆ 铜在液态时易于氧化,其氧化物分布在晶界,易引起热裂纹。

◆ 铜在液态时吸气性强,易生成气孔。

◆ 铜合金中合金元素(如锌等)在焊接高温下被烧损,影响焊缝的化学成分和力学性能。

铜及铜合金可以用气焊、钎焊、氩弧焊等方法进行焊接。纯铜和青铜气焊时应采用严格的中性焰。黄铜气焊时应采用轻微氧化焰并配以牌号为 HS221、HS222 等含硅焊丝以及硼酸和硼砂配制的焊剂。

(2)铝及铝合金焊接

铝及铝合金的焊接较困难,主要特点如下:

◆ 极易氧化成氧化铝(Al_2O_3),形成一层熔点高(2050℃)、相对密度大、组织致密的氧化层覆盖在金属表面,阻碍金属熔合,并易使焊缝夹渣。

◆ 铝的导热系数大,焊接时要求大功率或能量集中的热源。易于出现较大的焊接应力和变形。

◆ 铝可吸收大量气体,因此在熔池凝固时易生成气孔。

◆ 铝在高温时强度和塑性很低,而且由固态转变为液态时无明显的颜色变化,使得焊接操作困难,稍不注意,焊缝就会塌陷。

由于上述原因,焊接铝合金时,需正确选择焊接方法,严格控制焊接规范。铝合金可以用气焊、电阻焊、钎焊等方法进行焊接,但就熔焊方法来说,交流氩弧焊是焊接铝及铝合金的理想方法。不论采取哪种焊接方法,焊前都必须彻底清理工件焊接处和焊丝表面的氧化膜和油污,清洗质量好坏将直接影响焊缝的性能,如果使用的是化学清洗,由于其具有强烈的腐蚀作用,焊后应认真进行冲洗。

8.2 焊接方法

8.2.1 焊条电弧焊

焊条电弧焊又称手工电弧焊,它是用手工操纵焊条进行焊接的电弧焊方法,如图 8-14 所示。焊条电弧焊因具有操作方便、灵活、设备简单等优点,是目前生产中应用最为广泛的一种焊接方法。

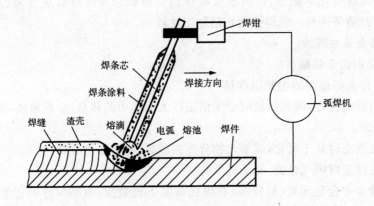

图 8-14 焊条电弧焊示意图

1. 焊接设备

焊接设备是供给电弧焊电源的装置,它可以是直流电源装置,也可以是交流电源装置。为了便于引弧和电弧的稳定燃烧,以保证焊接过程的顺利进行,焊接电源必须满足一定的要求。

(1)焊接电弧对焊接设备的要求

①应有适当的空载电压

为便于引弧,空载电压不能太低。但如果太高,则焊工操作不安全。故一般应控制在 50~90V 之间。

②焊接电源应具有陡降的外特性曲线

电源的外特性是指电路上负荷变化时,电源供给的电压与电流的关系,这个关系通常用曲线表示(图 8-15),称为外特性曲线。一般工业用电(电灯照明、电力传动等)需要工作电压恒定不变,这类电源的外特性曲线是水平的,不能用作焊接电源。只有具有陡降的外特性曲线的焊接电源,才能确保电焊机的安全工作。因为陡降的外特性才能保证:

◆ 短路电流不宜过大。短路电流太大会引起电焊机过载和金属飞溅严重。一般 $I_短 = (1.25 \sim 2)I_弧$。

◆ 电弧长度变化时,电弧电流变化小。

③焊接电流应能根据焊件的材质和厚度的不同,方便地进行调节。

(2)焊接设备

手工电弧焊使用的设备主要有以下三种:

① 交流弧焊机

它是一个具有下降特性并在其他方面都能满足焊接要求的特殊的降压变压器,其工作原理与一般电力变压器相同,但具有较大的感抗,以获得下降特性,且感抗值可辨,以便调节焊接电流。这种焊机具有结构简单、价格便宜、使用方便、维护容易的优点,但电弧稳定性较差。

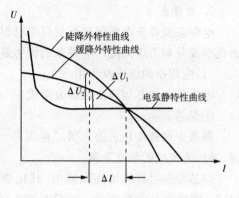

图 8 - 15　两种不同的外特性曲线

② 硅整流弧焊机

硅整流弧焊机可用于所有牌号焊条的直流手工电弧焊接,特别适用于碱性低氢型焊条焊接重要的低碳钢、中碳钢及普通低合金钢构件。它具有高效节能、节省材料、体积小、维修方便、稳定性好及调节方便等特点。

③ 逆变弧焊机

逆变弧焊机是通过改变频率来控制电流、电压的一种新型焊机。该焊机的电源具有陡降外特性,适用于所有牌号焊条的手工电弧焊接。该焊机具有下列特点:具有高效节能、高功率因素、低空载损耗;有多种自保护功能(过流、过热、欠压、过压、偏磁、缺相保护),避免了焊机的意外损坏;动态品质好、静态精度高、引弧容易、燃烧稳定、重复引燃可靠、便于操作;小电流稳定、大电流飞溅小、噪声低,在连续施焊过程中,焊接电流漂移小于±1%,为获得优质接头提供了可靠保证;电流调节简单,既可预置焊接电流,也可在施焊中随意调节,适应性强,利于全位置焊接。这种新型焊机还可一机两用,在短路状态下,可作为工件预热电源,这在焊机技术上是一个很大的进步。

2. 焊接冶金特点

焊条电弧焊是以外部涂有药皮的焊条作电极和填充金属。电弧在焊条的端部与被焊工件表面之间燃烧。药皮则在电弧热作用下一方面可以产生气体以保护电弧;另一方面可以产生熔渣覆盖在熔池表面,防止熔化金属与周围气体的相互作用。同时,熔渣可与熔化金属产生物理化学反应以添加合金元素,改善焊缝金属性能。

焊接时,在液态金属、熔渣和气体间所进行的冶金反应,和一般冶炼反应过程有所不同。首先焊接电弧和熔池的温度比一般冶炼温度高,容易造成合金元素的蒸发和烧损;其次是焊接溶池体积小,而且从熔化到凝固时间极短,所以熔池金属在焊接过程中温度变化很快,使得冶金反应的速度和方向往往会发生迅速的变化,有时气体和熔渣来不及浮出就会在焊缝中产生气孔和夹渣的缺陷。

因此,焊前必须对焊件进行清理,在焊接过程中必须对熔池金属进行机械保护和合金化。机械保护是指利用熔渣、保护气体等机械地把熔池与空气隔开;合金化是指向熔池中添加合金元素,以便改善焊缝金属的化学成分和组织。

3. 电焊条

电焊条是焊条电弧焊的重要焊接材料,它直接影响焊接电弧的稳定性以及焊缝金属的化学成分和力学性能。电焊条的优劣是影响焊条电弧焊质量的主要因素之一。

(1)电焊条的组成及作用

电焊条由焊芯和药皮两部分组成。

①焊芯

焊条中被药皮包裹的金属芯称焊芯。它的主要作用是导电,产生电弧,提供焊接电源,并作为焊缝的填充金属。

焊芯是经过特殊冶炼而成的,其化学成分应符合国家标准的要求。焊芯的牌号用"H"+碳的质量分数表示。牌号后带"A"者表示其硫、磷含量不超过 0.03%,如 H08、H08A、H08MnA 等。

焊芯的直径即为焊条直径,常用的焊芯直径有 1.6mm、2.0mm、2.5mm、3.2mm、5.0mm 等几种,长度在 200~450mm 之间。直径为 3.2~5mm 的焊芯应用最广。

② 焊条药皮

焊条药皮在焊接过程中有如下作用:

◆ 形成气-渣联合保护,防止空气中有害物质侵入。

◆ 对焊缝进行脱硫、脱氧,并渗入合金元素,以保证焊缝金属获得符合要求的化学成分和力学性能。

◆ 稳定电弧燃烧,有利于焊缝成形,减少飞溅等。

为了满足以上作用,焊条药皮的组成成分相当复杂,焊条药皮的配方中,组成物一般有七八种之多,焊条药皮原材料的种类、名称和作用见表 8-1。

表 8-1　焊条药皮原材料的种类、名称和作用

原料种类	原料名称	作　用
稳弧剂	碳酸钾、碳酸钠、长石、大理石、钛白粉、钠水玻璃、钾水玻璃	改善引弧性能,提高电弧燃烧的稳定性
造气剂	淀粉、木屑、纤维素、大理石	产生一定的气体,隔绝空气,保护焊接熔滴与熔池
造渣剂	大理石、氟石、菱苦石、长石、锰矿、钛铁矿、黄土、钛白粉、金红石	产生具有一定物理、化学性能的熔渣,保护焊缝;碱性渣中的 CaO 还可起脱硫、磷的作用
脱氧剂	锰铁、硅铁、钛铁、铝铁、石墨	降低电弧气氛和熔渣的氧化性,脱氧;锰还可脱硫
合金剂	锰铁、硅铁、铬铁、钼铁、钒铁、钨铁	使焊缝金属获得必要的合金成分
稀渣剂	氟石、长石、钛铁矿、钛白粉	增加熔渣流动性,降低熔渣粘度
粘结剂	钠水玻璃、钾水玻璃	将药皮牢固地粘在钢芯上

(2)电焊条的种类

电焊条按用途可分为十大类,即结构钢焊条、钼和铬耐热钢焊条、低温钢焊条、不锈钢焊条、铸铁焊条、堆焊焊条、镍和镍合金焊条、铜和铜合金焊条、铝和铝合金焊条及特殊用途焊条。

按熔渣性质可分为两大类:

(1)酸性焊条。熔渣是以酸性氧化物为主(如 SiO_2、TiO_2 等)的焊条。这类焊条由于熔渣呈酸性,其氧化性较强,焊接时合金元素大量被烧损,焊缝中氧化夹杂物多,同时酸性渣脱硫能力差,因此焊缝金属塑性、韧性和抗裂能力较差。但酸性焊条工艺性能好,对铁锈、油污、水分的敏感性不大,并且可用交直流电源焊接。广泛用于一般低碳钢和强度较低的低合金结构钢的焊接。

(2)碱性焊条。熔渣是以碱性氧化物和氧化钙为主的焊条。这类焊条熔渣呈碱性,并含有较多铁合金作为脱氧剂和合金剂,焊接时药皮中的大理石分解成 CaO 和 CO_2、CO 气体,气体能隔绝空气,保护熔池,CaO 能去硫,药皮中的 CaF_2 能去氢,使焊缝金属中含氢量、含硫量较低。因此用碱性焊条焊出的焊缝抗裂性能较好,力学性能较高。但它的工艺性能差,对油污、铁锈、水敏感性大,易产生气孔。为保证电弧稳定燃烧,一般采用直流反接。碱性焊条主要用于裂纹倾向大,塑性、韧度要求高的重要结构。如锅炉、压力容器、桥梁、船舶等的焊接。

(3)焊条的型号与牌号

①电焊条型号(国家标准中的焊条代号)

碳钢焊条应用最广泛,按碳钢焊条标准,其型号用大写字母"E"和四位数字表示。"E"表示焊条,前两位数字表示熔敷金属抗拉强度的最小值,单位为 MPa,第三位数字表示焊条适用的焊接位置,"0"、"1"表示焊条适用于全位置焊接(平、立、仰、横),"2"表示焊条适用于平焊及平角焊,"4"表示焊条适用于向下立焊,第三位和第四位数字组合表示焊接电流种类及药皮类型。如:

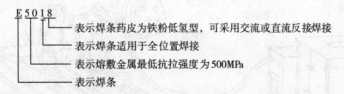

E5018
└─── 表示焊条药皮为铁粉低氢型,可采用交流或直流反接焊接
└─── 表示焊条适用于全位置焊接
└─── 表示熔敷金属最低抗拉强度为500MPa
└─── 表示焊条

②焊条牌号(焊条行业统一的焊条代号)

焊条牌号一般用一个大写拼音字母和三个数字表示,如 J422、J506 等。拼音字母表示焊条的各大类,如"J"表示结构焊条;前两位数字表示焊缝金属抗拉强度的最小值,单位 MPa,第三位数字表示药皮类型和电流种类。

一般来说,型号和牌号是对应的,但一种型号可以有多种牌号,因牌号比较简明,所以生产中常用牌号表示。

(4)电焊条的选用

焊条的种类很多,合理选用焊条对焊接质量、产品成本和劳动生产率都有很大影响。焊条选择应根据被焊结构的材料及使用性能、工作条件、结构特点和工厂的具体情况综合考虑。

①根据被焊件的化学成分和性能要求选择相应的焊条种类。例如,焊接碳钢或普通低合金钢时应选用结构钢焊条;又如焊接铸铁时,应选用铸铁焊条等。

②焊缝性能要和母材具有相同的使用性能。结构钢焊件,一般按"等强"原则选用相同强度等级的焊条。对承受动载荷、冲击载荷或形状复杂、厚度、刚度大的焊件时,应选用碱性焊条。不锈钢、钼和铬耐热钢焊件,应根据母材化学成分选用相同成分的焊条。

③根据被焊件的工作条件和结构特点选用焊条。如对于焊前难以清理的焊件,应选用酸性焊条等,以满足施焊操作的需要,保证焊接质量。

此外,应考虑焊接工人的劳动条件、生产率及经济合理性等,在满足使用性能要求的前提下,尽量选用无毒(或少毒)、生产率高、价格便宜的焊条,一般结构通常选用酸性焊条。

8.2.2 埋弧自动焊

随着生产的不断发展,焊剂技术的应用日益扩大,焊接工作量大大增加,手工方式的焊接已远远不能满足要求。因此出现了一种机械化的电弧焊——埋弧焊,其中引弧、运弧和送进焊丝等操作都是由机械来完成的,故称之为自动焊。

埋弧自动焊焊接过程如图 8-16 所示,它是以连续送进的焊丝作为电极和填充金属。焊接时,在焊接区的上面覆盖一层颗粒状焊剂,电弧在焊剂层下燃烧,焊机带着焊丝均匀地沿坡口移动,或者焊机机头不动,工件匀速运动。在焊丝前方,焊剂从漏斗中不断流出撒在被焊部位。焊接时,部分焊剂熔化形成熔渣覆盖在焊缝表面,大部分焊剂不熔化,可重新回收使用。

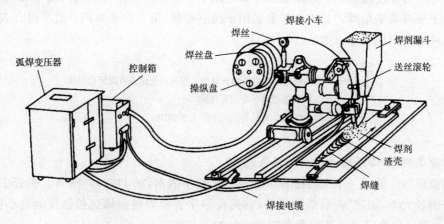

图 8-16 埋弧焊示意图

埋弧焊焊缝形成过程如图 8-17 所示。电弧燃烧后,工件与焊丝被熔化成较大体积(可达 20cm^3)的熔池。由于电弧向前移动,熔池金属被电弧气体排挤向后堆积形成焊缝。电弧周围的颗粒状焊剂被熔化成熔渣,与熔池金属产生物理化学作用。部分焊剂被蒸发,生成的气体将电弧周围的熔渣排开,形成一个封闭的熔渣泡。它具有一定粘度,能承受一定压力,使熔化的金属与空气隔离,并能防止金属熔滴向外飞溅。这样,既可减少电弧热能损失,又阻止了弧光四射。此外,焊丝上没有涂料,允许提高电流密度,电弧吹力则随电流密度的增大而增大。因此,埋弧焊的熔池深度比焊条电弧焊大得多。

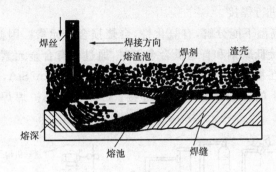

图 8-17　埋弧焊焊缝的形成

埋弧自动焊的特点是:

◆生产率高。埋弧焊的焊接电流可达 800～1000A,是焊条电弧焊电流强度的 6～8 倍,同时节省更换焊条的时间。此外,电弧受焊剂保护,热能利用率高,可采用较快的焊接速度。故其生产率是焊条电弧焊的 5～10 倍。

◆焊缝质量高且稳定。因熔池受到焊剂很好保护,外界空气较难侵入,且焊接规范可自动调节,故焊缝质量稳定,缺陷少。此外,其热影响区很小,焊缝外形美观。

◆节省金属和电能。由于埋弧焊熔池深度较大,较厚的攻坚可以不开坡口,金属的烧损和飞溅也大为减少,且无焊条头的损失,故可节省金属材料。由于电弧热能散失较少,利用率大大提高,从而也节省了电能。

◆改善了劳动条件。埋弧焊看不到电弧光,焊接烟雾也较少,焊接时只要焊工调整、管理焊机就可自动进行焊接,劳动条件大为改善。

但埋弧自动焊不如焊条电弧焊灵活,设备投资大,工艺装备复杂,对接头加工与装配要求严格,因此,埋弧自动焊主要适于批量生产长的直线焊缝和直径较大的圆筒形工件的纵、环焊缝。

8.2.3　气体保护焊

气体保护焊是利用外加气体保护电弧区的熔滴和熔池及焊缝的电弧焊。即在焊接时由外界不断地向焊接区输送保护性气体,使它包围住电弧和熔池,防止有害气体侵入,以获得高质量的焊缝。

它与渣保护焊相比,具有以下特点:

◆明弧可见,便于焊工观察熔池进行控制。

◆焊缝表面无渣,这在多层焊时可节省大量层间清渣工作。

◆可进行空间全方位的焊接。

气体保护焊的种类很多,目前常用的主要有两种:氩弧焊和二氧化碳气体保护焊。

1. CO_2 气体保护焊

CO_2 气体保护焊是以 CO_2 作为保护气体，以焊丝为电极，以自动或半自动方式进行焊接的方法。目前常用的是半自动焊，即焊丝送进靠机械自动进行并保持一定的弧长，由操作人员手持焊炬进行焊接。

CO_2 气体在电弧高温下能分解，有氧化性，会烧损合金元素。因此，不能用来焊接有色金属和合金钢。焊接低碳钢和普通低合金钢时，通过含有合金元素的焊丝来脱氧和渗合金等冶金处理。现在常用的气体 CO_2 保护焊焊丝是 H08Mn2SiA，适用于低碳钢和抗拉强度在 600MPa 以下的普通低合金钢的焊接。CO_2 气体保护焊焊接装置如图 8-18 所示。

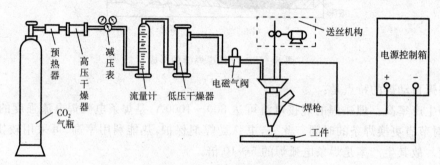

图 8-18 CO_2 气体保护电弧焊示意图

CO_2 气体保护焊除具有气体保护焊的共同特点外，还独具成本低的优点（约为焊条电弧焊和埋弧焊的 40% 左右）。但存在焊缝成形不光滑美观、弧光强烈、金属飞溅较多、烟雾较大以及需采取防风措施等缺点，设备亦较复杂。主要应用于低碳钢和普通低合金结构钢的焊接。在汽车、机车、造船、起重机、化工设备、油管以及航空工业等部门都得到广泛的应用。

2. 氩弧焊

氩弧焊是指用氩气作保护气体的气体保护焊。氩气是惰性气体，在高温下不和金属起化学反应，也不溶于金属，可以保护电弧区的熔池、焊缝和电极不受空气的影响，是一种较理想的保护气体。氩弧焊分钨极（不熔化）氩弧焊和熔化极（金属极）氩弧焊两种，如图 8-19 所示。

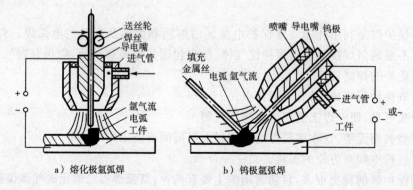

a）熔化极氩弧焊　　　b）钨极氩弧焊

图 8-19 氩弧焊示意图

钨极氩弧焊电极常用钍钨极和铈钨极两种。焊接时,电极不熔化,只起导电和产生电弧作用。钨极为阴极时,发热量小,钨极烧损小。钨极作阳极时,发热量大,钨极烧损严重,电弧不稳定,焊缝易产生夹钨。因此,一般钨极氩弧焊不采用直流反接。此外,为尽量减少钨极的损耗,焊接电流不宜过大,故常用于焊接 4mm 以下的薄板。手工钨极氩弧焊的操作与气焊相似,需加填充金属,也可以在接头中附加金属条或采用卷边接头。填充金属有的可采用与母材相同的金属,有的需要加一些合金元素,进行冶金处理,以防止气孔等缺陷。

熔化极氩弧焊以连续送进的焊丝作为电极并兼作填充金属,因此,可采用较大电流,生产率较钨极氩弧焊高,适宜于焊接厚度为 25mm 以下的工件。它可分为自动熔化极氩弧焊和半自动熔化极氩弧焊两种。

氩弧焊除具有气体保护焊的共同优点外,还具有焊缝质的独特优点,而且焊缝外形光洁美观。但氩气成本高,而且只能在室内无风处应用。此外,由于氩气的游离电势高,引弧困难,故需用高频振荡器或脉冲引弧器帮助引弧,或者提高电源空载电压。另外,氩弧焊设备也较复杂,特别是交流氩弧焊机。因此,氩弧焊目前主要用来焊接易氧化的有色金属(铝、镁及其合金)、稀有金属(钛、钼、锆、钽等及其合金)、高强度合金钢及一些特殊性能合金钢(不锈钢、耐热钢)等。

8.2.4 电渣焊

电渣焊是利用电流通过液态熔渣时所产生的电阻热作为热源来熔化焊丝和焊件而实现焊接的一种方法。图 8-20 是丝极电渣焊过程示意图。

电渣焊一般都是在垂直立焊位置焊接,两工件相距 25~35mm。引燃电弧熔化焊剂和工件,形成渣池和熔池,待渣池有一定深度时,增加送丝速度,使焊丝插入渣池,电弧便熄灭,转入电渣过程。这时,电流通过熔渣产生电阻热,将工件和电极溶化,形成金属熔池沉在渣池下面。渣池既作为焊接热源,又起机械保护作用。随着熔池和渣池上升,远离渣池的熔池金属便冷却形成焊缝。

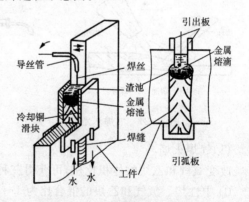

图 8-20 丝极电渣焊过程示意图

电渣焊具有以下特点:

(1)厚大工件可一次焊成。这就改变了重型机器制造的工艺过程,可用铸-焊、锻-焊的复合结构拼小成大,以代替巨大的铸造或锻造整体结构,可节省大量的金属材料和铸、锻设备投资。

(2)生产率高,焊接材料消耗少。焊接厚度在 40mm 以上的工件,即便用埋弧自动焊,也必须开坡口进行多层焊;而电渣焊对任何厚度工件都不需开坡口,只要使焊接端面之间保持 25~35mm 的间隙就可一次焊成。因此生产率高、消耗的焊接材料较少。

（3）焊缝金属比较纯净。电渣焊的熔池保护严密，空气不易进入，而且保持液态的时间较长，因此冶金过程进行得比较完善，熔池中的气体与杂质有较充分的时间浮出。因此焊缝金属比较纯净。

（4）近缝区的机械性能明显下降，焊后须进行正火。因为焊缝区在高温停留时间较长，热影响区比其他焊接方法都宽，晶粒粗大，易产生过热组织，因此一般焊后都要进行正火处理，以改善其性能。

因此，它主要用于 40mm 以上的厚件的立焊，也可与铸造、锻压相结合生产组合件，以解决铸、锻能力之不足，因此特别适应于重型机械制造行业。

8.2.5　气焊与气割

1. 气焊

气焊是利用可燃气体如乙炔（C_2H_2）和助燃气体氧气（O_2）混合燃烧的高温火焰来进行焊接的，其工作情况如图 8-21 所示。

气焊所用的设备有乙炔发生器、回火防止器、氧气瓶、减压阀和焊炬等，如图 8-22 所示。

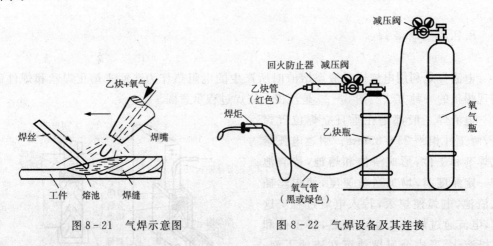

图 8-21　气焊示意图　　　　　　图 8-22　气焊设备及其连接

（1）气焊火焰

改变氧气和乙炔的体积比例，可获得三种不同性质的气焊火焰。

① 中性焰。氧气和乙炔的混合比为 1～1.2 时燃烧所形成的火焰称为中性焰，又称为正常焰。其焰心特别明亮，内焰颜色较焰心暗，呈淡白色，温度最高可达 3000℃～3200℃，外焰温度较低，呈淡蓝色。焊接时应使熔池及焊丝末端处于焰心前 2～4mm 的最高温度区。

中性焰应用最广，一般常用于焊接碳钢、紫铜和低合金钢等。

② 碳化焰。氧气和乙炔的混合比小于 1 时燃烧所形成的火焰称为碳化焰。其火焰特征为内焰变长且非常明亮，焰心轮廓不清，外焰特别长。且温度也较低，最高温度约为 2700℃～3000℃。

碳化焰中的乙炔过剩，适用于焊接高碳钢、铸铁和硬质合金等材料。焊接其他材料时,使焊缝金属增碳,变得硬而脆。

③ 氧化焰。氧气和乙炔的混合比为大于 1.2 时燃烧所形成的火焰称为氧化焰。由于氧气较多,燃烧比中性焰剧烈,火焰各部分长度均缩短,温度比中性焰高,可达 3100℃～3300℃。由于氧化焰对熔池有氧化作用,故一般不宜采用,只适用于焊接黄铜、镀锌铁皮等。

(2)气焊的特点及应用

① 生产率低。气焊火焰温度低,加热缓慢。

② 焊件变形大。气焊热量分散,热影响区宽。

③ 接头质量不高。焊接时火焰对熔池保护性差。

④ 气焊火焰易控制和调整,灵活性强。气焊设备不需电源

因此,气焊适用于 3mm 以下的低碳钢薄板、铸铁焊补以及质量要求不高的铜和铝合金等合金的焊接。

2. 气割

氧气切割简称气割。气割的效率高、成本低、设备简单,并能在各种位置进行切割,因此它被广泛用于钢板下料和铸钢件浇冒口的割除。

气割是利用中性焰将金属预热到燃点,然后开放切割氧,将金属剧烈氧化成熔渣,并从切口中吹掉,从而将金属分离。

被切割金属应具备的条件是:

◆金属的燃点应低于其熔点。否则切割前金属先熔化,使切口过宽并凹凸不平。

◆燃烧生成的金属氧化物熔点应低于金属本身的熔点,以便融化后吹掉。

◆金属燃烧时应放出大量的热,以利于切割过程不断进行下去。

◆金属导热性要低,以利于预热。

碳的质量分数在 0.4% 以下的碳钢,以及碳的质量分数在 0.25% 以下的低合金钢都能很好地用氧气切割。这是因为它们的燃点(1350℃)低于熔点(1500℃),氧化铁的熔点(1370℃)低于金属本身的熔点,同时在燃烧时放出大量的热。当含碳为 0.4～0.7% 时,切口表面容易产生裂缝,这时应将被切割的钢板预热到 250℃～300℃ 再进行气割。碳的质量分数大于 0.7% 的高碳钢,因钢板的燃点与熔点接近,切割质量难以保证。

铸铁不能气割,因铸铁熔点低于它的燃烧温度。不锈钢含铬较多,氧化物 Cr_2O_3 的熔点高于不锈钢的熔点,因此难以切割。

有色金属如铜和铝等,因导热性好,容易氧化,氧化物的熔点都高于金属本身的熔点,因此也不能用气割。

8.2.6 电阻焊

电阻焊又称接触焊。它是利用电流通过两焊件接触处所产生的电阻热($Q=I^2Rt$)作为焊接热源,将接头加热到塑性状态或熔化状态,然后迅速施加顶锻压力,以形成牢固的焊接接头。

因为焊件间的接触电阻有限,为使焊件在极短时间内达到高温,以减少散热损失,所

以电阻焊采用大电流(几千到几万安)、低电压(几伏到十几伏)的大功率电源。电阻焊具有生产率高、焊件变形小、劳动条件好、不需添加填充金属,易实现机械化、自动化等优点;但设备复杂、耗电量大,对焊件厚度和截面形状有一定的限制;通常适用于大批量生产。

电阻焊按其接头型式不同,可分为点焊、缝焊和对焊三种形式,如图 8-23 所示。

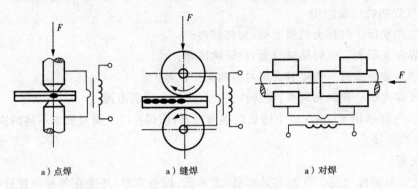

a)点焊　　　　　　a)缝焊　　　　　　a)对焊

图 8-23　电阻焊的形式

1. 点焊

点焊是利用电流通过柱状电极和搭接的两焊件产生电阻热,将焊件加热并局部熔化,然后在压力作用下形成焊点,如图 8-23a 所示。

每个焊点的焊接过程是:

$$\boxed{\text{电极压紧焊件}} \longrightarrow \boxed{\text{通电加热}} \longrightarrow \boxed{\text{断电}} \xrightarrow{\text{维持原压或增压}} \boxed{\text{去压}}$$

当工件上有多个焊点时,焊点与焊点间应有一定的距离(如 0.5mm 厚碳钢薄板工件,焊点间距为 10mm)。以防止"分流现象"。分流将使第二个焊点的焊接电流减小而影响焊接质量

点焊主要用于焊接厚度为 4mm 以下的薄板、冲压结构件及线材等,每次焊一个点或多个点。目前,点焊已广泛用于制造汽车、车厢、飞机等薄壁结构以及罩壳和轻工、生活用品等。

2. 缝焊

缝焊又称滚焊(图 8-23b),其焊接过程与点焊相似,只是用旋转的圆盘状滚状电极代替了柱状电极。焊接时,盘状电极压紧焊件并转动(也带动焊件向前移动),配合断续通电,即形成连续重叠的焊点。

缝焊时,焊点相互重叠 50% 以上,密封性好。主要用于制造要求密封性的薄壁结构。如汽车油箱、小型容器与管道等。但因缝焊过程分流现象严重,焊接相同厚度的工件时,焊接电流约为点焊的 1.5~2 倍。因此要使用大功率焊机,用精确的电气设备控制间断通电的时间。缝焊只适用于厚度 3mm 以下的薄板结构。

3. 对焊

对焊是利用电阻热使两个工件在整个接触面上焊接起来的一种方法,如图 8-23c 所示。根据焊接工艺不同,对焊可分为电阻对焊和闪光对焊两种。

①电阻对焊

电阻对焊的焊接过程为：

压紧对接的焊件 ⟶ 通电加热 ⟶ 顶段并断电 ⟶ 去压

电阻对焊操作简单，接头比较光滑。但焊前应认真加工和清理端面，否则易造成加热不匀，连接不牢的现象。此外，高温端面易发生氧化，质量不易保证。电阻对焊一般只用于焊接截面形状简单、直径（或边长）小于 20mm 和强度要求不高的工件。

②闪光对焊

闪光对焊的过程为：

焊件接通电源（两件尚未接触）⟶ 两件接近、闪光 ⟶ 顶段并断电 ⟶ 去压

闪光对焊接头中夹渣少，质量好，强度高。缺点是金属损耗较大，闪光火花易玷污其他设备与环境，接头处焊后有毛刺需要加工清理。

闪光对焊常用于对重要工件的焊接。可焊相同金属件，也可焊接一些异种金属（铝-铜、铝-钢等）。被焊工件直径可小到 0.01mm 的金属丝，也可以是端面大到 20000mm2 的金属棒和金属型材。

8.2.7 摩擦焊

摩擦焊是利用焊件接触端面相对旋转运动中相互摩擦所产生的热量，使端部达到塑性状态，然后迅速顶锻，从而完成焊接的一种焊接方法。

摩擦的形式有两种（图 8-24）：一是一侧焊件旋转法，焊接时一个焊件固定不动，另一个做旋转运动，这是最简单的一种，主要用于长度不大的焊件；二是双侧焊件旋转法，焊接时两个焊件相对旋转，用于要求加热快的情况。

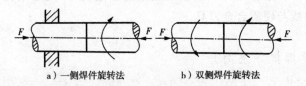

a）一侧焊件旋转法   b）双侧焊件旋转法

图 8-24 摩擦焊形式

摩擦焊的特点是：

◆在摩擦焊过程中，焊件接触表面的氧化膜与杂质被清除，因此接头组织致密，不易产生气孔、夹渣等缺陷，接头质量好且稳定。

◆可焊接的金属范围较广，不仅可焊同种金属，也可以焊接异种金属。

◆焊接操作简单，不需焊接材料，容易实现自动控制，生产率高。

◆电能消耗少（只有闪光对焊的 1/10～1/15）。

◆设备复杂，一次性投资大。

因此，摩擦焊广泛用于圆形工件、棒料及管类件的焊接。目前，国内摩擦焊主要用于焊接异种金属和异种钢、结构钢。国外大量应用于焊接汽车、拖拉机工业焊接结构钢产品以及圆柄刀具。

8.2.8 钎焊

钎焊的能源可以是化学反应热,也可以是间接热能。它是利用熔点比被焊材料熔点低的金属作钎料,经过加热钎料熔化,靠毛细管作用将钎料吸入到接头接触面的间隙内、润湿被焊金属表面,使液相与固相之间相互扩散而形成钎焊接头。因此,钎焊是一种固相兼液相的焊接方法。

根据钎料熔点不同,钎焊可分为硬钎焊和软钎焊两种。

(1)硬钎焊。钎料熔点在450℃以上,接头强度在200MPa以上。主要用于受力较大的钢铁和铜合金构件的焊接(如自行车架、带锯锯条等)以及工具、刀具的焊接。

(2)软钎焊。钎料熔点在450℃以上,接头强度较低,一般在70MPa。主要用于焊接受力不大、工作温度较低的工件。

与一般熔化焊相比,钎焊的特点是:

◆工件加热温度较低,组织和力学性能变化很小,变形也小。接头光滑平整,工件尺寸精确。

◆可焊接性能差异很大的异种金属,对工件厚度的差别也没有严格限制。

◆工件整体加热钎焊时,可同时钎焊多条(甚至上千条)接缝组成的复杂形状构件,生产率很高。

◆设备简单,投资费用少。

但钎焊的接头强度较低,尤其是动载强度低,允许的工作温度不高,焊前清整要求严格,而且钎料价格较贵。

因此,钎焊不适合于一般钢结构件和重载、动载零件的焊接。钎焊主要用于制造精密仪表、电气部件、异种金属构件以及某些复杂薄壁结构,如夹层结构、蜂窝结构等。也常用于钎焊各类导线与硬质合金刀具。

8.2.9 其他焊接方法简介

科学技术和生产的发展,对焊接工艺技术提出了更高的要求,为了满足这一要求,人们相继研制成功了许多新的焊接工艺方法。这些焊接工艺方法在缩小焊接热影响区、减少焊接应力与变形、改善焊接质量和提高焊接效率等方面都取得了重大进展,特别是在高精尖产品零件、难熔金属及高合金零件的焊接中获得了广泛应用。

1. 真空电子束焊

在真空室内,用聚集的高速电子束,以很高的能量密度轰击焊件表面,将动能转变为热能,使焊件接头表面在瞬间熔化,形成焊缝的方法称为真空电子束焊。其特点是:

◆能量密度大,约为电弧焊的5000~10000倍,电子束穿透能力强。

◆焊接速度快,热影响区小,焊接变形小。

◆焊缝深而窄,这对于不开坡口的单道焊缝是十分有利的。

◆真空保护好,焊缝质量高,特别适合于活泼金属的焊接。

◆缺点是设备复杂、成本高、使用维护较困难,对接口装配质量要求严格及需防 X 射线等。

电子束焊用于其他焊接方法难以焊接的复杂焊件及特种金属、难熔金属,如发动机喷管、核反应堆壳体和微动减振器等。

2. 超声波焊

利用超声波的高频振荡能对焊件接头进行局部加热和表面清理,然后施加压力实现焊接的一种压焊方法即超声波焊。超声波焊利用超声波传感器发出平行和垂直于焊件表面的振动。振动产生的切力和正应力把焊接面的氧化层和杂质击碎并排除,通过压紧力便可实现焊件间的结合。其特点是:

◆焊点形成靠超声波的能量,工件不需通电加热,故焊点附近金属组织和性能的变化小。

◆适合于同种金属、异种金属,以及非金属的连接。

◆焊件变形小、尺寸精确。

◆可用于微连接以及厚薄差别很大的焊件,如箔、丝、网等工件的连接。

◆焊接消耗功率小,只有电阻焊的 5% 左右。如焊接两片 0.8mm 厚的铝合金,只需 $(2\sim3)$kW,而电阻焊却要 $(70\sim75)$kW。

◆焊前对表面清洗要求不高,只需去除油污,而不要清除氧化膜。

因此超声波焊在无线电元件、仪表、半导体、金属陶瓷等工业部门得到广泛应用。

3. 激光焊

激光焊是利用大功率相干单色光子流聚焦而成的激光束为热源进行的焊接。这种焊接方法通常有连续功率激光焊和脉冲功率激光焊。其特点是:

◆激光能聚焦成很小光点(直径可达 $10\mu m$),焊缝可极为窄小。

◆能量密度大,穿透深度大,温度可达 5000℃~9000℃,可熔焊所有金属。

◆焊接速度快(1ms 左右),焊件不易氧化,热影响区小,晶粒为细小的树枝状结晶,焊接变形小。

◆灵活性大,可远距离焊接或在一些难以接近的部位焊接。

激光焊应用于低强钢、不锈钢、铝及其合金、钛合金、耐热合金,钽、铌、锆、高熔点难熔金属,钼、钨几非金属(如陶瓷)等多种材料,如汽车变速箱齿轮组件等。但因激光器的功率限制,一般只有 600W 左右,故只能焊接薄板材料。

4. 等离子弧焊

一般电弧焊中的电弧,不受外界约束,称为自由电弧,电弧区内的气体尚未完全电离,能量也未高度集中起来。如果采用一些方法使自由电弧的弧柱受到压缩(称为压缩效应),弧柱中的气体就完全电离,产生温度比自由电弧高得多的等离子弧。

等离子电弧发生装置如图 8-25 所示。在钨极和工件之间加一较高电压,经高频振荡使气体电离形成电弧。此电弧在通过具有细孔道的喷嘴时,弧柱被强迫缩小,此作用称为机械压缩效应。

当通入一定的压力和流量的氩气或氮气时,冷气流均匀地包围着电弧,使弧柱外围受到强烈冷却,迫使带电粒子流(离子和电子)往弧柱中心集中,弧柱被进一步压缩。这种压缩作用称为热压缩作用。

带电粒子流在弧柱中的运动,可看成是电流在一束平行的"导线"内流过,其自身磁场所产生的电磁力使这些"导线"互相吸引靠近,弧柱又进一步被压缩。这种压缩作用称为电磁收缩效应。

电弧在上述三种压缩效应的作用下,被压缩得很细,能量高度集中,弧柱内的气体完全电离为电子和离子,称为等离子弧,其温度高达 16000K 以上。

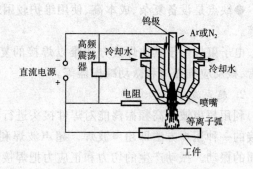

图 8-25 等离子弧焊示意图

等离子弧焊除具有氩弧焊的优点外,还有以下特点:

◆能量密度大,弧柱温度高,穿透能力强;

◆焊接电流小到 0.1A 时,电弧仍能稳定地保持良好的挺直度与方向性。

等离子弧焊主要用于碳钢、合金钢、耐热钢、不锈钢、铜合金、镍合金、钛合金等材料的焊接,如钛合金的导弹壳体、飞机上薄壁容器、电容器的外壳、汽轮机叶片等。但设备价格较贵。

等离子弧除用于焊接外,还可用于切割,称为等离子弧切割。等离子弧切割不仅切割效率比氧气切割高 1~3 倍,而且还可以切割不锈钢、铜、铝及其合金、难熔的金属和非金属材料。

5. 爆炸焊

爆炸焊是将炸药直接敷在金属表面上,利用接触爆炸(也可以通过如水等液体介质来传递爆炸时产生的冲击波)的压力造成焊件的迅速碰撞,并紧密连接的一种压焊方法。其特点是:

◆时间极短,以毫秒或微秒计,所以即使局部温度高达 3000℃,但焊接仍是一个"冷过程"。对用其他方法较难实现连接的金属,如对活泼性很大的钽、铌、锆等稀有金属宜采用爆炸焊。此时,金属不熔化,在两金属间结合面上不会产生脆性的金属间化合物。

◆爆炸焊接头具有双重连接的特点,既有冶金特点的连接,又有犬牙交错的机械连接,故接头强度较高。

◆不需要复杂的设备,工艺简单,成本低,使用方便。

◆噪声大,制造大面积复合板需较大场地。

◆对冲击韧性低、塑性很差的金属不能采用爆炸焊。

8.3　焊接结构设计

焊接结构的设计在结构满足使用性能要求的前提下,还应考虑结构焊接工艺的要求,力求做到制造方便,生产率高,成本低、焊接质量好。主要包括以下几个方面:

8.3.1 焊接结构材料的选择

在进行焊接结构材料选择时应注意以下几个问题：

(1)在满足工作性能要求的前提下,应该选用焊接性较好的材料来制造焊接结构件。低碳钢和强度等级较低的低合金钢具有良好的焊接性。这类钢适用于各种焊接方法,而且在一般情况下不需要采用特殊的工艺措施,就能获得优质的焊接接头。由于塑性良好,不仅焊接应力的影响较小,而且对变形也易于校正。

(2)异种金属焊接时必须注意其焊接性。一般要求接头强度不低于被焊钢材中的强度较低者,并应在设计中对焊接工艺提出要求,按焊接性较差的钢种采取措施,如焊前预热或焊后热处理等。对不能用熔焊方法获得满意接头的异种金属应尽量不用。

(3)焊接结构件的金属最好采用相等的厚度。这样容易获得优质的焊接接头。如果采用两块厚度相差悬殊的金属材料进行焊接,则接头处会造成应力集中,而且由于接头两边热容量不等,容易产生焊不透的缺陷。

不同厚度的钢板对接焊接时,允许厚度差见表8-2。如果对接钢板厚度差超过表中的规定值,则应在较厚板上加工出单面或双面斜边的形式,以保证接头质量。

表 8-2 不同钢板厚度对接的允许厚度差

较薄板的厚度/mm	≥2~5	>5~9	>9~12	>12
允许厚度差/mm	1	2	3	4

(4)应多采用工字钢、槽钢、角钢和钢管等型材,以降低结构重量,减少焊缝数量,简化焊接工艺,增加结构件的强度和刚性。对形状比较复杂的部分,还可以选用铸钢件、锻件或冲压件来焊接。

此外,考虑到节约用材,在设计焊接结构件的形状和尺寸时,还应注意到原材料的尺寸规格,以便下料是尽量减少边角废料。

8.3.2 焊缝的布置

焊接结构件中的焊缝布置,与产品质量、生产率、工人劳动条件等都有密切关系。其一般的设计准则简述如下。

1. 焊缝布置应尽量分散

焊缝密集或交叉,会加大热影响区,造成金属的严重过热,使组织恶化,性能下降。两条焊缝间距一般要求大于三倍板厚且不小于 100mm。如图 8-26 所示 a、b、c 的结构应改为 d、e、f 的结构形式。

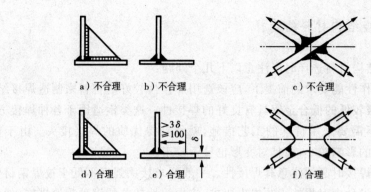

图 8-26　焊缝分散布置

2. 焊缝应尽可能对称

偏置焊缝会产生较大的焊接变形,对称焊缝则可能使焊缝引起的变形互相抵消,而无明显变形。因此,焊缝布置应尽可能对称,如图 8-27 所示。

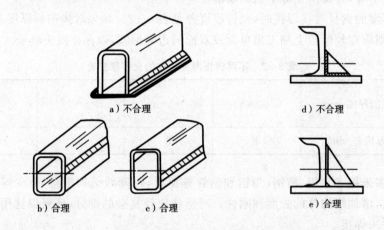

图 8-27　焊缝对称布置的设计

3. 焊缝应尽可能避开最大应力处和应力集中处

对于一些受理条件严重的焊接结构件,为了安全起见,在最大应力和应力集中的位置不应设置焊缝。如焊接大跨距的钢梁,假使原材料长度不够,则宁可增加一条焊缝,而使焊缝避开最大应力的地方;压力容器一般不采用平板封头和无折边封头,而应采用蝶形封头和球状封头等,如图 8-28 所示。

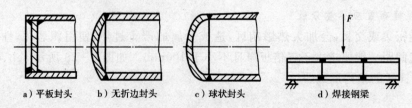

图 8-28　焊缝避开最大应力和应力集中位置的设计

4. 焊缝布置应便于操作

焊缝位置要考虑到有足够的操作空间。对于图 8-29a、b 所示焊接件中的内侧焊缝，焊条无法伸入，所以焊接操作是有困难的。改成图 8-29c、d 所示的结构后，施焊就比较方便。

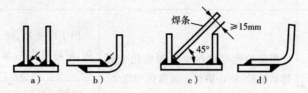

图 8-29 焊缝位置于操作空间的关系

5. 焊缝应尽量避开机械加工表面

有些焊接结构需要进行机械加工，为保证加工表面精度不受影响，焊缝应避开这些加工表面，如图 8-30 所示。

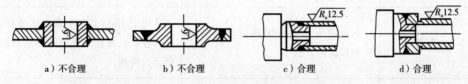

a) 不合理 　　 b) 不合理 　　 c) 合理 　　 d) 合理

图 8-30 焊缝远离加工表面的设计

此外，焊缝的布置应尽量能在水平位置上进行焊接；同时要减少或避免工件的翻转。良好的焊接结构设计，还应尽量使全部焊接部件（至少是主要部件）能在焊接前一次装配点固。这样能简化焊接工艺，减少辅助时间，对提高生产率大为有利。

先导案例解答

由液化石油气钢瓶的结构特点分析，该结构可采用焊接的方法成型，采用如图 8-31 所示方案，瓶体由上、下封头和筒身三部分组成。上、下封头冲压成型，筒身由钢板卷圆后焊好，再将上、下封头与筒身焊在一起，焊接方法采用埋弧自动焊。

瓶嘴用圆钢切削加工后，用焊条电弧焊方法焊到瓶体上。

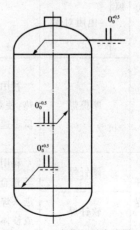

图 8-31 液化石油气钢瓶焊接示意图

小 结

本章应重点掌握焊接工艺基础知识、常用焊接方法的特点及应用、焊缝的布置等。常用焊接方法小结如下：

焊接方法			含 义	应用范围
熔化焊	埋弧自动焊		电弧被埋在颗粒焊剂层下的焊接方法	主要用来焊接生产批量大、厚度较大且长的直焊缝和大直径圆筒的环形焊缝
	气体保护焊	氩弧焊	用保护性气体将空气和熔化金属机械隔开,防止熔化金属氧化和氮化	用于焊接铝、镁、钛及其合金、不锈钢、耐热钢及锆、钽、钼等稀有金属
		CO_2气体保护焊		适用于低碳钢和低合金高强度结构钢薄板的焊接
	电渣焊		是利用电流通过液体熔渣所产生的电阻热将焊件和焊丝(电极)熔化形成焊缝的	主要用于焊接厚度大于40mm的工件
	气焊		是利用气体火焰加热熔化焊件接头和焊丝的方法	适用于3mm以下的低碳钢薄板、铸铁焊补以及质量要求不高的铜和铝等合金的焊接
压力焊	点焊		利用电流通过两焊件接触处所产生的电阻热作为焊接热源,将焊件局部加热到高温塑性状态或熔化状态,并在压力作用下形成牢固接头	主要用于焊接各种薄板(0.5~8mm)冲压结构件、金属网和钢筋构件等
	缝焊			主要用于制造密封性要求高的薄壁容器,如油箱、水箱等
	对焊	闪光对焊		常用于重要的焊接件,如对焊刀具、钢筋等
		电阻对焊		主要用于焊接截面简单、直径或边长小于20mm和强度要求不高的工件
	摩擦焊		利用焊件表面相互摩擦所产生的热,使焊件端面达到热塑性状态,然后迅速顶锻,形成焊接接头	常用来焊接圆截面工件及管子等
钎焊	硬钎焊		利用熔点比焊件金属低的钎料作填充金属,经适当加热后,钎料熔化进入焊缝间将处于固态的焊件连接成整体隙	主要用于精密仪表、电气零部件、异种金属焊件及空间技术等的小件或精密件
	软钎焊			

复习思考题

8-1 何谓焊接电弧？试述焊接电弧基本构造及温度、热量分布。用直流和交流电焊接效果一样吗？

8-2 什么是直流正接和直流反接？应如何选用？

8-3 为什么不能用一般电力电源代替电弧焊电源？

8-4 焊条各组成部分的作用是什么？酸性焊条和碱性焊条有何区别？应如何选择？

8-5 焊接变形的基本形式有哪些？如何预防和矫正焊接变形？

8-6 埋弧焊与焊条电弧焊相比具有哪些特点？埋弧焊为什么不能代替焊条电弧焊？

8-7 试从焊接质量、生产率、焊接材料、成本和应用范围等方面对下列焊接方法进行比较：

焊条电弧焊　　气焊　　埋弧焊　　氩弧焊　　二氧化碳气体保护焊

8-8 何谓焊接性？影响焊接性的因素是什么？如何来衡量钢材的焊接性？

8-9 如图所示三种焊件，其焊缝布置是否合理？若不合理，请加以改正。

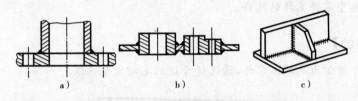

a)　　　　　　　　b)　　　　　　　　c)

题 9 图

8-10 如下图所示为两种铸造支架。原设计材料为 HT150，单件生产。现拟改为焊接结构，请设计结构图，选择原材料和焊接方法。

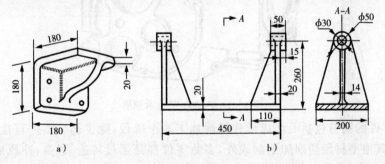

a)　　　　　　　　b)

题 10 图

第 9 章　机械零件毛坯的选择

【本章知识点】

(1)掌握毛坯的种类及选择原则；

(2)掌握典型零件毛坯的选择。

【先导案例】

如图 9-1 所示为汽缸体零件，请选择合适的毛坯成型方法。

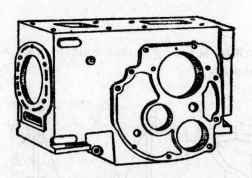

图 9-1　汽缸体零件示意图

机械零件的制造包括毛坯成形和切削加工两个阶段，除少部分零件直接用圆钢、钢管、钢板或其他型材经切削加工制成外，多数零件都是通过铸造、锻造、冲压或焊接等方法制成毛坯，再经过切削加工制成的。因此，毛坯选择得正确与否，不仅影响每个零件乃至整个机械的制造质量和使用性能，而且对于生产周期和成本也有很大影响。为此，要正确、合理地选择毛坯，就必须对各类毛坯的特点、适用范围，以及涉及毛坯成本、质量的各重要因素，有较清楚的了解。

9.1　常见零件毛坯的种类

毛坯的种类及其生产方法在前面章节中已有叙述，主要包括铸件、锻件、冲压件、焊接件等。不同的毛坯制造方法所适应的材料、零件形状结构和尺寸大小有很大差异，其生产成本和生产率也不同。各类毛坯制造方法及其主要特点的比较见表 9-1。

表 9-1 常用毛坯制造方法及其主要特点的比较

比较内容＼毛坯类型	铸 件	锻 件	冲压件	焊接件	轧 件
成型特点	液态下成形	固态下塑性变形	同锻件	永久性连接	同锻件
对原材料工艺性能要求	流动性好，收缩率低	塑性好，变形抗力小	同锻件	强度高，塑性好，液态下化学稳定性好	同锻件
常用材料	灰铁、球铁、中碳钢及铝合金、铜合金等	中碳钢及合金结构钢	低碳钢及有色金属薄板	低碳钢、低合金钢、不锈钢及铝合金等	低、中碳钢,合金结构刚,铝合金、铜合金等
金属组织特征	晶粒粗大、疏松、杂质无方向性	晶粒细小、致密	拉深加工后沿拉深方向形成新的流线组织，其他工序加工后原组织基本不变	焊缝区为铸造组织，熔合区和过热区有粗大晶粒	同锻件
力学性能	灰铸铁件力学性能差、球墨铸铁、可锻铸铁及铸钢件较好	比相同成分的铸钢件好	变形部分的强度、硬度提高，结构刚度好	接头的力学性能可达到或接近母材	同锻件
结构特征	形状一般不受限制,可以相当复杂	形状一般较铸件简单	结构轻巧,形状可以较复杂	尺寸、形状一般不受限制,结构较轻	形状简单,横向尺寸变化小
零件材料利用率	高	低	较高	较高	较低
生产周期	长	自由锻短,模锻长	长	较短	短
生产成本	较低	较高	批量越大,成本越低	较高	低
主要适用范围	灰铸铁件用于受力不大或承压为主的零件,或要求有减震、耐磨性能的零件;其他铁碳合金铸件用于承受重载或复杂载荷的零件;机架、箱体等形状复杂的零件	用于对力学性能,尤其是强度和韧性,要求较高的传动零件和工具、模具	用于以薄板成型的各种零件	主要用于制造各种金属结构,部分用于制造零件毛坯	形状简单的零件

（续表）

毛坯类型 比较内容	铸　件	锻　件	冲压件	焊接件	轧　件
应用举例	机架、床身、底座、工作台、导轨、变速箱、泵体、阀体、带轮、轴承座、曲轴、齿轮等	机床主轴、传动轴、曲轴、连杆、齿轮、凸轮、螺栓、弹簧、锻模、冲模等	汽车车身覆盖件、电器及仪器、仪表壳及零件、油箱、水箱,各种薄金属件	锅炉、压力容器、化工容器、管道、厂房构架、吊车构架、桥梁、车身、船体、飞机构件、重型机械的机架、立柱、工作台等	光轴、丝杠、螺栓、螺母、销子等

由于每种类型的毛坯都可以有多种制造方法,各类毛坯在某些方面的特征可以在一定范围内变化。因此,表中所列特点并不是绝对的,只是就一般情况而言。

9.2　毛坯选择的原则

9.2.1　满足材料的工艺性能要求

零件材料的选择与毛坯的选择关系密切,零件材料的工艺性能直接影响着毛坯生产方法的选择。按加工工艺方法的不同,金属材料可分为铸造合金和压力加工合金两大类。各种材料与毛坯生产方法的关系见表9-2。

表9-2　材料与毛坯生产方法的关系

毛坯生产方法 \ 材料	低碳钢	中碳钢	高碳钢	灰铸铁	铝合金	铜合金	不锈钢	模具钢工具钢	塑料	橡胶
砂型铸造	+	+	+	+	+	+	+	+		
金属型铸造				+	+	+				
压力铸造					+	+				
熔模铸造	+	+	+				+	+		
锻　造	+	+	+		+	+	+	+		
冷冲压	+	+	+		+	+	+			
粉末冶金	+	+	+		+	+		+		
焊　接	+	+			+	+	+	+	+	

（续表）

毛坯生产方法 ＼ 材料	低碳钢	中碳钢	高碳钢	灰铸铁	铝合金	铜合金	不锈钢	模具钢工具钢	塑料	橡胶
挤压型材改制	+				+	+			+	+
冷拉型材改制	+	+	+		+	+			+	+
备　注									可压制及吹塑	可压制

注："＋"表示材料适宜或可以采用的毛坯生产方法。

根据表 9-2 可以粗略地估计各种材料所能适应的毛坯生产方法和各种毛坯方法所能适应的材料。例如，碳素钢主要适应于锻造生产，但有些碳素钢也具有较好的铸造性能，这时就要在保证满足力学性能要求的前提下，根据材料工艺性能的好坏来做出选择。

应当指出，铸铁、铸铝等铸造合金焊接性一般都较差，因此，在采用"铸-焊"方法生产毛坯时，主要是利用各种铸钢。

9.2.2　满足零件的使用要求

机械产品都是由若干零件组成的，保证零件的使用要求是保证产品质量的基础。因此，毛坯首先必须保证满足零件的使用性能要求。

零件的使用要求主要包括零件的工作条件（通常指零件的受力情况、工作环境和接触介质等）对零件结构形状和尺寸的要求，以及对零件性能的要求。

1. 结构形状和尺寸的要求

机械零件由于使用功能的不同，其结构形状和尺寸往往差异较大，各种毛坯制造方法对零件结构形状和尺寸的适应能力也不相同。所以，选择毛坯时，应认真分析零件的结构形状和尺寸特点，选择与之相适应的毛坯制造方法。

对于结构形状复杂的中小型零件，为使毛坯形状与零件较为接近，应选择铸件毛坯。为满足结构形状复杂的要求，可根据其他方面的要求选择砂型铸造、金属型铸造或熔模铸造等；对于结构形状很复杂且轮廓尺寸不大的零件，宜选择熔模铸造。对于结构形状较为复杂，且抗冲击能力、抗疲劳强度要求较高的中小型零件，宜选择模锻件毛坯；对于那些结构形状相当复杂且轮廓尺寸又较大的大型零件，以选择组合毛坯。

2. 力学性能的要求

对于力学性能要求较高，特别是工作时要承受冲击和交变载荷的零件，为了提高抗冲击和抗疲劳破坏的能力，一般应选择锻造毛坯，如机床、汽车的传动轴和齿轮等；对于由于其他方面原因需采用铸件，但又要求零件的金相组织致密、承载能力较强的零件，应选择相应的能满足要求的铸造方法，如压力铸造、金属型铸造和离心铸造等。

3. 表面质量的要求

为降低生产成本，现代机械产品上的某些非配合表面有尽量不加工的趋势，即实现少、无切屑加工。为保证这类表面的外观质量,对于尺寸较小的非铁金属件,宜选择金属型铸造、压力铸造或精密模锻等;对于尺寸较小的钢铁件,则宜选择熔模铸造(铸钢件)或精密模锻(结构钢件)。

4. 其他方面的要求

对于具有某些特殊要求的零件,必须结合毛坯材料和生产方法来满足这些要求。例如,某些有耐压要求的套筒零件,要求零件金相组织致密,不能有气孔、砂眼等缺陷,如果零件选材为钢材,则宜选择型材(如液压油缸常采用无缝钢管);如果零件选材为铸铁,则宜选择离心铸造(如内燃机的汽缸套,其材料为 QT600－2002,毛坯即为离心铸造铸件)。对于在自动机床上进行加工的中小型零件,由于要求毛坯精度较高,故宜采用冷拉型材,如微型轴承的内、外圈是在自动车床上加工的,其毛坯采用冷拉圆钢。

9.2.3 满足经济性的要求

要降低毛坯的生产成本,在选择毛坯时,必须认真分析零件的使用要求及所用材料的价格、结构工艺性、生产批量的大小等各方面情况。首先,应根据零件的选材和使用要求确定毛坯的类别,再根据零件的结构形状、尺寸大小和毛坯生产的结构工艺性及生产批量大小确定具体的制造方法,必要时还可按有关程序对原设计提出修改意见,以利于降低毛坯生产成本。

1. 生产批量较小时的毛坯选择

生产批量较小时,毛坯的生产率不是主要问题,材料利用率的矛盾也不太突出,这时应主要考虑的问题是减少设备、模具等方面的投资,即使用价格比较便宜的设备和模具,以降低生产成本。如使用型材、砂型铸造件、自由锻件、胎模锻件、焊接结构件等作为毛坯。

2. 生产批量较大时的毛坯选择

生产批量较大时,提高生产率和材料的利用率,降低废品率,对降低毛坯的单件生产成本将具有明显的经济意义。因此,应采用比较先进的毛坯制造方法来生产毛坯。尽管此时的设备造价昂贵、投资费用高,但分摊到单个毛坯上的成本是较低的,并由于工时消耗、材料消耗及后续加工费用的减少和毛坯废品率的降低,从而有效降低毛坯生产成本。

此外,还应与企业的具体生产条件相结合。当外协件的价格低于本企业生产成本,且又能满足交货期要求时,应当采用外协件,以降低成本。

总之,毛坯选择时,应在保证毛坯质量的前提下,力求选用高效、低成本、制造周期短的毛坯生产方法。选择毛坯时,一般先由设计人员提出毛坯材料和加工后要达到的质量要求。然后,再由工艺人员根据零件图、生产批量或一定时间内的数量,并综合考虑交货期限及现有可利用的设备、人员和技术水平,选定合适的毛坯制造方法,以便在保证产品质量的前提下,获得最好的经济效益。

9.3　典型零件毛坯的选择

根据毛坯的选择原则下面介绍轴杆类、盘套类和机架箱体类等典型零件的毛坯选择方法。

1. 轴杆类零件的毛坯选择

轴杆类零件是机械产品中支撑传动件、承受载荷、传递扭矩和动力的常见典型零件，其结构特征是轴向（纵向）尺寸远大于径向（横向）尺寸，包括各种传动轴、机床主轴、丝杠、曲轴、偏心轴、凸轮轴、齿轮轴、连杆、摇臂、螺栓和销等。

按承载不同，轴大体上分为：

◆心轴。仅承受弯矩、不传递转矩的轴，如自行车轮轴等。

◆传动轴。主要传递转矩、不承受或承受很小弯矩的轴，如车床上的光杠等。

◆转轴。既承受弯矩、又传递转矩的轴，如机床的主轴、减速器中的齿轮轴等。

上述三类轴，依其承载及功能不同，主要选用中碳调质钢（适于中等载荷或一般要求的轴）、合金结构钢（适于重载、冲击及耐磨要求的轴）等材料。显然，用这些材料制造的轴几乎都是锻件，并依生产批量不同，采用自由锻或模锻制造。

对于光滑的或有阶梯但直径相差不大的一般轴，常用型材（即热轧或冷拉圆钢）作为毛坯。

有些异形轴，如曲轴、凸轮轴等：在满足使用要求的情况下，有时也可以用球墨铸铁制造毛坯；大批量生产时，常用机器造型制坯。

有些大型的轴杆类零件的毛坯，如我国自行设计制造的 12000t 水压机，其空心立柱长 8m、直径 1m、壁厚 300 mm，就是用铸钢件，分六段焊接而成的。

有些近似轴类零件的毛坯，往往依其各部分的不同功能而选用不同材料，经焊接而成。例如，汽车发动机的配气阀，分别用 4Cr9Si2（阀盖）和 45 钢（阀杆）焊成，既节省贵重金属，又使结构更趋合理。

2. 盘套类零件的毛坯选择

盘套类零件是指直径尺寸较大而长度尺寸相对较小的回转体零件（一般长度与直径之比小于 1）。属于这类零件的有各种齿轮、带轮、飞轮、联轴节、套环、轴承环、端盖、螺母、垫圈及一些饼块件（如锻模）等。依其功能不同，选用的材料和毛坯也各不相同。下面以齿轮为例说明如下：

齿轮是机器中重要传动件之一。齿轮啮合运转时，轮齿受到弯矩，有时还受冲击作用；齿面受到接触应力和摩擦力的作用等。弯矩、冲击力可能使轮齿折断；接触应力及摩擦力将使齿面发生点蚀、磨损和胶合等破坏。因此齿轮选材基本要求是：轮齿具有足够的抗弯强度；齿面的硬度和耐磨性足够。对承受冲击的齿轮，要求心部的韧性高。

上述要求随齿轮的工作环境条件的恶化而提高。在野外尘土飞扬的环境中，或在腐蚀性介质中工作的齿轮就是如此。

齿轮常用材料是钢和铸铁，有些齿轮也用有色金属或非金属制造。

齿轮的形状有整体圆饼状，也有带轮辐或肋板的齿轮。齿轮尺寸从直径几毫米到几米，甚至更大。

综合上述对齿轮的要求，齿轮毛坯及其成型方法大体如下：

◆要求传动精确、结构小巧的仪表齿轮，大量生产时可以用黄铜板料精冲而成，或用铝合金压铸制成。

◆重要机械上的齿轮，例如，切削机床上的主轴箱内的直齿圆柱齿轮，对传动精度、传递功率和结构紧凑性等都有较高的要求，常用 20Cr、20CrMnTi 等合金渗碳钢制造。单件(配件)生产、直径较小者可直接以圆钢为毛坯，经切削加工制成；如果大量生产可用热轧制坯。

机床上的一般齿轮，可以用中碳调质钢，经自由锻或模锻制坯，有些不重要的低速齿轮，可以用灰铸铁，经手工造型或机器造型制得齿坯。

◆重型机械上的大型齿轮由于锻造比较困难，可以用中碳铸钢(如 ZG270-500 或 ZG310-570)、球墨铸铁，经砂型铸造制坯。处于粉尘环境工作的矿山机械中的大型齿轮，更多地采用铸铁制坯。

在铸锻能力受限或单件生产时，也可以将齿轮的各部分分别铸造或锻造，再用焊接将其连成整体；有时对过大的齿形圈则分段加工后镶成。

◆高速、轻载的普通小齿轮，为减小噪声也可用非金属材料，如尼龙、塑料等制造。

此外，有些齿轮用粉末冶金，经精密模锻制成。其他盘套类零件的毛坯选择，与齿坯选择原则、步骤基本类似，不再赘述。

3. 箱体机架类零件的毛坯选择

箱体机架类零件是机器的基础件，通过它使机器中的各种零件构成整体，相互间保持正确的位置，彼此协调运转。因此，它的加工质量将对机器的精度、性能和使用寿命产生直接影响。这类零件包括机身、齿轮箱、阀体、泵体、轴承座等。

由于箱体类零件的结构形状一般都比较复杂，且内部多为空腔；为满足减振和耐磨等方面的要求，其材料一般都采用铸铁。为达到结构形状方面的要求，最常见的毛坯是砂型铸造的铸件。当单件小批生产、新产品试制或结构尺寸很大时，也可采用钢板焊接而成。

先导案例解答

汽缸体形状复杂，所以应选择铸件为毛坯。

小 结

本章介绍了毛坯的种类、毛坯选择原则及典型零件毛坯成型方法的选择。本章重点是综合考虑各种条件下的典型零件毛坯的选择。

复习思考题

9-1 毛坯与零件有何区别？合理选择毛坯有何重要意义？
9-2 常见毛坯种类有哪些？选择零件毛坯应遵循的基本原则是什么？
9-3 轴类零件的常用毛坯有哪几种？生产实际中该如何选择？
9-4 盘套类零件的常用毛坯有哪几种？生产实际中该如何选择？
9-5 箱体机架类零件的常用毛坯有哪几种？生产实际中该如何选择？
9-6 下列产品分别用括号中的材料制造，请为之确定毛坯及制造毛坯的方法。

(1)锅炉汽包(16Mn);(2)厂房屋架(Q 235);(3)起重吊钩(15MnTi);(4)风扇底座(HT200)。

9-7 试为图示零件选择合适的毛坯。

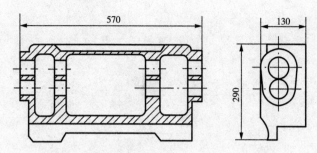

a)车床进给箱体,材料HT200,中小批量生产

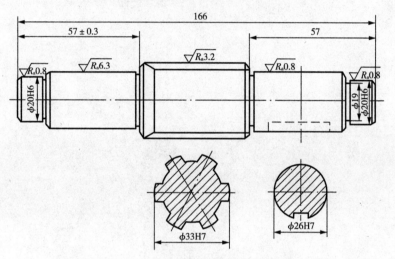

b)阶梯轴,材料45钢,小批生产

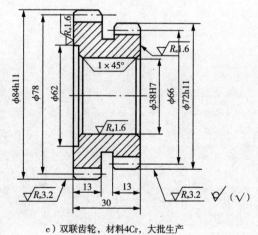

c)双联齿轮,材料4Cr,大批生产

题 6 图

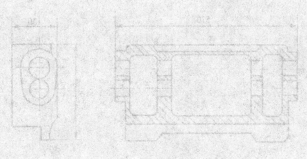

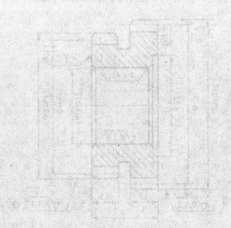

第 3 篇

金属切削加工

知识导读

采用铸造、锻压、焊接等方法一般只能得到精度低、表面粗糙度值高的毛坯,如果要得到高精度、高质量的零件,就必须对毛坯进行切削加工。

金属切削加工是指利用刀具和工件作相对运动,从金属材料(毛坯)上切除多余的部分,使获得的零件符合一定的几何形状、尺寸及表面粗糙度要求的加工过程。

金属切削加工按动力来源不同可分为钳工和机械加工两种。前者是工人手持工具进行的切削加工,如锉、锯、錾、刮等;后者是工人操纵机床进行的切削加工,如车、钻、刨、铣、磨等。不管是哪一种加工方法,它们都有一个共同的特点,就是将工件上一薄层金属变成切屑。

由于现代机器的精度和性能要求较高,因而组成机器的大部分零件的加工质量也应相应地提高,因此,为了满足这些要求,正确地进行切削加工,以保证零件的质量、提高生产率、降低生产成本,都将具有重要的意义。

金属的加工

第 10 章　金属切削加工及切削机床基础知识

【本章知识点】

(1)能分析常见加工方法的切削运动及切削用量；

(2)理解刀具材料及刀具的形状；

(3)理解金属切削过程的一般规律；

(4)领会切削加工性；

(5)领会机床的分类及型号；

(6)了解机床的基本传动方法。

【先导案例】

加工下图零件应选用何种机床？应采用什么刀具？加工时会产生什么切屑？切削运动如何？

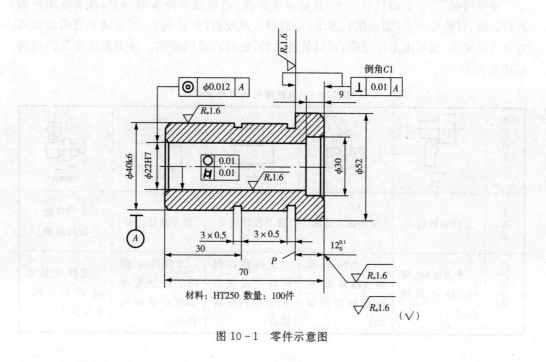

图 10-1　零件示意图

金属切削加工虽有多种不同的形式,但在很多方面,如切削运动、切削刀具等都有着共同的现象和规律。学习和掌握这些基础知识能更好的指导生产。

10.1 切削运动及切削要素

10.1.1 切削运动

各种机器零件的形状虽多,但分析起来,都不外乎是平面、外圆面(包括圆锥面)、内圆面(即孔)及成形面所组成的。因此,只要能对这几种典型表面进行加工,就能完成所有机器零件。

◆外圆面和内圆面(孔)。它是指以某一直线为母线,以圆为运动轨迹作旋转运动时所形成的表面。

◆平面。它是指以一直线为母线,另一直线为轨迹作平移运动而形成的表面。

◆成形面。它是指以曲线为母线,以圆或直线为轨迹作旋转或平移运动时所形成的表面。

若完成上述表面的加工,机床与工件之间必须作相对运动。与零件几何形状形成有直接关系的运动称为切削运动,其他称为辅助运动。

切削运动包括主运动和进给运动。主运动是切下切屑所必须的运动。而进给运动是指与主运动配合,以便重复或连续不断地切下切屑,从而形成所需工件表面的运动。

通常情况下,主运动只有一个,且是速度最高、消耗功率最多的一个,其余运动则为进给运动,可能是一个(如钻削)、多个(如磨削)、或没有(如拉削)。主运动和进给运动可以由刀具完成,也可由工件完成;可以是连续的,也可以是间断的。各类机床常见的切削运动见表 10-1。

表 10-1 机床常见的切削运动

加工方法	车削	钻削	铣削	刨削	外圆磨削
主运动	工件旋转运动	钻头旋转运动	铣刀旋转运动	刨刀往复运动	砂轮高速旋转运动
进给运动	车刀纵向、横向、斜向直线移动	工件纵向、横向直线移动(有时也作垂向移动)	工件横向间歇移动或刨刀垂向、斜向间歇移动	工件转向、同时工件往复移动或砂轮横向移动	工件往复移动,砂轮横向、垂直移动

10.1.2　切削要素

1. 工件上的加工表面

在切削加工过程中,工件上的切削层不断地被刀具切削,并转变为切屑,从而获得零件所需要的新表面。在这一表面形成过程,工件上有三个不断变化着的表面。以车外圆为例来说明这三个表面,如图 10-2 所示。

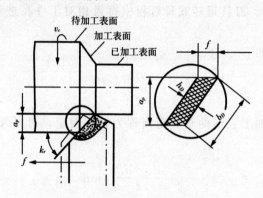

图 10-2　加工中的工件表面

◆待加工表面即将被切除金属层的表面。

◆过渡表面正在被切除金属层的表面。

◆已加工表面已经被切除金属层的表面。

2. 切削用量

所谓切削用量是指切削速度、进给量和切削深度三者的总称。它是表示切削时各运动参数的大小,是调整机床运动的依据。

(1)切削速度 V_c

主运动的线速度称为切削速度,它是指在单位时间内,工件和刀具沿主运动方向相对移动的距离。

当主运动为旋转运动时,则

$$V_c = \frac{\pi d n}{1000} \quad (\text{m/min})$$

式中:d——工件或刀具的直径,mm;

n——工件或刀具的转速,r/min。

若主运动为往复直线运动(如刨、插等),则以平均速度为切削速度,其计算公式为

$$V_c = \frac{2L n_r}{1000} \quad (\text{m/min})$$

式中:L——往复运动行程长度,mm;

n_r——主运动每分钟的往复次数,str/min。

(2)进给量

刀具在进给运动方向上相对工件的位移量称为进给量。不同的加工方法,由于所用刀具和切削运动形式不同,进给量的表述和度量方法也不相同。主要有以下三种表述方法:

◆ 每转进给量 f。在主运动一个循环内,刀具与工件沿进给运动方向的相对位移,mm/r 或 mm/str。

◆ 每分进给量(进给速度)V_f。进给运动的瞬时速度,即在单位时间内,刀具与工件沿进给运动方向的相对位移,mm/s 或 mm/min。

◆ 每齿进给量 f_z。刀具每转或每行程中每齿相对工件在进给运动方向上的位移量,mm/z。

显然它们的关系如下

$$V_f = fn = f_z zn$$

(3)背吃刀量 a_p

待加工表面与已加工表面的垂直距离称为背吃刀量。对车外圆来说,其计算公式如下:

$$a_p = \frac{d_w - d_m}{2} \quad mm$$

式中:d_w——工件待加工表面的直径,mm;

d_m——工件已加工表面的直径,mm。

3. 切削层几何参数

切削层是指刀刃正在切削的金属层。切削层几何参数用来表示切削层的形状和尺寸,包括切削宽度、切削厚度和切削面积。通常规定切削层是指切削过程中,由刀具切削部分的一个单一动作(如车削时工件转一圈,车刀主切削刃移动一段距离)所切除的工件材料层,如图 10 - 2 所示。

(1)切削层公称厚度(简称切削厚度)h_D:是垂直于工件过渡表面测量的切削层横截面尺寸。

$$h_D = f \sin\kappa_r \, mm$$

(2)切削层公称宽度(简称切削宽度)b_D:是平行于工件过渡表面测量的切削层横截面尺寸。

$$b_D = a_p / \sin\kappa_\gamma \, mm$$

(3)切削层公称横截面积(简称切削面积)A_D:工件被切下的金属层沿垂直于主运动方向所截取的横截面积。

$$A_D = f \times a_p = h_D \times b_D \, mm^2$$

10.2　刀具材料与刀具几何形状

切削过程中,直接完成切削工作的是刀具。刀具能否胜任切削工作,主要取决于刀具切削部分的材料、合理的几何形状和结构。

10.2.1　刀具材料

刀具材料一般是指刀具切削部分的材料。它的性能是影响加工表面质量、切削效果、刀具寿命和加工成本的重要因素。

1. 对刀具材料的基本要求

金属在切削过程中，刀具切削部分要承受很大切削力和剧烈摩擦，并产生很高的切削温度；在断续切削工作时，刀具将受到冲击和产生振动，引起切削温度的波动。为此，刀具材料应具备下列基本性能：

(1) 高的硬度和耐磨性

硬度是刀具材料应具备的基本特性。刀具要从工件上切下切屑，其硬度必须比工件的硬度大，一般都要求在 60HRC 以上。

耐磨性是材料抵抗磨损的能力。一般来说，刀具材料的硬度越高，耐磨性就越好。但刀具材料的耐磨性实际上不仅取决于它的硬度，而且还与它的化学成分、强度和纤维组织有关。

(2) 足够的强度和韧性

只有具有足够的强度和韧性，刀具才能承受切削力、冲击和振动。

(3) 高的耐热性和化学稳定性

耐热性是衡量刀具材料切削性能的主要标志。它是指刀具材料在高温下保持硬度、耐磨性、强度和韧性的性能。耐热性越好，刀具材料的高温硬度越高，则刀具的切削性能越好，允许的切削速度也越高。

化学稳定性是指刀具材料在高温条件下不宜与工件材料和周围介质发生化学反应的能力，包括抗氧化和抗粘结能力。化学稳定性越高，刀具磨损越慢。

耐热性和化学稳定性是衡量刀具切削性能的主要指标。

(4) 良好的工艺性和经济性

主要是要求刀具材料具有良好的可加工性、较好的热处理工艺性和较好的焊接性。此外，在满足以上性能要求时，应尽可能采用资源丰富、价格低廉的品种。

2. 常用刀具材料

目前在切削加工中常用的刀具材料有：碳素工具钢、量具刃具钢、高速钢、硬质合金、陶瓷材料和超硬材料等，其中在生产中使用最多的是高速钢和硬质合金，碳素工具钢和量具刃具钢因耐热性差，仅用于一些手工或切削速度较低的刀具。

(1) 高速钢

高速钢是含有较多的钨、铬、钼、钒等合金元素的高合金工具钢，它又称为白钢、锋钢、风钢。高速钢有较高的硬度（63HRC～66HRC）、耐磨性和耐热性（600℃～700℃）；有足够的强度和韧性，有较好的工艺性。目前，高速钢是一种综合性能好、应用最广泛的刀具材料之一，广泛用于制造各种复杂刀具，如铣刀、钻头、滚刀和拉刀等。

(2)硬质合金

硬质合金是由硬度和熔点都很高的碳化物（WC、TiC、TaC、NbC 等）作基体，用 Co、Mo、Ni 作粘结剂所制成的粉末冶金制品。其特点是：硬度很高，可达 HRA88～93，相当于 HRC70～75；耐热性高（800℃～1000℃），切削速度比高速钢高 5～10 倍；但抗弯强度和冲击韧性远比高速钢低。因此硬质合金一般不作整体刀具，而主要用作镶齿刀具（用焊接或机械夹固的方式固定在刀体上）。常用的硬质合金有三大类：

① 钨钴类硬质合金（YG）。由碳化钨和钴组成。这类硬质合金因含钴较多，故韧性较好，但硬度和耐磨性较差，适用于加工铸铁、青铜等脆性材料。常用的牌号有：YG8、YG6、YG3，其中的数字表示钴的百分含量。钨钴类硬质合金中含 Co 越多，则韧性越好。因此由它们制造的刀具依次适用于粗加工、半精加工和精加工。

② 钨钛钴类硬质合金（YT）。由碳化钨、碳化钛和钴组成。这类硬质合金由于加入 TiC，因而其耐热性和耐磨性较好，能耐 900℃～1000℃，但性脆不耐冲击，因此适用于加工钢件等塑性材料。常用的牌号有：YT5、YT15、YT30 等，其中的数字表示碳化钛的百分含量。碳化钛的含量越高，则耐磨性和耐热性越好、韧性越低。因此由它们制造的刀具依次适用于粗加工、半精加工和精加工。

③ 钨钛钽（铌）类硬质合金（YW）。由在钨钛钴类硬质合金中加入少量的碳化钽（TaC）或炭化铌（NbC）组成。这类硬质合金的硬度、耐磨性、耐热温度、抗弯强度和冲击韧性均优于 YT 类硬质合金，其后两项指标与 YG 类硬质合金相仿。因此，YW 类硬质合金既可加工钢，又可加工铸铁和有色金属，故又称之为通用硬质合金。常用牌号有 YW1 和 YW2，前者用于半精加工和精加工，后者用于粗加工和半精加工。

YG 类、YT 类及 YW 类硬质合金分别相当于 ISO 标准的 K 类、P 类及 M 类。

现在硬质合金刀具上，常用化学气相沉积法涂上 5～10μm 和 TiC 薄膜（呈银灰色），也有涂上 TiC、TiN 双层薄膜或涂上 TiC、Al_2O_3 和 TiN 三层薄膜的。其中复合涂层用得更多。涂层硬质合金刀具的寿命比不涂层的提高 2～10 倍。

(3)陶瓷材料

陶瓷材料的其主要成分是 Al_2O_3，其硬度、耐磨性和化学稳定性均优于硬质合金，刀片硬度可达 78HRC 以上，能耐 1200℃～1450℃高温，故能承受较高的切削速度。但比硬质合金更脆，抗弯强度低，怕冲击，易崩刃。主要用于钢、铸铁、高硬度材料及高精度零件的精加工。

(4)超硬材料

① 人造金刚石。是自然界最硬的材料，有极高的耐磨性，刃口锋利，能切下极薄的切屑；但极脆，不能用于粗加工；且与铁亲和力大，故不能切黑色金属。

目前主要用于磨料，磨削硬质合金，也可用于有色金属及其合金的高速精细车和镗削。

② 立方氮化硼（CBN）。硬度、耐磨性仅次于金刚石，但它的耐热性和化学稳定性都大大高于金刚石，且与铁族的亲和力小，但在高温时与水易起化学反应，所以用于干切削。

它适于精加工淬硬钢、冷硬铸铁、高温合金、热喷涂材料、硬质合金及其他难加工材料。

10.2.2　刀具角度

刀具种类繁多,结构各异,但其切削部分的基本构成是一样的。如图 10-3 所示,各种多齿刀具或复杂刀具,就其一个刀齿而言,都相当于一把车刀的刀头。因此,只要弄清车刀,其他刀具即可举一反三,触类旁通了。

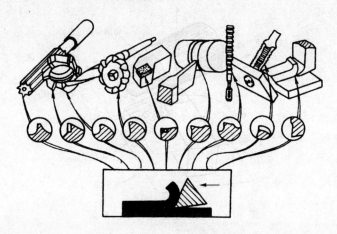

图 10-3　刀具的切削部分

1. 车刀的组成

车刀由刀头和刀体两部分组成。刀体用于夹持和安装刀具,即为夹持部分,而刀头担任切削工作,故又称为切削部分。车刀的切削部分又由三个表面组成的,即前刀面、主后刀面和副后刀面,如图 10-4 所示。

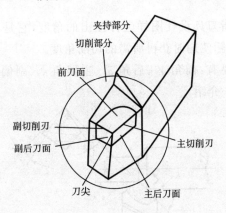

图 10-4　车刀的组成

◆ 前刀面。切屑所流经的表面。

◆ 主后刀面。切削过程中,刀具上与工件的过渡表面相对的表面。

◆ 副后刀面。切削过程中,刀具上与工件的已加工表面相对的表面。

◆ 主切削刃。前刀面与主后刀面的交线。

◆ 副切削刃。前刀面与副后刀面的交线。

◆ 刀尖。主切削刃与副切削刃的交点,实际并非一点,而是一小段曲线或直线。

2. 刀具静止参考系

为了确定和测量刀具角度,需要规定几个假想的基准平面,主要包括基面、切削平面、正交平面和假定工作平面,如图 10-5 所示。

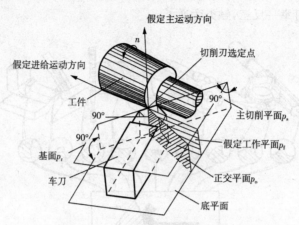

图 10-5　刀具静止参考系的平面

◆ 基面。过切削刃选定点,垂直于该点假定主运动方向的平面。

◆ 切削平面。过切削刃上选定点,与切削刃相切,并垂直于基面的平面。

◆ 正交平面。过切削刃选定点,并同时垂直于基面和切削平面的平面。

◆ 假定工作平面。过切削刃上选定点,垂直于基面并平行于假定进给运动方向的平面。

3. 车刀的标注角度

刀具的标注角度是指刀具设计图样上标注出的角度,它是刀具制造、刃磨和测量的依据,并能保证刀具在实际使用时获得所需的切削角度。

车刀的标注角度主要有:前角 γ_0、后角 α_0、主偏角 κ_y、副偏角 κ'_y 和刃倾角 λ_s,如图 10-6所示,下面分别作一介绍。

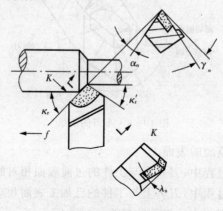

图 10-6　车刀的标注角度

（1）前角

在正交平面内测量的前刀面与基面的夹角。规定前刀面与主切削平面夹角为锐角时为正值，为钝角时为负值。前角的作用是：

◆ 影响切屑的变形程度。较大的前角可减少切屑的变形，使切削轻快，降低切削温度，减少刀具磨损。

◆ 影响刀刃强度。前角增大，刀具强度较弱，散热体积减少，切削温度升高，道具寿命下降。

因此，要根据工件材料、刀具材料和加工性质来选择前角的大小。当工件材料塑性大、强度和硬度低或刀具材料的强度和韧性好或精加工时，取大的前角；反之取较小的前角。例如，用硬质合金车刀切削结构钢件，前角可取 $10° \sim 20°$；切削灰铸铁件时可取 $5° \sim 15°$。

（2）后角

在正交平面内测量的主后刀面与切削平面的夹角。其作用是：

◆ 影响主后刀面与工件过度表面的摩擦。增大后角可以减少后刀面与工件之间的摩擦，可以减少刀具的磨损，降低工件的表面粗糙度。

◆ 配合前角改变切削刃的锋利与强度。后角过大，切削刃强度减弱，散热体积减小，降低刀具寿命。

因此，后角的大小常根据加工的种类和性质来选择。例如，粗加工或工件材料较硬时，要求切削刃强固，后角取小值，可取 $6° \sim 8°$。反之，对切削刃强度要求不高，主要希望减小摩擦和已加工表面的粗糙度值，可取稍大的值（$8° \sim 12°$）。

（3）主偏角

在基面内测量的主切削平面与假定工作平面间的夹角。其作用是：

◆ 影响切削条件和刀具寿命。在进给量和背吃刀量相同的情况下，减少主偏角可以使刀刃参加切削的长度增加，切屑变薄，因而使刀刃单位长度上的切削负荷减轻，同时增大了散热面积，从而使切削条件得到改善，刀具寿命提高，如图 10-7 所示。

◆ 影响切削分力的大小。在切削力同样大小的情况下，减小主偏角会使径向分力 F_p 增大，如图 10-7 所示。因此，当加工刚性较弱的工件（如细长轴）时，为避免工件变形和振动，应选用较大的主偏角（如采用偏刀）。车刀常用的主偏角有：$45°$、$60°$、$75°$、$90°$。

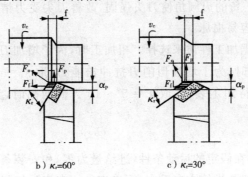

b）$\kappa_r = 60°$　　　　c）$\kappa_r = 30°$

图 10-7　主偏角的作用

因此,主偏角应根据系统刚性、加工材料和加工表面形状来选择。系统刚性好时,主偏角 κ_γ 取 45° 或 60°;系统刚性差时,κ_γ 取 75° 或 90°。加工高强度、高硬度材料而系统刚性好时,κ_γ 取 15°～30°。车阶梯轴时,κ_γ 取 90° 或 93°。车外圆带倒角时,κ_γ 取 45°。

（4）副偏角

在基面内测量的副切削平面与假定工作平面间的夹角。其作用是:

◆ 影响已加工表面的粗糙度。切削时由于副偏角和进给量的存在,切削层的面积未能全部切去,总有一部分残留在已加工表面上,称之为残留面积。在背吃刀量、进给量和主偏角相同的情况下,减少副偏角可使残留面积减小,表面粗糙度降低,如图 10-8 所示。

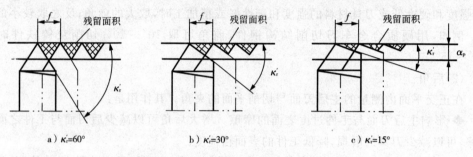

图 10-8　副偏角对残留面积的影响

◆ 影响副刀刃和副后刀面与工件已加工表面的摩擦。副偏角减小,摩擦减小,可防止切削时产生振动。

因此,副偏角的大小主要根据表面粗糙度的要求来选取,一般为 5°～15°。粗加工时 κ'_γ 取较大值,精加工时 κ'_γ 取较小值。至于切断刀,因要保证刀头强度和重磨后主切削刃的宽度,κ'_γ 取 1°～2°。

（5）刃倾角

在切削平面内测量的主切削刃与基面之间的夹角。与前角类似,刃倾角也有正（刀尖处于主切削刃的最高点）、负（刀尖处于主切削刃的最低点）和零值（主切削刃水平）之分。其作用是:

◆ 影响切屑流出方向。刃倾角为正时,切屑流向待加工表面;刃倾角为负时,切屑流向已加工表面;刃倾角为零时,切屑朝着与主切削刃垂直的方向流动。

◆ 影响刀头强度。负的刃倾角使刀头强固,改善刀尖受力情况;正的刃倾角使刀尖先受到撞击,因此刀具容易损坏。

因此,刃倾角应根据加工性质来选择。粗加工时,为了增加刀头强度,取 $\lambda_s = -5° \sim -10°$;加工不连续表面时,为了增强切削刃抗冲击能力,取 $\lambda_s = -15° \sim -20°$。精加工时,为了控制切屑流向待加工表面,取 $\lambda_s = 5° \sim 10°$。薄切削时,为了使切削刃锋利,取 $\lambda_s = 45° \sim 75°$。

4. 刀的工作角度

车刀的标注角度是在假定的运动条件（进给量为零）和安装条件（切削刃上选定点与工件轴线等高,刀柄轴线与进给方向垂直）下确定的。在实际切削时,由于进给运动以及安装情况的影响,车刀的工作角度就不同于标注角度。

(1)刀具安装高低对工作角度的影响

如图 10-9 所示,车外圆时,若刀尖高于工件的回转轴线,则工作前角 $\gamma_{oe}>\gamma_0$,而工作后角 $\alpha_{oe}<\alpha_0$;反之,若刀尖低于工件的回转轴线,则 $\gamma_{oe}<\gamma_0$,$\alpha_{oe}>\alpha_0$。镗孔时的情况正好与此相反。

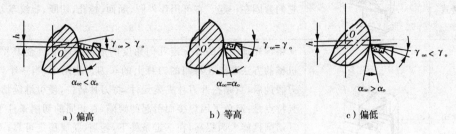

图 10-9　车刀安装高度对前角和后角的影响

(2)刀柄轴线与进给运动方向不垂直时对工作角度的影响

当车刀刀柄的纵向轴线与进给方向不垂直时,将会引起主偏角和副偏角的变化,如图 10-10 所示。

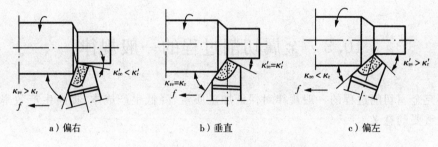

图 10-10　车刀安装偏斜对主偏角和副偏角的影响

5. 刀具结构

刀具的结构形式,对刀具的切削性能、切削加工的生产效率和经济效益有着重要的意义。表 10-2 为车刀的几种结构形式。

表 10-2　车刀的结构形式

结构形式	图　例	特点及应用
整体式		一般使用高速钢制造,刃口可磨得较锋利,但由于对于贵重的刀具材料消耗较大,所以主要适合于小型车床或加工非铁金属、低速切削
焊接式		结构简单、紧凑、刚性好,而且灵活性较大,可以根据加工条件和加工要求,较方便地磨出所需的角度,应用十分普遍。然而,焊接式车刀的硬质合金刀片经过高温焊接和刃磨后,产生内应力和裂纹,使切削性能下降,对提高生产效率很不利。它可用作各类刀具,特别是小刀具

（续表）

结构形式	图 例	特点及应用
机夹重磨式		刀片与刀柄是两个可拆开的独立元件,工作时靠夹紧元件把它们紧固在一起。它可用作外圆、断面、镗孔、切断、螺纹车刀等
机夹可转位式	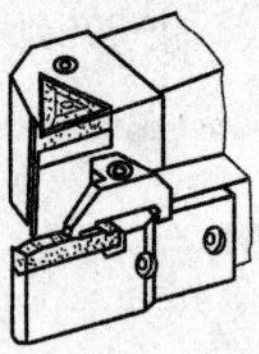	将预先加工好的有一定几何角度的多角形硬质合金刀片,用机械的方法装夹在特制的刀杆上的车刀。使用中,当一个切削刃磨钝后,只须松开刀片夹紧元件,将刀片转位,便可继续切削。其特点是:避免了因焊接而引起的缺陷,在相同的切削条件下刀具切削性能大为提高;在一定条件下,卷屑、断屑稳定可靠;刀片转位后,仍可保证切削刃与工件的相对位置,减少了调刀停机时间,提高了生产效率;刀片一般不需重磨,有利于涂层刀片的推广使用;刀体使用寿命长,可节约刀体材料及其制造费用。它是当前车刀发展的主要方向

10.3　金属切削过程的一般规律

研究金属切削过程的一般规律对保证加工质量、降低生产成本、提高生产效率,都有着十分重要的意义。

10.3.1　切屑形成过程及切屑种类

1. 切屑形成过程及切屑种类

（1）切屑形成过程

金属的切削过程实际上就是切屑的形成过程,就本质而言,是被切金属层在刀具切削刃和前刀面的作用下,经受挤压而产生剪切滑移变形的过程。切削塑性金属时,材料受到刀具的作用以后,开始产生弹性变形。随着刀具继续切入,金属内部的应力、应变继续加大。当应力达到材料的屈服点时,产生塑性变形。刀具再继续前进,应力进而达到材料的断裂强度,金属材料被挤裂,并沿着刀具的前刀面流出而成为切屑。

（2）切屑种类

由于加工材料和切削条件不同,切屑变形的性质和程度不同,常见的切屑有三种基本类型,如图 10-11 所示。

① 节状切屑。切屑的顶面有明显挤裂裂痕,而底面仍旧相连,呈一节一节的形状（图 10-11a）。切削速度较低、切削厚度较大以及用较小的刀具前角加工中等硬度的塑性材料时容易得到这类切屑。节状切屑的变形很大,切削力也较大,且有波动,因此加工表面不够光洁。

② 带状切屑。切削塑性较好的材料时,表层金属受到刀具挤压,产生很大的塑性变形,而后沿剪切面滑移,在尚无完全剪裂以前,刀具又开始挤压下一层金属,于是形成连续的带状切屑(图 10 - 11b)。用较大的前角、较高的切削速度和较薄的切削厚度加工塑性好的金属材料时容易得到这类切屑。形成带状切屑时,切屑的变形小,切削力平稳,加工表面光洁。但带状切屑往往连绵不断,容易缠绕在工件或刀具上,会刮伤工件或损坏刀刃,还会使自动加工无法进行,所以必须采取断屑或卷屑措施。

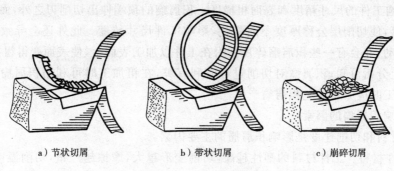

a) 节状切屑　　　　b) 带状切屑　　　　c) 崩碎切屑

图 10 - 11　切屑的种类

③ 崩碎切屑。在切削铸铁和黄铜等脆性材料时,切削层金属发生弹性变形以后,一般不经过塑性变形就突然崩落,形成不规则的碎块状屑片,即为崩碎切屑(图 10 - 11c)。工件愈是硬脆,愈容易产生这种切屑。产生崩碎切屑时,切削热和切削力都集中在主切削刃和刀尖附近,刀尖容易磨损,并容易产生振动,影响表面质量。

切屑的形状可以随切削条件的不同而改变。在生产中,常根据具体情况不同而采取不同的措施来得到需要的切屑,以保证切削加工的顺利进行。例如,加大前角、提高切削速度或减小进给量,可将节状切屑转变成带状切屑,使加工的表面较为光洁。

10.3.2　积屑瘤

在一定范围的切削速度下加工塑性材料时,在刀具的前刀面上靠近刀刃的部位,常发现粘附着一小块很硬的金属,这块金属称为积屑瘤,或称为刀瘤,如图 10 - 12 所示。

(1)积屑瘤的形成

在切削过程中,由于刀屑间的摩擦,使前刀面和切屑底层一样都是刚形成的新鲜表面,它们之间的粘附能力较强。因此在一定的切削条件(压力和温度)下,切屑底层与前刀面接触处发生粘结,使与前刀面接触的切屑底层金属流动较慢,而上层金属流动较快。流动较慢的切屑底层,称为滞流层。如果温度与压力适当,滞流层金属就与前刀面粘结成一体。随

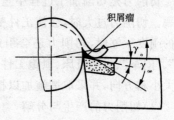

图 10 - 12　积屑瘤

后,新的滞流层在此基础上逐层积聚、粘合,最后长成积屑瘤。长大后的积屑瘤受外力作用或振动影响会发生局部断裂或脱落。积屑瘤的产生、成长、脱落过程是在短时间内进

行的,并在切削过程中周期性地不断出现。

(2)积屑瘤对切削加工的影响

① 起到保护刀刃、减少刀具磨损的作用。积屑瘤在形成过程中,由于金属剧烈变形引起强化,使其硬度远高于被切金属,因而可代替刀刃进行切削。

② 增大前角。积屑瘤粘附在前刀面上,它增大了刀具的实际工作前角,因而可减小切屑变形,减小切削力。

③ 影响工件的尺寸精度和表面粗糙度。积屑瘤的顶端伸出切削刃之外,而且不断地产生和脱落,使切削层公称厚度不断变化,影响工件尺寸精度。此外还会导致切削力变化,引起振动,并会有一些积屑瘤碎片粘附在工件以加工表面上,使表面变得粗糙。

从以上分析可知,积屑瘤对切削过程有利有弊,在粗加工时可利用积屑瘤保护切削刃;在精加工时应尽量避免积屑瘤产生。

(3)影响积屑瘤的因素

工件材料和切削速度是影响积屑瘤的主要因素。

① 工件材料。工件材料的塑性越高,切削变形越大,摩擦越严重,切削温度越高,就越容易产生粘结而形成积屑瘤。因此,对塑性较高的工件材料进行正火或调质处理,提高强度和硬度,降低塑性,减小切屑变形,即可避免积屑瘤的生成。

② 切削速度。切削速度是通过切削温度和摩擦来影响积屑瘤的,并且很明显,即切削速度是影响积屑瘤形成的主要因素。当切削速度很低(<5m/min)时,切削温度较低,切屑内部结合力较大,前刀面与切屑间的摩擦小,积屑瘤不易形成;当切削速度增大($5\sim$50m/min)时,切削温度升高,摩擦加大,则易于形成积屑瘤;切削速度很高(>100m/min)时,切削温度较高,摩擦较小,则无积屑瘤形成。可见,提高或降低切削速度是减少积屑瘤的措施之一。

此外,增大前角、减小进给量、减少刀具前刀面表面粗糙度和合力采用切削液,都有助于抑制积屑瘤的产生。

10.3.3　切削力和切削功率

切削力是切削加工过程中重要问题之一,它影响零件的加工精度、表面粗糙度和生产率。切削力过大时,会使工件变形,从而影响工件的加工精度,在机床－工件－刀具系统的刚度不够时,切削力还会引起振动,使工件表面粗糙。切削力太大还可能造成"打刀"、"闷车"、损坏机床、顶跑工件等生产事故。因此,生产中往往要求我们能顾及切削力的大小和方向,并采取措施加以控制。

(1)切削力的产生与分解

刀具在切削工件时,必须克服材料的变形抗力,克服刀具与工件及刀具与切屑之间的摩擦力,才能切下切屑。这些抗力就构成了实际的切削力。

实际加工中,总切削力的方向和大小都不易直接测定,也没有直接测定它的必要。为了适

应设计和工艺分析的需要一般不是直接研究总切削力,而是研究它在一定方向上的

分力。

以车削外圆为例,总切削力 F 可以分解为以下三个互相垂直的分力。

① 主切削力(切向分力)F_c。方向垂直向下,大小约占总切削力的 $80\%\sim90\%$。F_c 消耗的功率最多,约占总功率的 90% 以上,是计算机床动力、主传动系统零件和刀具强度及刚度的主要依据。主切削力对刀具的作用是将刀头向下压,当主切削力过大时,可能是刀具崩刃或折断。主切削力对工件的作用是切下切屑,当切削用量过大时,切下切屑所产生的主切削力过大,就可能发生"闷车"现象。

② 进给力(轴向分力)F_f。总切削力在进给运动方向上的分力,是设计或校验进给系统零件强度和刚度的依据。一般只消耗总功率的 $1\%\sim5\%$。

③ 背向力(径向分力)F_p。总切削力在背吃刀量方向上的分力。因为切削时这个方向上运动速度为零,所以 F_p 不做功。但其反作用力作用在工件上,容易使工件弯曲变形,特别是细长轴工件的刚性较差,变形尤为明显,这不仅影响加工精度,同时还会引起振动,从而影响表面粗糙度,应给予充分注意。如车细长轴时采用主偏角为 $90°$ 的偏刀就是为了减小 F_p。

显然,总切削力和三个切削分力的关系是:

$$F=\sqrt{F_c^2+F_f^2+F_p^2}$$

(2)影响切削力的因素

① 工件材料。工件材料是影响切削力的基本因素。强度、硬度较高的材料,由变形所产生的切削力就比较大;反之,切削力就较小。

② 刀具角度。刀具角度中影响切削力较大的是前角和主偏角。前角加大会使切削力减小,而主偏角则对 F_f 和 F_p 影响较大。

③ 切削用量。切削用量中,进给量和背吃刀量是影响切削力的主要因素。进给量和背吃刀量增大都会使切削增大。

实际应用中计算切削力的大小是用建立在实验基础上、并综合了影响切削力的各个因素的经验公式。

(3)切削功率

切削过程中消耗的总功率为各分力所消耗功率的总和,称为切削功率,用 P_m 表示。在车削外圆时,由于背向力 F_p 所消耗的功率等于零,进给力 F_f 所消耗的功率很小,可忽略不计。因此,可用下式计算切削功率 P_m(kW):

$$P_m=10^{-3}F_c \cdot V_c$$

式中:F_c——切削力,N;

　　V_c——切削速度,m/s。

机床电动机的功率 P_E(kW)可用下式计算:

$$P_E=P_m/\eta$$

式中:η——机床传动效率,一般取 $0.75\sim0.85$。

10.3.4 切削热、切削温度及切削液

(1)切削热

切削热是由切削功转变而来的,一是切削层发生的弹、塑性变形功;二是切屑与前刀面、工件与后刀面间消耗的摩擦功,如图 10-13 所示。

切削热产生以后,由切屑、工件、刀具及周围的介质(如空气)传出。各部分传出的比例取决于工件材料、切削速度、刀具材料及刀具几何形状等。实验结果表明,车削时的切削热主要是由切屑传出的。

传入切屑及介质中的热量越多,对加工越有利。

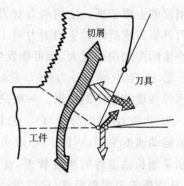

图 10-13 切屑热的产生与传出

传入刀具的热量虽不是很多,但由于刀头体积很小,特别是高速切削时,切屑与前刀面发生连续而强烈的摩擦,因此刀头上的温度最高可达 1000℃ 以上,使刀头材料软化,加速磨损,缩短寿命,影响加工质量。

传入工件的热,可能使工件变形,产生形状和尺寸误差,对于细长轴及薄壁零件影响尤为显著。

在切削加工中,如何设法减少切削热的产生、改善散热条件以及减少高温对刀具和工件的不良影响,有着重大的意义。

(2)切削温度及其影响因素

切削温度一般是指切削区的平均温度。切削温度的高低,除了用仪器进行测定外,还可以通过观察切屑的颜色大致估计出来。例如切削碳钢时,随着切削温度的升高,切屑的颜色也发生相应的变化:淡黄色约 200℃,蓝色约 320℃。

切削温度的高低取决于切削热的产生和传出情况,它受切削用量、工件材料、刀具材料及几何形状等因素的影响。

① 切削用量。切削速度增加时,单位时间产生的切削热随之增加,对温度的影响最大。进给量和背吃刀量增加时,切削力增大,摩擦也大,所以切削热会增加。但是在切削面积相同的条件下,增加进给量与增加背吃刀量相比,后者可使切削温度低些。原因是当增加背吃刀量时,切削刃参加切削的长度随之增加,这将有利于热的传出。

② 工件材料。工件材料的强度及硬度愈高,切削中消耗的功愈大,产生的切削热愈多。切钢时发热多,切铸铁时发热少,因为钢在切削时产生塑性变形所需的功大。材料的导热性好,切削热很快通过工件和切屑传出,切削温度就低。

③ 刀具材料。导热性好的刀具材料,可使切削热很快传出,降低切削温度。

④ 刀具角度。主偏角减小时,切削刃参加切削的长度增加,传热条件好,可降低切削温度。前角的大小直接影响切削过程中的变形和摩擦,前角大时,产生的切削热少,切削温度低。但当前角过大时,会使刀具的传热条件变差,反而不利于切削温度的降低。

（3）切削液

降低切削温度最有效的措施是合理使用切削液。在金属切削过程中合理选用切削液,可以改善刀具与切屑和刀具与工件界面的摩擦情况,改善散热条件,从而降低切削力、切削温度和刀具磨损。切削液还可减少刀具与切屑的粘结,抑制积屑瘤的生长,提高已加工表面的质量,可以减少工件热变形,保证加工精度。

切削液的作用是:

◆ 冷却作用。切削液能带走大量的切削热,大大降低切削温度。

◆ 润滑作用。切削液能渗入切屑与刀具的接触表面、工件与刀具的接触表面,形成润滑膜,降低摩擦系数,降低切削力,减少切削热,减少切屑与刀具的粘结,减少刀具的磨损和降低工件的表面粗糙度。

◆ 排屑作用。利用高压、大剂量切削液冲走切屑,这对孔加工和磨削尤其重要。

◆ 清洗和防锈作用。切削液能冲洗工件已加工表面和机床表面,若在其中加人防锈添加剂,还能在金属表面生成保护膜,起到防锈、防蚀作用。

常用的切削液有以下两大类:

◆ 水类。如水溶液(肥皂水、苏打水等)、乳化液等,这类切削液比热大、流动性好,主要起冷却作用,也有一定的润滑作用。为了防止机床和工件生锈常加入一定量的防锈剂。水类多用于粗加工。

◆ 油类。又称切削油,主要成分是矿物油,少数采用动植物油或复合油。这类切削液比热小、流动性差,主要起润滑作用,也有一定的冷却作用,为了改善切削液的性能,除防锈剂外,还常在切削液中加入油性添加剂、极压添加剂、防霉添加剂、抗泡沫添加剂和乳化剂等(详细内容可查阅有关资料)。油类多用于精加工。

切削液的选择通常应根据加工性质、工件材料和刀具材料来选择。

如粗加工时,主要要求冷却,也希望降低一些切削力及切削功率,一般应选用冷却作用较好的切削液,如低浓度的乳化液等。精加工时,主要希望提高表面质量和减少刀具磨损,应选用润滑作用较好的切削液,如高浓度的乳化液或切削油等。

加工一般钢材时,通常选用乳化液或硫化切削油。加工铜合金和有色金属时,不宜采用含硫化油的切削液,以免腐蚀工件。加工铸铁、青铜、黄铜等脆性材料时,为了避免崩碎的切屑进入机床运动运动部件,一般不用切削液。但在低速精加工中,为了提高表面质量,可用煤油作为切削液。

高速钢刀具应根据加工的性质和工件材料选用合适的切削液。硬质合金刀具一般不用切削液。如果要用,必须连续地、充分的供给,切不可断断续续,以免硬质合金刀片因骤冷骤热而开裂。

10.3.5　刀具磨损和刀具耐用度

在切削过程中,刀具一方面从工件上切下切屑;另一方面,刀具本身也逐渐被工件和切屑磨损。当刀具磨损达到一定值时,工件表面粗糙度值增大,切屑形状和颜色发生变化,切削过程发出沉重的声音并且有振动产生此时必须重新刃磨刀具或者换刀。刀具磨损的特征和规律直接影响加工质量、生产率和加工成本。

(1)刀具磨损形式

刀具磨损是指在刀具与工件或切屑的接触面上,刀具材料的微粒被切屑或工件带走的现象,这种现象称为正常磨损。若由于冲击、振动、热效应等原因致使刀具崩刃、碎裂而损坏,称为非正常磨损。

实践表明,刀具正常磨损时,按其发生部位的不同,刀具磨损有以下三种形式(图10－14):

① 后刀面磨损。它是指磨损部位主要发生在后刀面的磨损。后刀面磨损后,形成后角为零的小棱面。这种磨损一般发生在切削脆性金属或以较小的切削厚度($h_D <$ 0.1mm)切削塑性金属的条件下。此时前刀面上的压力和摩擦力不大,温度较低,所以磨损主要发生在后刀面上。

② 前刀面磨损。前刀面磨损后在切削刃口后方出现月牙洼。这种磨损一般发生在以较大的切削厚度($h_D > 0.5$mm)切削塑性金属时,此时前刀面上的压力加大,所以磨损主要发生在前刀面上。

③ 前后刀面同时磨损。这种磨损的发生条件介于以上两种磨损之间,一般发生在以切削厚度($h_D = 0.1 \sim 0.5$mm)切削塑性金属材料的情况下。

由于多数情况下后刀面都有磨损,它的大小对加工精度和表面粗糙度影响较大,而且测量方便,所以一般都用后刀面上的磨损值$h_后$来表示刀具磨损的程度。

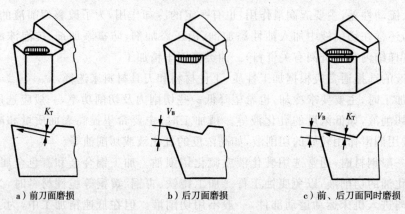

a)前刀面磨损 　b)后刀面磨损 　c)前、后刀面同时磨损

图 10－14　刀具磨损形式

(2)刀具磨损原因

刀具磨损的原因有两个方面:

① 机械摩擦。切屑、工件与刀具摩擦时,把刀具表面上的微粒材料带走,从而使刀具磨损。在低速切削时,机械摩擦磨损时刀具磨损的主要原因。

② 热效应。由于切削温度升高而引起磨损加剧。对高速钢刀具而言,因相变而变软,使机械摩擦所造成的磨损加剧;刀具钝了,切削力和切削热增加,切削温度升高,磨损更快。对硬质合金刀具而言,切削温度升高,切屑、工件与硬质合金粘结加剧;硬质合金中 W、Ti、Co、C 等元素向工件、切屑中扩散而使硬质合金变软;硬质合金表层被氧化而变软;所有这些都造成硬质合金刀具磨损加剧。热效应是高速切削时刀具磨损的主要

原因。

（3）刀具磨损过程

在正常情况下，刀具磨损量随切削时间增长而增加。图 10-15 表示刀具后刀面磨损量 V_B 与切削时间的关系。从中可以看出，刀具磨损大致可分为三个阶段：

第一阶段（O_A 段）称为初期磨损阶段。此阶段因为刃磨后的刀具表面仍有微观高低不平，故磨损较快。

第二阶段（A_B 段）称为正常磨损阶段。此阶段内磨损量的增长基本上与切削时间成正比，而且比较缓慢，原因是因为高低不平的不耐磨的表层已被磨去，表面粗糙度值小，摩擦力小，磨损较慢。

第三阶段（B_C 段）称为急剧磨损阶段。当刀具在正常磨损阶段后期而为及时更换新刀，此时刀具已磨损变钝，刀具与工件的接触情况显著恶化，摩擦与切削温度急剧上升，致使磨损量迅速增大，最后失去切削能力甚至烧毁。

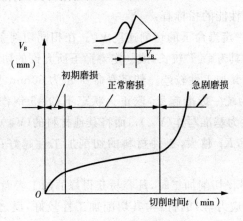

图 10-15　刀具磨损阶段

经验表明在刀具正常磨损阶段的后期、急剧磨损阶段之前，换刀重磨为宜。这样既可保证加工质量又能充分利用刀具材料。

（4）刀具耐用度

刀具容许的磨损限度，通常用后刀面的磨损程度作标准。但是，在实际生产中，不便于经常停车检查 $h_{后}$ 的高度，因此，用规定刀具使用的时间作为限定刀具磨损量的衡量标准，于是提出了刀具耐用度的概念。

刀具耐用度是指两次刃磨之间实际参加切削时间的总和，用 T(min) 表示。刀具耐用度的数值应规定合理。例如目前硬质合金焊接车刀耐用度大致为 60min；高速钢钻头的耐用度为 120~180min。

刀具寿命是指刀具从开始切削到完全报废实际切削时间的总和。显然刀具寿命＝T×刃磨次数（包括第一次刃磨）。影响刀具耐用度的因素很多，主要有工件材料、刀具材料及几何角度、切削用量以及是否使用切削液等因素。切削用量中以切削速度影响最大。

10.4 材料的切削加工性

拟订零件机械加工工艺规程时,需要确定每一道工序的切削条件,即需要确定具体的刀具材料刀具几何参数、切削用量、切削液等,以达到保证加工质量、提高生产率、降低成本的目的。而工件材料的切削加工性是合理选择切削条件的主要依据之一。

10.4.1 切削加工性的概念和衡量指标

切削加工性是指工件材料被切削加工的难易程度。根据不同的要求,可以用不同的指标来衡量材料的切削加工性。

常用评定切削加工性能的指标有:

① 刀具寿命 T 或一定寿命下的切削速度 V_T。在相同切削条件下加工不同材料时,若在一定切削速度下刀具寿命 T 较长,或一定寿命下所允许的切削速度 V_T 较高的材料,则其加工性较好,反之,其加工性较差。如将寿命 T 定为 60min,则 V_T 可写作 V_{60}。

② 相对加工性。为统一标准起见,取正火状态下的 45 钢作基准材料,刀具寿命为 60min,这时的切削速度为基准写作 $(V_{60})j$,而将其他材料的 (V_{60}) 与其相比,这个比值 Kr 称为相对加工性。显然,Kr 越大,工件材料的切削加工性越好;Kr 越小则切削加工性越差。

③ 已加工表面质量。切削加工时,凡容易获得好的加工表面质量(含表面粗糙度、加工硬化程度和表面残余应力等)的材料,其切削加工性较好,反之较差。精加工时,常以此作为衡量加工性的指标。

④ 切屑控制或断屑的难易。切削加工时,凡切屑易于控制或断屑性能良好的材料加工性较好,反之则较差。在自动机床或自动线上,常以此作为衡量加工性指标。

⑤ 切削力。在相同的切削条件下,凡切削力较小的材料,其切削加工性较好,反之较差。在粗加工中,当机床刚性或动力不足时,常以此为衡量指标。

V_T 和 Kr 是最常用的切削加工性指标,对于不同的加工条件都能适用。

10.4.2 影响工件材料切削加工性的因素

工件材料的物理力学性能、化学成分和金相组织是影响加工性的主要因素。

(1)物理、力学性能

① 硬度。硬度高的材料,切削时刀屑接触长度小,切削力和切削热集中在切削刃附近,刀具易磨损,寿命低,所以加工性不好。例如高温合金、耐热钢,由于高温硬度高,高温下切削时,刀具材料与工件材料的硬度比降低,使刀具磨损加快,加工性差。另外,硬质点多和加工硬化严重的材料,加工性也差。

② 强度。强度高的材料,切削力大,温度高,刀具易磨损,加工性不好。例如

1Cr18Ni9Ti 常温硬度不太高,但高温下仍能保持较高强度,故加工性差。

③ 塑性。强度相近的同类材料,塑性越大,切削中塑性变形和摩擦越大,故切削力大,温度高,刀具易磨损。在低速度切削时,还易产生积屑瘤和鳞刺,使加工表面粗糙度值增大,且断屑也较困难,故加工性差。另外,塑性太小的材料,切削时切削力、热集中在切削刃附近,刀具易产生崩刃,加工性也较差。在碳素钢中,低碳钢的塑性过大,高碳钢的塑性太小、硬度又高,故它们的加工性都不如硬度和塑性都适中的中碳钢。

④ 热导率。热导率通过对切削温度的影响而影响材料的加工性。热导率大的材料,由切屑带走和工件散出的热量多,有利于降低切削温度,使刀具磨损速率减慢,故加工性好。另外,韧性大,与刀具材料的化学亲和性强的材料,其加工性则不好。

(2)材料的化学成分

材料的化学成分主要是指通过其对材料物理力学性能的影响来影响切削加工性。钢中碳的质量分数在 0.4% 左右的中碳钢,加工性最好。而碳的质量分数低或较高的低、高碳钢均不如中碳钢。另外,钢中含的合金元素 Cr、Ni、V、Mo、W、Mn 等虽然能提高钢的强度和硬度,但却使钢的切削加工性降低。而钢中添加少量的 S、P、Pb、Ca 等能改善其加工性。

铸铁中化学元素对切削加工性的影响,主要取决于这些元素对碳的石墨化作用。铸铁中的碳元素有两种形态:Fe_3C 与游离石墨形式存在。石墨具有润滑作用,铸铁中的石墨越多,越容易切削。因此,铸铁中如含有 Si、Al、Ni、Cu、Ti 等促进石墨化的因素,能改善其加工性,而含有 Cr、Mn、V、Mo、Co、S、P 等阻碍石墨化的元素,则会使切削加工性变差。Fe_3C 的存在会加快刀具的磨损。

(3)材料的金相组织

一般情况下,塑性、韧性高或硬度、强度高的组织构成的材料,其可切削加工性差。反之则好。

低碳钢铁素体含量较高,所以强度、硬度低,延伸率高,易产生塑性变形。奥氏体不锈钢因为高温硬度、强度比低碳钢高,而塑性也高,切削时容易产生冷硬现象,所以比较难加工。淬火钢的组织以马氏体为主,所以硬度、强度均高,不易加工。中碳钢的金相组织是珠光体加铁素体,具有中等的硬度、强度和塑性,因此容易加工。灰铸铁中游离石墨比冷硬铸铁多,所以加工性好。

10.4.3　改善材料切削加工性的途径

目前,改善工件材料加工性的途径主要有以下几方面:

(1)调整化学成分。材料的化学成分对其力学性能和金相组织有重要影响。在满足要求的条件下,通过调整工件材料的化学成分,可使其切削加工性得以改善。目前,生产上使用的易切钢就是在钢中加入适量的易切削元素 S、P、Pb、Ca 等制成的。这些元素在钢中可起到一定的润滑作用并增加材料的热脆性。

(2)对工件材料进行适当的热处理。通过热处理工艺方法,改变钢铁材料中的金相组织是改善材料加工性的另一重要途径。高碳钢通过球化退火处理,使片状渗碳体组织转变为球状,降低了材料的硬度,从而改善了其加工性。低碳钢通过正火处理,可减小其塑性,提高硬度,使加工性得到改善。

(3)改变切削条件。当工件材料不能更改时,则只能改变切削条件使之适应该材料的加工性。例如,选择适当的刀具材料、合理选择刀具几何参数和切削用量、采用性能良好的切削液和有效的使用方法、提高工艺系统刚性、增大机床功率、提高刀具刃磨质量、减小前后刀面粗糙度值等。

10.5　金属切削机床基本知识

金属切削机床(习惯上简称为"机床")是用切削加工方法将金属毛坯加工成机械零件的机器。由于机床是制造机器的机器,故也称为"工具机"或"工作母机"。

10.5.1　机床的分类

机床的品种和规格繁多,为了便于区分、使用和管理,需对机床进行分类。目前对机床的分类方法主要有:

(1)按加工性质和使用刀具分

这是一种主要的分类方法。目前,按这种分类法我国将机床分成为十二大类,即车床、钻床、镗床、磨床、齿轮加工机床、螺纹加工机床、铣床、刨(插)床、拉床、特种加工机床、锯床及其他机床。

在每一类机床中,又按工艺范围、布局形式和结构等分为若干组,每一组又细分为若干系列。

(2)按使用万能性分

按照机床在使用上的万能性程度划分,可将机床分为:

① 通用机床。这类机床加工零件的品种变动大,可以完成多种工件的多种工序加工。例如卧式车床、万能升降台铣床、牛头刨床、万能外圆磨床等。这类机床结构复杂,生产率低,用于单件小批生产。

② 专门化机床。用于加工形状类似而尺寸不同的工件的某一工序的机床。例如凸轮轴车床、精密丝杠车床和凸轮轴磨床等。这类机床加工范围较窄,适用于成批生产。

③ 专用机床。用于加工特定零件的特定工序的机床。例如用于加工某机床主轴箱的专用镗床、加工汽车发动机气缸体平面的专用拉床和加工车床导轨的专用磨床等,各种组合机床也属于专用机床。这类机床的生产率高,加工范围最窄,适用于大批量生产。

(3)按加工精度分

同类型机床按工作精度的不同,可分为三种精度等级,即普通精度机床、精密机床和高精度机床。精密机床是在普通精度机床的基础上,提高了主轴、导轨或丝杠等主要零件的制造精度。高精度机床不仅提高了主要零件的制造精度,而且采用了保证高精度的机床结构。以上三种精度等级的机床均有相应的精度标准,其允差若以普通精度级为1,

则大致比例为 1：0.4：0.25。

（4）按自动化程度分

按自动化程度（即加工过程中操作者参与的程度）分，可将机床分为手动机床、机动机床、半自动化机床和自动化机床等。

（5）按机床质量和尺寸分

按机床质量和尺寸分，可将机床分为：仪表机床、中型机床（机床质量在 10 吨以下）、大型机床（机床质量为 10～30 吨）、重型机床（机床质量为 30～100 吨）、超重型机床（机床质量在 100 吨以上）。

（6）按机床主要工作部件分

机床主要工作部件数目，通常是指切削加工时同时工作的主运动部件或进给运动部件的数目。按此可将机床分为：单轴机床、多轴机床、单刀机床和多刀机床等。

需要说明的是：随着现代化机床向着更高层次发展，如数控化和复合化，使得传统的分类方法难以恰当地进行表述。因此，分类方法也需要不断的发展和变化。

10.5.2　机床的型号

机床型号不仅是一个代号，而且还必须反映出机床的类别、结构特征、特性和主要技术规格。我国机床型号的编制，按新标准 GB/T15375－2008 金属切削机床型号编制方法实施，采用汉语拼音字母和阿拉伯数字按一定的规律排列组合，其型号表示方法如下：

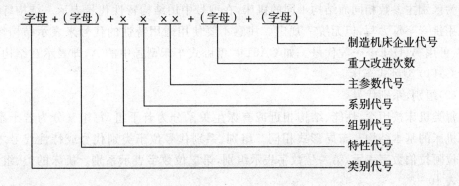

（1）类别代号

机床的类别分为十二大类，分别用汉语拼音的第一个字母大写表示，位于型号的首位，表示各类机床的名称。各类机床代号见表 10－3。

表 10－3　机床类别代号

类别	车床	钻床	镗床	磨床			齿轮加工机床
代号	C	Z	T	M	2M	3M	Y
读音	车	钻	镗	磨	二磨	三磨	牙

（续表）

类别	螺纹加工机床	铣床	刨插床	拉床	特种加工机床	锯床	其他机床
代号	S	X	B	L	D	G	Q
读音	丝	铣	刨	拉	电	割	其

（2）特性代号

特性代号是表示机床所具有的特殊性能，用大写汉语拼音字母表示，位于类别代号之后。特性代号分为通用特性代号、结构特性代号。

① 通用特性代号

当某类机床除有普通型外，还具有某些通用特性时，可用表 10-4 所列代号表示。

表 10-4　机床通用特性代号

通用特性	高精度	精密	自动	半自动	数控	加工中心（自动换刀）	仿形	轻型	加重型	简式	柔性加工单元	数显	高速
代号	G	M	Z	B	K	H	F	Q	C	J	R	X	S
读音	高	密	自	半	控	换	仿	轻	重	简	柔	显	速

② 结构特性代号

为区别主参数相同而结构不同的机床，在型号中用结构特性代号表示。结构特性代号也用拼音字母大写，但无统一规定。注意不要使用通用特性的代号来表示结构特性。例如：可用 A、D、E……等代号。如 CA6140 型卧式车床型号中的 A，即表示在结构上区别于 C6140 型卧式车床。

（3）组别、系别代号

每类机床按用途、性能、结构相近或有派生关系分为若干组，每组又分为若干系，同一系机床的基本结构和布局形式相同。组别、系别代号位于类别代号或特性代号之后，用两位阿拉伯数字表示，第一位数字表示组别，第二位数字表示系别。机床的类、组划分详见表 10-5。

表 10-5　机床类、组划分表

系别 ＼ 组别	0	1	2	3	4	5	6	7	8	9
车床 C	仪表车床	单轴自动、半自动车床	多轴自动、半自动车床	回轮、转塔车床	曲轴及凸轮轴车床	立式车床	落地及卧式车床	仿形及多刀车床	轮、轴、辊、锭及铲齿车床	其他车床
钻床 Z		坐标镗钻床	深孔钻床	摇臂钻床	台式钻床	立式钻床	卧式钻床	铣钻床	中心孔钻床	

（续表）

系别＼组别	0	1	2	3	4	5	6	7	8	9
镗床 T			深孔镗床		坐标镗床	立式镗床	卧式铣镗床	精镗床	汽车、拖拉机修理用镗床	
磨床　M	仪表磨床	外圆磨床	内圆磨床	砂轮机	坐标磨床	导轨磨床	刀具刃磨床	平面及端面磨床	曲轴、凸轮轴、花键轴及轧辊磨床	工具磨床
磨床　2M		超精机	内圆珩磨机	外圆及其他珩磨机	抛光机	砂带抛光及磨削机床	刀具刃磨及研磨机床	可转位刀片磨削机床	研磨机	其他磨床
磨床　3M		球轴承套圈沟磨床	滚子轴承套圈滚道磨床	轴承套圈超精磨床		叶片磨削机床	滚子加工机床	钢球加工机床	气门、活塞及活塞环磨削机床	汽车、拖拉机修磨机床
齿轮加工机床 Y	仪表齿轮加工机		锥齿轮加工机	滚齿及铣齿机	剃齿及珩齿机	插齿机	花键轴铣床	齿轮磨齿机	其他齿轮加工机	齿轮倒角及检查机
螺纹加工机床 S			套丝机	攻丝机			螺纹铣床	螺纹磨床	螺纹磨床	
铣床 X	仪表铣床	悬臂及滑枕铣床	龙门铣床	平面铣床	仿形铣床	立式升降台铣床	卧式升降台铣床	床身铣床	工具铣床	其他铣床
刨插床 B		悬臂刨床	龙门刨床			插床	牛头刨床		边缘及模具刨床	其他刨床
拉床 L			侧拉床	卧式外拉床	连续拉床	立式内拉床	卧式内拉床	立式外拉床	键槽及螺纹拉床	其他拉床

（续表）

组别 系别	0	1	2	3	4	5	6	7	8	9
特种加工机床 D		超声波加工机	电解磨床	电解加工机			电火花磨床	电火花加工机		
锯床 G			砂轮片锯床		卧式带锯床	立式带锯床	圆锯床	弓锯床	锉锯床	
其他机床 Q		其他仪表机床	管子加工机床	木螺钉加工机	刻线机	切断机				

（4）主参数

机床主参数表示机床规格的大小，用主参数折算值或实际值表示。常见机床的主参数及折算系数见表 10-6。一般用两位数字表示，位于组别、系别代号之后。

表 10-6　常见机床主参数及折算系数

机　　床	主参数名称	折算系数
卧式车床	床身上最大回转直径	1/10
立式车床	最大车削直径	1/100
摇臂钻床	最大钻孔直径	1/1
卧式镗床	镗轴直径	1/10
坐标镗床	工作台面宽度	1/10
外圆磨床	最大磨削直径	1/10
内圆磨床	最大磨削孔径	1/10
矩台平面磨床	工作台面宽度	1/10
齿轮加工机床	最大工件直径	1/10
龙门铣床	工作台面宽度	1/100
升降台铣床	工作台面宽度	1/10
龙门刨床	最大刨削宽度	1/100
插床及牛头刨床	最大插削及刨削长度	1/10
拉床	额定拉力（t）	1/1

（5）重大改进次数

当机床的结构和性能有重大改进和提高，并且按新产品中心设计、试制和鉴定时，可按字母 A、B、C……的顺序选用，加在型号的尾部，以区别于原机床型号。

例如：

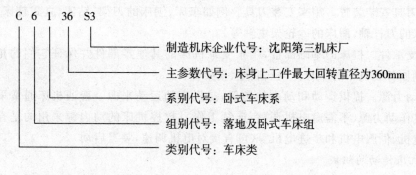

```
C 6 1 36 S3
          │  │└─────────── 制造机床企业代号：沈阳第三机床厂
          │  └──────────── 主参数代号：床身上工件最大回转直径为360mm
          │ └───────────── 系别代号：卧式车床系
          │└────────────── 组别代号：落地及卧式车床组
          └─────────────── 类别代号：车床类
```

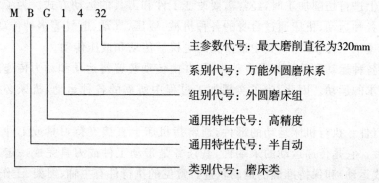

```
M B G 1 4 32
          │└───────────── 主参数代号：最大磨削直径为320mm
          └────────────── 系别代号：万能外圆磨床系
                          组别代号：外圆磨床组
                          通用特性代号：高精度
                          通用特性代号：半自动
                          类别代号：磨床类
```

但是，对于已定型，并按过去机床型号编制方法确定型号的机床，其型号不改变，故有些机床仍用原型号。如：C616、X62W、B665 等。老型号与现行的机床型号编制方法的区别是：

◆老型号中没有组与系的区别，故只用一位数字表示组别。

◆主要参数表示法不同。如老型号中车床用中心高表示；铣床用工作台的编号表示，X62W 中的"2"表示 2 号工作台（1250×320mm）。

◆老型号的重大改进次数用数字表示，如 C620—1。

10.5.3　机床的组成

1. 机床的基本组成

由于机床运动形式、刀具及工件类型的不同，机床的构造和外形有很大区别。但归纳起来，各种类型的机床都应有以下几个主要组成部分。

(1)主传动部件。用来实现机床主运动的部件，它形成切削速度并消耗大部分动力。例如带动工件旋转的车床主轴箱；带动刀具旋转的钻床或铣床的主轴箱；带动砂轮旋转的磨床砂轮架；刨床的变速箱等。

(2)进给传动部件。用来实现机床进给运动的部件，它维持切削加工连续不断地进行。例如车床的进给箱、溜板箱；钻床和铣床的进给箱；刨床的进给机构；磨床工作台的液压传动装置等。

(3)工件安装装置。用来安装工件。例如车床的卡盘和尾座；钻床、刨床、铣床、平面磨床的工作台;外圆磨床的头架和尾座等。

（4）刀具安装装置。用来安装刀具。例如车床、刨床的刀架;钻床、立式铣床的主轴,卧式铣床的刀杆轴,磨床的砂轮架主轴等。

（5）支承件。机床的基础部件,用于支承机床的其他零部件并保证它们的相互位置精度。例如各类机床的床身、立柱、底座、横梁等。

（6）动力源。提供运动和动力的装置,是机床的运动来源。普通机床通常采用三相异步电机作动力源(不需对电机调整,连续工作);数控机床的动力源采用的是直流或交流调速电机、伺服电机和步进电机等(可直接对电机调速,频繁启动)。

2. 机床传动的组成

在机床上进行切削加工时,经常需要改变工件和刀具的运动方式。为了实现加工过程中所需的各种运动,机床通过自身的各种机械、液压、气动、电气等多种传动机构,把动力和运动传递给工件和刀具,其中最常见的是机械传动和液压传动。

机床的各种运动和动力都来自动力源,并由传动装置将运动和动力传递给执行件来完成各种要求的运动。因此,为了实现加工过程中所需的各种运动,机床必须具备三个基本部分。

（1）执行件。执行机床运动的部件,通常指机床上直接夹持刀具或工件并实现其运动的零、部件。它是传递运动的末端件,其任务是带动工件或刀具完成一定形式的运动(旋转或直线运动)和保持准确的运动轨迹。常见的执行件有主轴、刀架、工作台等。

（2）动力源。提供运动和动力的装置,是执行件的运动来源(也称为动源)。普通机床通常都采用三相异步电机作动源(不需对电机调整,连续工作);数控机床的动源采用的是直流或交流调速电机、伺服电机和步进电机等(可直接对电机调速,频繁启动)。

（3）传动装置。传递运动和动力的装置。传动装置把动力源的运动和动力传给执行件,同时还完成变速、变向、改变运动形式等任务,使执行件获得所需要的运动速度、运动方向和运动形式。传动装置把执行件与动力源或者把有关执行件之间连接起来,构成传动系统。机床的传动按其所用介质不同,分为机械传动、液压传动、电气传动和气压传动等,这些传动形式的综合运用体现了现代机床传动的特点。

10.5.4　数控机床简介

数控机床(Numerical Control,NC)是利用数字化信息实现机床控制的机电一体化产品,也是利用数控技术,准确地按事先编制的工艺流程,实现规定加工动作的金属切削机床。

1. 数控机床的工作原理

数控机床是操作者根据数控工作要求编制程序,并把数控程序记录在程序介质上。数控程序经数控设备的输入输出接口输入到数控设备中,控制系统按数控程序控制该设备执行机构的各种动作或运动轨迹,达到规定的工作效果。图 10-16 为数控机床工作原理图。

数控机床主要由数控系统,辅助装置和机床本体等组成。

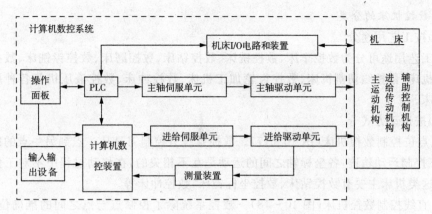

图 10-16 数控机床工作原理图

（1）控制介质

它是人与机床进行沟通的媒介，又称信息载体。常用的有穿孔带、穿插孔卡、磁带、磁盘等。控制介质上记载的信息要通过光电输入机、磁带录音机、磁盘驱动器等输入装置传送给数控装置。对于用微机控制的数控机床，也可用操作面板上的按钮和键盘将加工程序直接用键盘输入，并在 CRT 显示器上显示。除外，还可利用 CAD/CAM 软件在其他计算机上编程，然后通过计算机与数控系统通信，将程序和数据直接传送给数控装置。

（2）数控装置

它是数控机床的中枢，主要由计算机系统、位置控制板、PLC 接口板、通讯接口板、特殊功能模块以及相应的控制软件等组成。

其作用是根据输入的零件加工程序进行相应的处理（如运动轨迹处理、机床输入输出处理等），然后输出控制命令到相应的执行部件（伺服单元、驱动装置和 PLC 等）。所有这些工作由 CNC 装置内的硬件和软件协调配合，合理组织，使整个系统有条不紊地进行工作。

（3）伺服装置

它是数控系统与机床本体之间的电传动环节，主要由伺服电动机、驱动控制系统以及位置检测反馈装置组成。伺服电机是系统的执行元件，驱动控制系统则是伺服电机的动力源。它用来接受数控装置输出的指令信息，并经过功率放大后带动机床移动部件作精确定位或按照规定的轨迹和速度运动，使机床加工出符合图纸要求的零件。

（4）反馈系统

作用是将机床移动的实际位置、速度参数检测出来，转换成电信号，并反馈到计算数控装置中，使计算机能随时纠正所产生的误差。

（5）机床本体

机床本体指的是数控机床机械机构实体，包括床身、主轴、进给机构等机械部件。由于数控机床是高精度和高生产率的自动化机床，它与传动的普通机床相比，应具有更好的刚性和抗振性，相对运动摩擦系数要小，传动部件之间的间隙要小，而且传动和变速系统要便于实现自动化控制。

2. 数控机床的分类

(1)按工艺用途分

按工艺用途可分为数控车床、数控铣床、数控钻床、数控磨床、数控镗铣床、数控电火花加工机床、数控线切割机床、数控齿轮加工机床、数控冲床、数控液压机等各种用途的数控机床。

(2)按运动方式分

① 点位控制数控机床(图10-17)。数控系统只控制刀具从一点到另一点的准确位置,而不控制运动轨迹,各坐标轴之间的运动是互不相关的,在移动过程中不对工件进行加工。这类机床主要有数控钻床、数控坐标镗床、数控冲床等。

② 直线控制数控机床(图10-18)。数控系统除了控制点与点之间的准确位置外,还要保证两点间的移动轨迹为一直线,并且对移动速度也要进行控制,也称点位直线控制。这类数控机床主要有数控车床等。

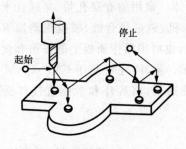

图10-17 点位控制

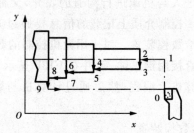

图10-18 直线控制

③ 轮廓控制数控机床(图10-19)。轮廓控制的特点是能够对两个或两个以上运动坐标的位移和速度同时进行连续相关的控制,它不仅要控制机床移动部件的起点与终点坐标,而且要控制整个加工过程的每一点的速度、方向和位移量,也称为连续数控机床。这类数控机床主要有数控铣床、数控线切割等。

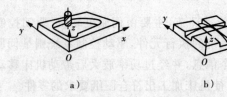

图10-19 轮廓控制

(3)按伺服控制方式分

① 开环控制数控机床(图10-20)。这类机床不带位置检测反馈装置,通常用步进电机作为执行机构。输入数据经过数控系统的运算,发出脉冲指令,使步进电机转过一个步距角,再通过机械传动机构转换为工作台的直线移动。移动部件的移动速度和位移量由输入脉冲的频率和脉冲数所决定。

② 半闭环控制数控机床(图10-21)。在电机的端头或丝杠的端头安装检测元件

图 10 - 20　数控机床开环控制框图

（如感应同步器或光电编码器等），通过检测其转角来间接检测移动部件的位移，然后反馈到数控系统中。由于大部分机械传动环节未包括在系统闭环环路内，因此可获得较稳定的控制特性。其控制精度虽不如闭环控制数控机床，但调试比较方便，因而被广泛应用。

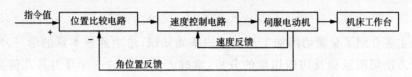

图 10 - 21　数控机床半闭环控制框图

③ 闭环控制数控机床（图 10 - 22）。这类数控机床带有位置检测反馈装置，其位置检测反馈装置采用直线位移检测元件，直接安装在机床的移动部件上，将测量结果直接反馈到数控装置中，通过反馈可消除从电动机到机床移动部件整个机械传动链中的传动误差，最终实现精确定位。

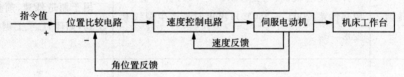

图 10 - 22　数控机床闭环控制框图

3. 数控机床与普通机床比较

数控机床与普通机床比较见表 10 - 7。

表 10 - 7　数控机床与普通机床比较

项　目	数控机床	普通机床	项　目	数控机床	普通机床
加工异形复杂零件的能力	强	弱	初期投资	高	低
改变加工对象的柔性程度	高	低	对操作人员素质的要求	高	低
加工零件质量和加工精度	高	低	对生产计划、生产准备和生产调度的要求	高	低
加工效率	高	低	运转费（包括人力、原材料、电力、厂房）	低	高
设备利用率	高	低	维修技术及费用	高	低
产品优化设计与 CAD 连接功能	高	低	对不合格品再加工（即回收）的费用	低	高

先导案例解答

可选用 C6132A 普通机床、90°硬质合金车刀进行加工,由于材料为铸铁,产生崩碎切屑。加工时,主运动是机床主轴带动工件作高速旋转,进给运动为机床溜板箱带动刀架作纵向直线运动。

小 结

本章主要介绍了金属切削加工及机床的基础知识,希望通过本章的学习,掌握常用切削加工方法切削运动及切削用量的分析,掌握刀具材料的选择及刀具几何角度的标注,会分析切削过程中的物理现象,理解切削加工性的概念,掌握机床的分类及机床型号。本章难点是刀具几何角度标注。部分内容小结如下:

1. 刀具材料

种 类		特 点	应 用	
碳素工具钢		淬火硬度较高,可达 HRC61～65;价格低廉;耐热性差(200℃～250℃);淬火时易产生裂纹和变形	用于制造低速、简单的手动工具,如锉刀、手工锯条等	
量具刃具钢		具有较高的硬度,可达 HRC61～65;硬度、耐磨性、韧性比碳素工具钢高;具有较高的耐热性(350℃～400℃);热处理变形小	主要用于制造各种形状较为复杂的低速切削刀具(如丝锥、板牙、铰刀等)和精密量具	
高 速 钢		较高的硬度,可达 HRC62～65;耐热性好(550℃～600℃);硬度、强度、耐磨性显著提高;热处理变形小	用来制造复杂刀具,如钻头、铣刀、齿轮加工刀具等	
硬质合金	钨钴类	硬度很高,可达 HRA88～93,相当于 HRC70～75;耐热性高(800℃～1000℃);切削速度比高速钢高 5～10 倍;抗弯强度和冲击韧性远比高速钢低	主要用作镶齿刀具	加工铸铁等脆性材料
	钨钛钴类			加工钢材等塑性材料
	钨钛钽(铌)类			既可加工钢,也可加工铸铁和有色金属
陶瓷材料		硬度、耐磨性、耐热性和化学稳定性均优于硬质合金,但比硬质合金更脆	主要用于精加工	

种　类		特　　点	应　用
超硬材料	人造金刚石	是自然界最硬的材料,有极高的耐磨性,刃口锋利,能切极薄的切屑;但极脆,不能用于粗加工;且与铁的亲合力,故不能切削黑色金属	主要用于磨料,磨削硬质合金,也可用于有色金属及其合金的高速精细车和镗削
	立方氮化硼(CBN)	硬度、耐磨性仅次于金刚石,但它的耐热性和化学稳定性都大大高于金刚石,且与铁族的亲合力小,但在高温时与水易起化学反应,所以用于干切削	适于精加工淬硬钢、冷硬铸铁、高温合金、热喷涂材料、硬质合金及其他难加工材料

2. 刀具角度的作用及选用

角　度	定　义	作　　用	选　用
前角 γ_0	在正交平面中测量的前刀面与基面的夹角	(1)影响切屑变形程度:较大的前角可减少切屑变形,使切削轻快,降低切削温度,减少刀具磨损。 (2)影响刀刃强度	主要决定于刀具材料和工件材料。刀具材料愈脆,前角愈小;切削塑性材料时前角可取大些,切削脆性材料时则应取小些
后角 α_0	在正交平面中测量的后刀面与切削平面的夹角	(1)影响主后刀面与工件过渡表面的摩擦 (2)影响刀刃强度	决定于加工性质和工件材料。粗加工时应取较小的 α_0;精加工时,对非尺寸刀具应取较大的 α_0,对尺寸刀具宜取较小的 α_0。工件材料强度低而塑性好时应取较大的 α_0
主偏角 κ_r	在基面中测量的主切削刃在基面投影与进给方向的夹角	(1)影响切削条件和刀具的寿命 (2)影响切削分力的大小:κ_r↓→径向分力↑	应根据系统刚性、加工材料和加工表面形状选择
副偏角 κ_r'	在基面中测量的副切削刃在基面的投影与进给运动反方向的夹角	(1)影响刀头强度:κ_r'↓→刀头强度↑ (2)影响已加工表面的粗糙度:κ_r'↓→工件表面粗糙度↓	根据系统刚性和工件的表面粗糙度要求选择。主、副偏角的选择原则应为在不产生振动的条件下取小值

（续表）

角 度	定 义	作 用	选 用
刃倾角 λ_s	在切削平面中测量的主切削刃与基面的夹角	（1）影响切屑排出方向 $\lambda_s=0$，主刀刃水平，切屑朝与主刀刃垂直的方向流动 $\lambda_s>0$，刀尖处于主刀刃最高点，切屑流向待加工表面 $\lambda_s<0$，刀尖处于主刀刃最低点，切屑流向已加工表面 （2）影响刀头强度	应根据加工性质选择。一般粗加工取 $\lambda_s<0$，精加工取 $\lambda_s>0$。

复习思考题

10-1 什么是切削运动？试举几种加工方法说明它们的主运动和进给运动。

10-2 对刀具材料的性能有哪些要求？常用刀具材料有哪几种？试举例说明其在实际加工生产中如何运用。

10-3 为什么不宜用碳素工具钢制造拉刀和齿轮刀具等复杂刀具？为什么目前常采用高速钢制造这类刀具而较少采用硬质合金？

10-4 请标注下列刀具的五个基本角度。

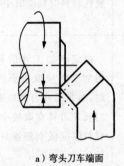
a）弯头刀车端面

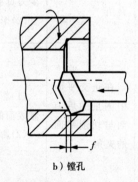
b）镗孔

题 6 图

10-5 何谓车刀工作角度？刀具安装高低、歪斜对工作角度有何影响？

10-6 切屑有哪几种？各自的形成条件如何？

10-7 切削加工时为什么会产生积屑瘤？积屑瘤对切削加工有何影响？如何利用？

10-8 切削力是如何产生的？试述三个切削分力对切削加工的影响。

10-9 为什么要研究切削热的产生和传出？仅从切削热产生的多少能否说明切削区温度的高低？

10-10 切削热是怎样产生和传出的？它对切削加工过程有何影响？

10-11 在切削加工中为什么要加切削液？切削液分为几类？在实际生产中如何选择？

10-12 刀具磨损的原因是什么？刀具磨损的形式有哪几种？

10-13 何谓材料的切削加工性？其衡量指标主要有哪几个？各适用于何种场合？

10-14 机床主要由哪几部分组成？它们各起什么作用？

10-15 写出下列机床牌号的含义。

CM1107A、CA6140、Y3150E、MGB1432A、L6120、X5032、DK7725

第 11 章　常用切削加工方法

【本章知识点】

(1)掌握常用加工的特点及应用；

(2)掌握外圆面、孔及平面加工方法的选择。

【先导案例】

加工下图所示箱体类零件的各表面分别应采用何种加工方法？

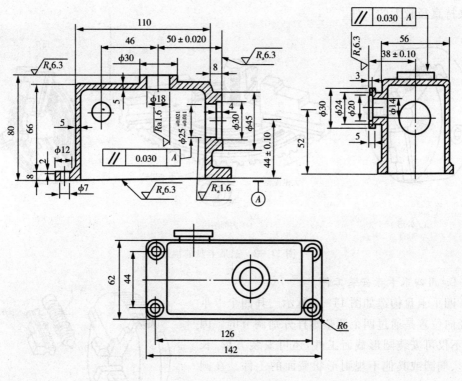

图 11-1　箱体零件

　　常用的切削加工方法有车削、钻削、镗削、刨削、拉削、铣削和磨削等。由于各种加工方法所用机床和刀具不同、切削运动方式各异，所以每种加工方法都有其各自的工艺特点及应用范围。

11.1 车削加工

车削加工是在车床上用车刀加工工件的工艺过程。车削时,主运动为工件的旋转运动,进给运动为刀具的直线移动,因此车削加工特别适合于加工各种回转表面。回转表面是零件上用得最多的表面,因此车削加工在各种加工方法中占的比重最大,一般在机加工车间内,车床约占机床总数的50%。

11.1.1 工件的安装

1. 用三爪卡盘安装工件

三爪卡盘的构造如图11-2所示。三爪卡盘上的卡爪是联动的,能以工件外圆面自动定心,故安装工件时一般不需找正。但由于卡盘的制造误差及使用后磨损的影响,定位精度一般为0.01~0.1mm。三爪卡盘最适宜安装形状非常规则的零件,如圆形、正三边形、正六边形的工件。三爪卡盘本身还带有三个"反爪",反方向装到卡盘体上即可用于夹持直径较大的工件。

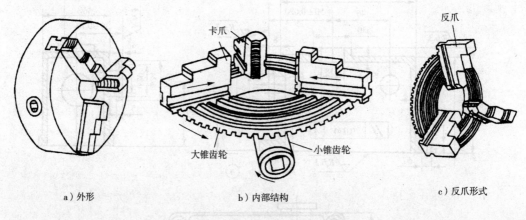

a) 外形　　　　　b) 内部结构　　　　　c) 反爪形式

图 11-2　三爪卡盘的构造

2. 用四爪卡盘安装工件

四爪卡盘构造如图11-3所示。其四个卡爪的径向位置是通过四个调整螺杆分别调节的。因此,不仅可安装圆形截面工件,还可安装方形、长方形、椭圆或其他不规则形状截面的工件。在圆盘上车偏心孔也常用四爪卡盘安装。此外,四爪卡盘较三爪卡盘的夹紧力大,所以,也用于安装较重的圆形截面工件。由于四爪卡盘的四个卡爪是独立移动的,在安装工件时需找正。一般用划针

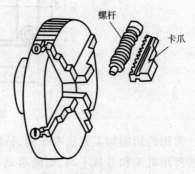

图 11-3　四爪单动卡盘

盘按工件外圆面或内圆面找正,也常按工件上预先划的线找正。精度要求高时,则需用百分表找正(安装精度可达 0.01mm)。

3. 用顶尖安装工件

车削长径比为 4~10 或工序较多的轴类工件时,常使用顶尖来安装工件,如图 11-4 所示。此时,需要预先在工件的两端面上,钻出中心孔,再把轴安装在前后两个顶尖上,前顶尖装在主轴的锥孔内,并和主轴一起旋转,后顶尖装在尾架套筒内,工件利用其中心孔被顶在前后顶尖之间,以确定工件的位置,通过拨盘和鸡心夹带动工件旋转。

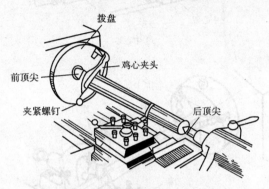

图 11-4　用顶尖安装工件

当加工长径比大于 10 的细长轴时,为了防止轴受切削力的作用而产生弯曲变形,往往需要增加中心架或跟刀架支承,以增加其刚性,如图 11-5 所示。中心架固定于床身导轨上,不随刀架移动,主要用于加工阶梯轴、轴端面内孔和中心孔。跟刀架固定在大刀架的左侧,可随大刀架一起移动,多用于加工细长的光轴和长丝杆等工件。

4. 用心轴安装工件

心轴主要用于安装带孔的盘、套类零件。因这类零件在卡盘上加工时,其外圆、孔和两端面无法在一次安装中全部加工完。如果把零件调头安装后再加工,往往无法保证零件的径向跳动(外圆与孔)和端面跳动(端面与孔)的要求。因此,需要利用已精加工过的孔把零件装在心轴上,再把心轴安装在前后顶尖之间来加工外圆或端面。

心轴种类很多,常用的有锥度心轴、圆柱心轴和可胀心轴。如图 11-6a 所示为锥度心轴,锥度一般为 1:2000~1:5000。工件压入心轴后靠摩擦力与心轴固紧,传递运动。这种心轴装卸方便,对中准确,但不能承受较大的切削力,多用于精加工盘、套类零件。

如图 11-6b 所示为圆柱心轴,其对中准确度较前者差。工件装入心轴后加上垫圈,用螺母锁紧,其夹紧力较大,多用于加工盘类零件。用这种心轴安装,工件的两个端面都需要与孔垂直,以免当螺母拧紧时,心轴弯曲变形。

盘、套类零件用于安装心轴的孔,应有较高的精度,一般为 IT9~IT7,否则零件在心轴上无法准确定位。

如图 11-7 所示为可胀心轴,工件安装在可胀锥套上,转动螺母 2,可使可胀轴套沿轴向移动,心轴锥部使套筒胀开,撑紧工件。在胀紧前,工件孔与套筒外圆之间有较大的间隙。采用这种安装方式时拆卸工件方便,但其定心精度与套筒的制造质量有很大的关系。

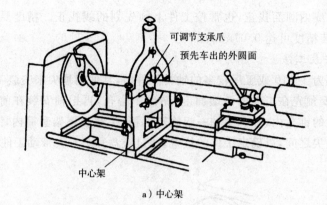

可调节支承爪

预先车出的外圆面

中心架

a）中心架

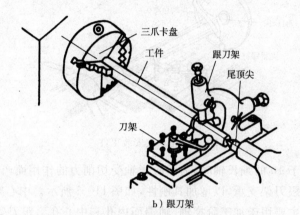

三爪卡盘

工件

跟刀架

尾顶尖

刀架

b）跟刀架

图 11-5　中心架及跟刀架的应用

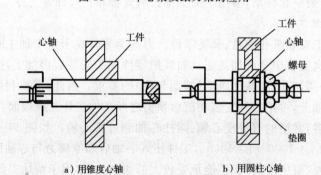

心轴

工件

工件

心轴

螺母

垫圈

a）用锥度心轴　　　　　　　b）用圆柱心轴

图 11-6　用心轴装夹工件

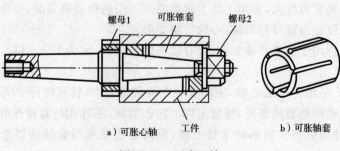

螺母1

可胀锥套

螺母2

工件

a）可胀心轴　　　　　　　　b）可胀轴套

图 11-7　可胀心轴

5. 用花盘安装工件

在车床上加工大而扁且形状不规则的零件,或要求零件的一个面与安装面平行,或要求孔、外圆的轴线与安装面垂直时,可以把工件直接压在花盘上加工。花盘是安装在车床主轴上的一个大圆盘,盘面上的许多长槽用以穿压紧螺栓,装夹工件,如图 11-8 所示。花盘的端面必须平整,并与主轴中心线垂直。

有些复杂的零件,要求孔的轴线与安装面平行,或要求两孔的轴线垂直相交,则将弯板压紧在花盘上,再把零件紧固于弯板之上。如图 11-9 所示。弯板上贴靠花盘和安放工件的两个面,应有较高的垂直度要求。弯板要有一定的刚度和强度,装在花盘上要经过仔细的找正。

用花盘、弯板安装工件,由于重心常偏向一边,要在另一边上加平衡铁予以平衡,以减少转动时的振动。

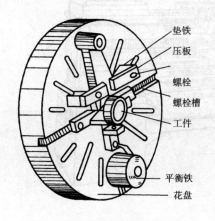
图 11-8　在花盘上安装工件

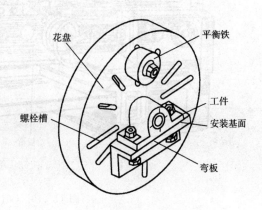
图 11-9　在花盘上用弯板安装工件

11.1.2　车床

为了满足加工的需要,车床的类型很多,主要有卧式车床、立式车床、转塔车床、自动车床和数控车床等。下面主要介绍生产中常用的卧式车床和立式车床。

1. 卧式车床

卧式车床是目前生产中应用最广的一种车床,它具有性能良好、结构先进、操作轻便、通用性大和外形整齐美观等优点。但自动化程度较低,适用于单件小批生产中,加工各种轴、盘、套等类零件上的各种表面或机修车间。如图 11-10 所示为 CA6140 型卧式车床的外形图,它的主要部件有:

(1)主轴箱。主轴箱固定在床身的左端。主轴箱的功用是支承主轴,使它旋转、停止、变速,变向。主轴箱内装有变速机构和主轴。主轴是空心的,中间可以穿过棒料。主轴的前端装有卡盘,用以夹持工件。车床的电动机经 V 带传动,通过主轴箱内的变速机构,把动力传给主轴,以实现车削的主运动。

(2)刀架。刀架装在床身的床鞍导轨上。刀架的功用是安装车刀,一般可同时装四把车刀。床鞍的功用是使刀架作纵向、横向和斜向运动。刀架位于三层滑板的顶端。最底层的滑板就称为床鞍,它可沿床身导轨纵向运动,可以机动也可以手动,以带动刀架实现纵向进给。第二层为中滑板,它可沿着床鞍顶部的导轨作垂直于主轴方向的横向运动,也可以机动或手动,以带动刀架实现横向进给。最上一层为小滑板,它与中滑板以转盘连接,因此,小滑板可在中滑板上转动,调整好某个方向后,可以带动刀架实现斜向手动进给。

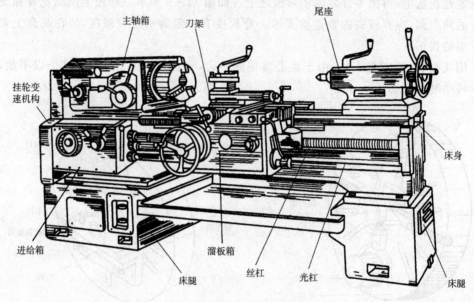

图 11-10 C6140 外观图

(3)尾座。尾座安装在床身的尾座导轨上,可沿床身导轨纵向运动以调整其位置。尾座的功用是用后顶尖支承长工件和安装钻头、铰刀等进行孔加工。尾座可在其底板上作少量的横向运动,以便用后顶尖住的工件车锥体。

(4)床身。床身固定在左床腿和右床腿上。床身用来支承和安装车床的主轴箱、进给箱、溜板箱、刀架、尾座等,使它们在工作时保证准确的相对位置和运动轨迹。床身上面有两组导轨—床鞍导轨和尾座导轨。床身前方床鞍导轨下装有长齿条,与溜板箱中的小齿轮啮合,以带动溜板箱纵向移动。

(5)溜板箱。溜板箱固定在床鞍底部。它的功用是将丝杠或光杠的旋转运动,通过箱内的开合螺母和齿轮齿条机构,使床鞍纵向移动,使中滑板横向移动。在溜板箱表面装有各种操纵手柄和按钮,用来实现手动或机动、进给或车螺纹、纵向进给或横向进给、快速进退或工作速度移动等等。

(6)进给箱。进给箱固定在床身的左前侧。箱内装有进给运动变速机构。进给箱的功用是让丝杠旋转或光杠旋转、改变机动进给的进给量和改变被加工螺纹的导程。

(7)丝杠。丝杠左端装在进给箱上,右端装在床身右前侧的挂脚上,中间穿过溜板箱。丝杠专门用来车螺纹。若溜板箱中的开合螺母合上,丝杠就带动床鞍移动车制螺纹。

（8）光杠。光杠左端也装在进给箱上,右端也装在床身右前侧的挂脚上,中间也穿过溜板箱。光杠专门用于实现车床的自动纵、横向进给。

（9）挂轮变速机构。它装在主轴箱和进给箱的左侧,其内部的挂轮连接主轴箱和进给箱。交换齿轮变速机构的用途是车削特殊的螺纹(英制螺纹、径节螺纹、精密螺纹和非标准螺纹等)时调换齿轮用。

2. 立式车床

立式车床的主要特征是主轴立式布置,工件装夹在水平的回转工作台上,刀架在横梁或立柱上移动。立式车床分为单柱式(图 11 - 11a)和双柱式(图 11 - 11b)两大类。单柱式立式车床加工的直径小于 1600mm;双柱式立式车床加工的直径大于 2000mm,最大可达 25000mm。

立式车床的主参数用最大车削直径表示。由于主轴立式布置,工作台台面处于水平位置,安装沉重的工件和找正都比较方便。又由于工件和工作台的重量主要由床身导轨承受,大大减轻了主轴及其轴承的负荷,因此较易保证大件加工的精度。为了适应不同高低的工件,横梁连同垂直刀架一起,可沿立柱的导轨上下作调节运动,横梁移至所需高度后锁紧在立柱上。垂直刀架可沿横梁导轨移动作横向进给,以及沿刀架滑座的导轨移动作垂直进给。刀架滑座可左右扳转一定角度,以便刀架作斜向进给。垂直刀架上通常带一个五角形的转塔刀架,它除了可安装各种车刀完成车内、外圆柱面,内、外圆锥面,端面,倒角和沟槽等工序外,还可安装各种孔加工刀具完成钻、扩、铰等工序。侧刀架可完成车外圆、车槽、倒角、车端面等工序。立式车床适合加工直径大、长度短的大型和重型工件。

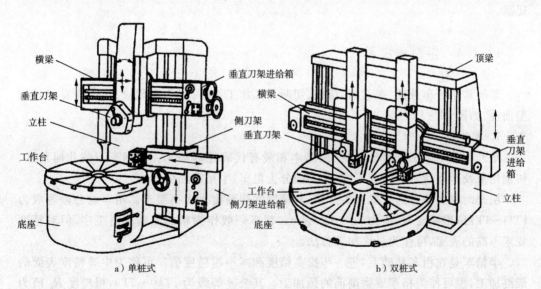

a）单柱式　　　　　　　　　　　　b）双柱式

图 11 - 11　立式车床

11.1.3　车削的工艺特点

1. 易于保证工件各加工面的位置精度

由上述各种安装方法可知,对于轴、套、盘等类零件,由于各加工面具有同一回转轴线,并与车床主轴的回转轴线重合,可在一次装夹中加工出不同直径的外圆、内孔和端面,所以可保证各加工面间的同轴度和垂直度等。

2. 适于有色金属零件的精加工

对精度较高、粗糙度值较小的有色金属零件,因为材料本身的塑性好,硬度低,若采用磨削,易堵塞砂轮,难以得到很光洁的表面。因此,可用金刚石车刀,采用很小的背吃刀量($a_p < 0.15$mm 和进给量($f < 0.1$mm/r)以及很高的切削速度($v \approx 300$m/min)进行精细车,公差等级可达 IT6~IT5,粗糙度 R_a 值大 $0.1~0.4\mu$m。

3. 切削过程比较平稳

车削加工时,刀具几何形状、背吃刀量和进给量一定时,切削面积基本不变,因此,切削力变化小。除了加工断续表面以外,切削过程要比铣削、刨削平稳。又由于车削的主运动为回转运动,避免了惯性力和冲击的影响,所以车削允许采用较大的切削用量进行高速切削或强力切削,有利于提高生产效率。

4. 刀具简单

车刀是刀具中最简单的一种,制造、刃磨和安装都比较方便。便于根据具体加工要求,选用合理的角度．因此,车削的适应性较广,并且有利于加工质量和生产效率的提高。

11.1.4　车削的应用

车削常用于车外圆、车端面、切槽、切断及孔加工,还可用于车螺纹、车锥面及回转成型面等,如图 11-12 所示。

1. 车外圆

车外圆是车削工作中最常见、最基本和最有代表性的加工。根据车刀的几何角度、切削用量及车削达到的精度不同,车外圆分为粗车、半精车和精车。

粗车时主要考虑的是提高生产率,对精度和粗糙度无太高要求。粗车的公差等级为IT13~IT11;粗糙度 R_a 值为 $50~12.5\mu$m。粗车一般作为精加工的准备工序,但对精度要求不高的表面,可作为最终加工方法。

半精车是在粗车基础上,进一步提高精度和减小粗糙度值。可作为中等精度表面的最终加工,也可作为精车或磨削前的预加工。其公差等级为 IT10~IT9,粗糙度 R_a 值为 $6.3~3.2\mu$m。

精车时主要是保证质量,精车的公差等级为 IT8~IT7,粗糙度 R_a 值为 $1.6~0.8\mu$m。

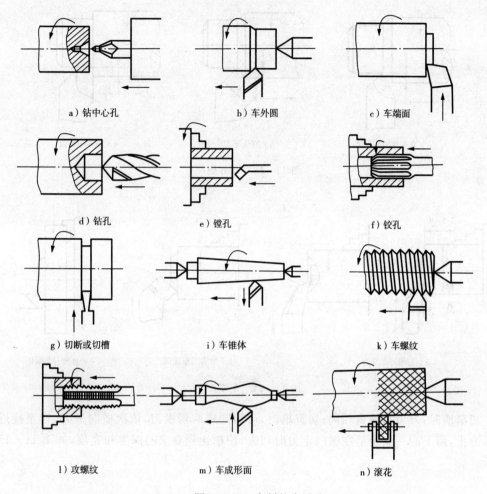

a）钻中心孔　　　　　　b）车外圆　　　　　　c）车端面

d）钻孔　　　　　　e）镗孔　　　　　　f）铰孔

g）切断或切槽　　　　　i）车锥体　　　　　k）车螺纹

l）攻螺纹　　　　　m）车成形面　　　　　n）滚花

图 11-12　车削的应用

外圆车刀有直头、弯头和偏刀三种，如图 11-13 所示。直头车刀主要用于车削没有台阶的光轴，常用高速钢制成。弯头车刀常用硬质合金制成，主偏角有 45°、75°、90°等几种。45°弯头车刀使用方便，不但可以车外圆，还可以车端面和倒角，但因其副偏角较大，工件的加工表面粗糙，不适于精加工。90°偏刀适于车削有垂直台阶的外圆和细长轴。

2. 车端面

常用的端面车刀和车端面的方法如图 11-14 所示。粗车或加工大直径工件时，车刀自外向中心切削，多用弯头车刀；精车或加工小直径工件时，多用右偏刀车切削。车削时，注意刀尖要对准中心，否则端面中心处会留有凸台。

3. 切槽与切断

切槽与车端面的加工方法相似，切槽刀如同左右偏刀的组合，可同时加工左右两边的端面。

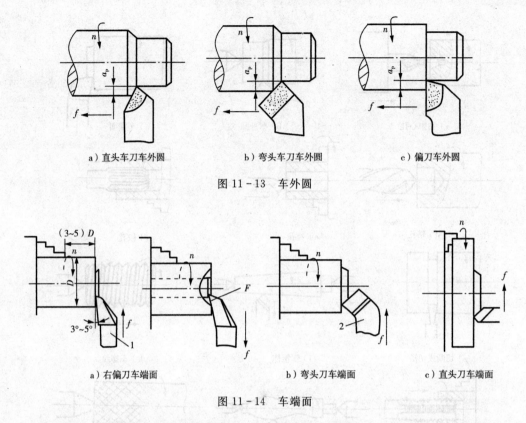

a）直头车刀车外圆　　　　　b）弯头车刀车外圆　　　　　c）偏刀车外圆

图 11－13　车外圆

a）右偏刀车端面　　　　　　　b）弯头刀车端面　　　　　c）直头刀车端面

图 11－14　车端面

切窄槽时，刀刃与槽宽相同；切宽槽时，可用同样的切槽刀，依次横向进刀，切至接近槽深为止，留下的一点余量在纵向走刀时切去，使槽达到要求的深度和宽度，如图 11－15 所示。

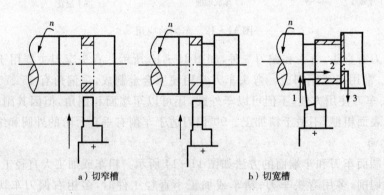

a）切窄槽　　　　　　　　　　b）切宽槽

图 11－15　切槽

4. 孔加工

在车床上可用钻头、扩孔钻、铰刀进行钻孔、扩孔、铰孔，也可用车刀进行车孔。

钻孔（或扩孔、铰孔）时，主运动为工件的旋转运动，进给运动为装在尾座上刀具作直线移动，如图 11－16 所示。在车床上钻孔、扩孔和铰孔时，应在工件一次装夹中与外圆、端面同时完成，以保证它们的同轴度、垂直度。

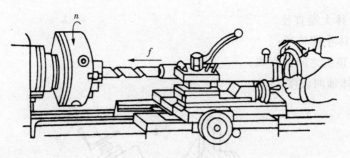

图 11 - 16　车床上钻孔

车孔时,车孔刀装在小刀架上作纵向进给,如图 11 - 17 所示。

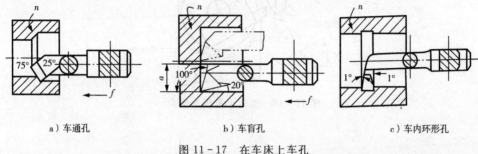

a) 车通孔　　　　　　　b) 车盲孔　　　　　　　c) 车内环形孔

图 11 - 17　在车床上车孔

车内孔比车外圆困难,这是因为内孔车刀的尺寸受到工件内孔尺寸的限制,刀杆越细、伸出量越长,刚性越差;孔内切削情况不能直接观察;排屑困难;切屑容易刮伤已加工表面;切削液不易注入切削区等。所以车内孔的精度和生产率都比车外圆低。

毛坯或工件上已有的孔,若需进一步加工时,可在车床上车孔。车孔多用于在单件小批生产中,加工盘、套类零件中部的孔、轴类零件的轴向孔和小支架主承孔等。

5. 车锥面

在车床上加工锥面常用以下方法:

(1)扳转小滑板

将小滑板扳转一个锥面的斜角,然后固定,再均匀摇动手柄使车刀沿锥面母线进给,如图 11 - 18 所示,即可加工出所需锥面。

这种方法调整方便、操作简单,可加工任意锥角的内外锥面。但工件锥面长度受到小滑板行程限制不能太长,而且不能自动走刀,因此,只适于加工长度较小、要求不高的内外圆锥面。

(2)偏移尾座法

将尾座顶尖横向偏移一个距离 S,使工件轴线与车床主轴轴线成锥面的斜角,然后车刀纵向机动进给,即可车出所需的锥面,如图 11 - 19 所示。此法可加工较长的锥面,且锥面的粗糙度值较小,但受尾座偏移量的限制,一般只能加工小锥度的外圆锥面。偏移量 S 可按下列关系式计算:

$$S = \frac{L(D-d)}{2l}$$

式中：D——锥体大端直径；

    d——锥体小端直径；

    L——两顶尖之间的距离；

    l——锥体轴向长度。

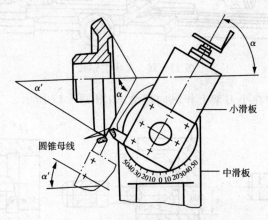

图 11-18　扳转小滑板车锥面

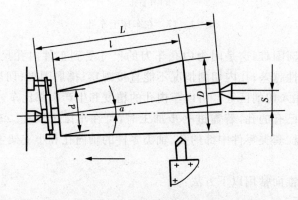

图 11-19　偏移尾座法车锥面

（3）采用靠模

如图 11-20 所示为常见的靠模装置，它的底座固定在车床床身后面，底座上装有锥度靠模，它可以绕轴销转动。当靠模转动工件锥体的斜角后，用螺钉紧固在底座上，滑块可自由地在锥度靠模的槽中移动。中滑板与它下面的丝杠已脱开，它通过接长板、与滑块联接在一起。车削时，床鞍作纵向自动走刀。中滑板被床鞍带动，同时受靠模的约束，获得纵向和横向的合成运动，使车刀刀尖的轨迹平行于靠模的槽，从而车出所需的外圆锥。这时，小滑板需转动 90°，以便横向吃刀。

采用靠模加工锥体，生产率高，加工精度高，表面质量好。但需要在车床上安装一套靠模。它适于成批生产车削长度大、锥度小的外锥体。

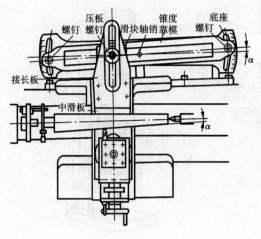

图 11-20　靠模法车锥面

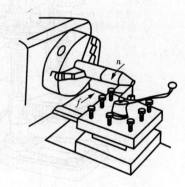

图 11-21　宽刀法

（4）宽刀法

安装车刀时，使平直的切削刃与工件轴线相夹锥面的一个斜角。切削时，车刀作横向或纵向进给即可加工出所需的锥面，如图 13-21 所示。用宽刀法加工锥面时，要求工艺系统刚性好，锥面较短，否则易引起振动，产生波纹。宽刀法适于大批大量生产中车比较短的内外锥面。

11.2　钻、镗削加工

钻、镗削是孔的主要工加工方法。回转体工件中心的孔通常在车床上加工，非回转体工件上的孔，以及回转体工件上非中心位置的孔，通常在钻床和镗床上加工。

11.2.1　钻床及镗床

（1）台式钻床

台式钻床（图 11-22）是一种放在钳工桌上使用的小型钻床，适合于小型零件上孔径在 12mm 以下小孔的加工，主轴的旋转运动通过塔形带轮和 V 带来变速。主轴的进给运动为手动。为了适应不同高度工件的需要，主轴架可以沿立柱上下调节位置。

（2）立式钻床

立式钻床的主轴在水平面上的位置是固定的，这一点与台式钻床相同。在加工时，必须移动工件，使要加工的孔的中心对准主轴轴线。因此，立式钻床适合于中小型工件上孔的加工。

图 11-23 为立式钻床的外观图。主轴箱中装有主轴、主运动变速机构、进给运动变速机构和操纵机构。主轴能够正反旋转。利用进给手柄使主轴沿着主轴套筒一起作手动进给，以及接通或者断开机动进给。工件安装在工作台上。工作台和主轴箱都装在方形截面的立柱垂直导轨上，可以上下调节位置，以适应不同高度的工件。

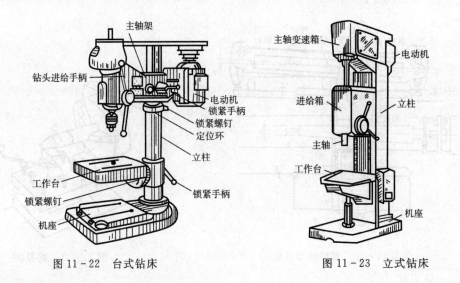

图 11-22 台式钻床　　　　　　　图 11-23 立式钻床

（3）摇臂钻床

如图 11-24 所示为摇臂钻床的外观图。摇臂能和外立柱一起绕着外立柱的垂直轴线回转 360°，摇臂上安装着主轴箱，主轴箱可沿着摇臂的水平导轨移动。由这两项调节运动相配合，可以很方便地将主轴调节到机床尺寸范围内的任意位置。工件一般安装在箱形的工作台上，如果工件很大，便直接安装在底座的上面。为了适应工件的高度，摇臂可沿着外立柱上下调节位置。在摇臂钻床上加工孔时，是移动主轴来对准被加工孔的中心，适合于大中型工件上多个孔的加工。

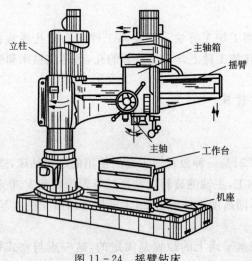

图 11-24 摇臂钻床

（4）镗床

按结构和用途的不同，镗床可分为卧式铣镗床、坐标镗床、金刚镗床和其他类型镗床等，其中卧式铣镗床应用最广泛。

图 11-25 为卧式铣镗床外形图。它是加工大、中型非回转体零件上孔系及其端面的通用机床，主要用于加工机座、箱体和支架等。以镗轴直径作为主参数。卧式铣镗床主

要由主轴、平旋盘、主轴箱、前立柱、后立柱和工作台等部件组成。

　　① 主轴和平旋盘。主轴和平旋盘可以分别旋转作主运动。在主轴的前端有莫氏锥孔,用于安装镗杆或铣刀、钻头等刀具。主轴可沿着轴向移动,作纵向进给运动。装在平旋盘中间导轨上的径向刀架,除了随平旋盘一起旋转外,还能沿着导轨移动,作径向进给运动以铣平面。

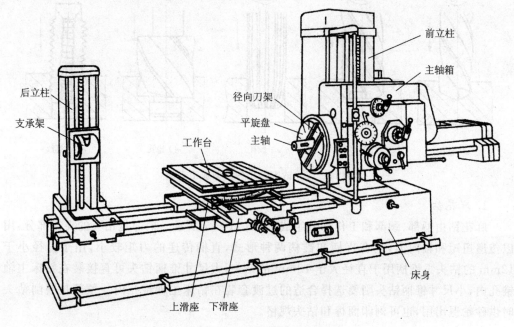

图 11-25　卧式铣镗床外观图

　　② 主轴箱。主轴箱装有主轴,主运动、进给运动的变速和变向机构,以及操纵机构。

　　③ 前立柱。前立柱固定在床身上,主轴箱可沿着它的垂直导轨移动,调节其高低位置及作垂直进给运动。给运动。

　　④ 后立柱。后立柱上架有支承架,用来支承较长的镗杆的悬伸端,以增加镗杆的刚性。支承架可沿后立柱上的垂直导轨与主轴箱同步升降,以保证其上的支承孔与主轴在同一轴线上。后立柱又可沿着床身导轨移动位置,以适应不同长度镗杆的需要;如有需要,也可将其从床身上卸下。

　　⑤ 工作台部分。工作台部分由下滑座、上滑座和工作台组成。下滑座可沿床身导轨作平行于主轴轴线的移动,以实现纵向进给。上滑座可沿下滑座的导轨作垂直于主轴轴线的移动,以实现横向进给。工作台可沿上滑座的环形导轨在水平面内回转 360°,以调节工作台的角度位置。

11.2.2　钻削加工

　　钻削加工是用各种孔加工刀具进行钻孔、扩孔、铰孔或锪孔的切削加工方法。在钻床上钻孔时,工件不动,刀具即作旋转的主运动又作轴向的进给运动,图 11-26 所示为钻削的运动和加工范围。

用钻头在实体材料上加工孔的方法,称为钻孔。钻孔所用的刀具有麻花钻、扁钻、深孔钻和中心钻等。其中最常用的是麻花钻,其直径规格为 0.1～100mm,比较常用的是 3～50mm。

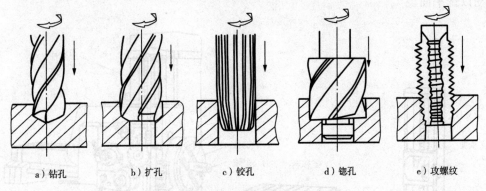

图 11-26　钻床的几种典型加工表面

1. 麻花钻

麻花钻由柄部、颈部和工作部分组成,如图 11-27 所示。柄部是钻头的夹持部分,用以传递扭矩和轴向力,它有直柄和锥柄两种形式,直柄传递的力矩较小,用于直径小于 12mm 的钻头。锥柄用于直径大于 12mm 的钻头,大尺寸锥柄钻头可直接装在钻床主轴锥孔内,小尺寸锥柄钻头则要选择合适的过渡套装在钻床主轴锥孔内。颈部是磨削钻头时供砂轮退出用,也可刻印商标和钻头规格。

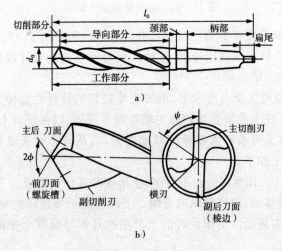

图 11-27　麻花钻的构造

工作部分包括导向部分和切削部分。导向部分有两条螺旋槽和两条窄长的螺旋棱带(又称刃带)。螺旋槽用以形成切削刃和前角,还起排屑和输送切削液的作用。棱带起导向和修光孔壁的作用,它有很小的倒锥,由切削部分向柄部方向逐渐减小,形成倒锥,以减少与孔壁的摩擦。导向部分也是切削部分的后备部分。切削部分如图 11-28 所示,前刀面是两个螺旋槽表面,切屑沿此螺旋槽排出。主后刀面是钻头顶端的两个曲面,经刃磨而成,与工件加工表面相对。副后刀面是两条螺旋棱带,它与工件已加工表面(孔壁)相对。主切削刃是前刀面与主后刀面的交线。副切削刃是前刀面与副后刀面的交线。横刃是两主后刀面的交线。对称的主切削刃和副切削刃可视为两把反向安装的外圆车刀。

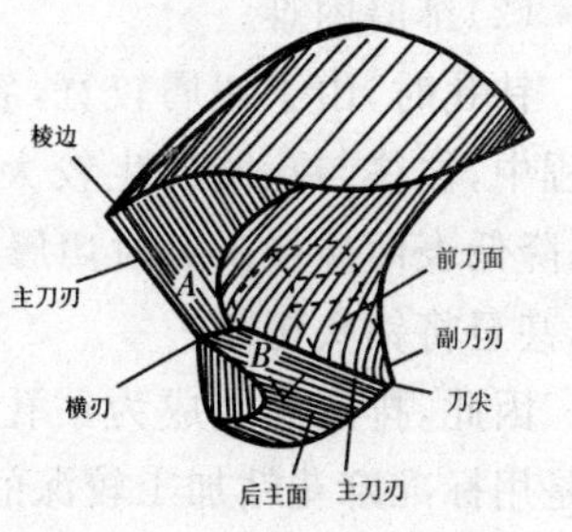

图 11-28　麻花钻的切削部分

2. 钻削的工艺特点

钻孔与车削外圆相比,工作条件要困难得多。钻削时,钻头工作部分大都处在已加工表面的包围中,加上麻花钻的结构及几何角度的特点,因而引起一些特殊问题。

(1)容易产生"引偏"

所谓"引偏"是指加工时,钻头产生的弯曲。在钻削力的作用下,刚性很差且导向性不好的钻头,很容易产生"引偏",致使所钻孔的轴线歪斜或孔径扩大、不圆(图 11-29)。

在实际加工中,常采用如下措施来减少引偏:

① 预钻锥形定心坑(图 11-30a)即先用小顶角($2\varphi = 90° \sim 100°$)大直径短麻花钻,预先钻一个锥形坑,然后再用所需的钻头钻孔。由于预钻时钻头刚性好,锥形坑不易偏,以后再用所需的钻头钻孔时,这个坑就可以起定心作用。

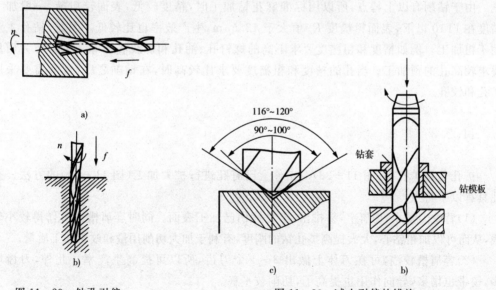

图 11-29　钻孔引偏　　　　　图 11-30　减少引偏的错施

② 用钻套为钻头导向(图 11-30b)　这样可减少钻孔开始时的引偏,特别是在斜面或曲面上钻孔时,更为必要。

③ 刃磨时,尽量把钻头的两个主切削刃磨得对称,使两主切削刃的径向力互相抵消,减少钻头的引偏。

（2）排屑困难

钻孔时，由于切屑较宽，容屑槽尺寸又受到限制，因而在排屑过程中，往往与孔壁发生较大的摩擦，挤压、拉毛和刮伤已加工表面，降低表面质量。有时切屑可能阻塞在钻头的容屑槽里，卡死钻头，甚至将钻头扭断。

因此，排屑问题成为钻孔时要妥善解决的重要问题之一。尤其是用标准麻花钻加工较深的孔时，要反复多次把钻头退出排屑，很麻烦。为了改善排屑条件，可在钻头上修磨出分屑槽（图 11-31），将宽的切屑分成窄条，以利于排屑。当钻深孔（$L/D>5\sim10$）时，应采用合适的深孔钻进行加工。

图 11-31　分屑槽

（3）切削热不易传散

由于钻削是一种半封闭式的切削，钻削时所产生的热量，虽然也由切屑、工件、刀具和周围介质传出，但它们之间的比例却和车削大不相同。如用标准麻花钻，不加切削液钻钢料时，工件吸收的热量约占 52.5%，钻头约占 14.5%，切屑约占 28%，介质仅占约 5%左右。

钻削时，大量高温切屑不能及时排出，切削液难以注入切削区，切屑、刀具与工件之间的摩擦很大。因此，切削温度较高，致使刀具磨损加剧，这就限制了钻削用量和生产效率的提高。

由于钻削有以上特点，所以用标准麻花钻加工时，精度较低，表面较粗糙，一般加工精度在 IT10 以下，表面粗糙度 R_a 值大于 $12.5\mu m$，生产效率也比较低。因此，钻孔主要用于粗加工。例如精度和粗糙度要求不高的螺钉孔、油孔和螺纹底孔等。也可作为质量要求较高孔的预加工。当孔的精度和粗糙度要求比较高时，在钻削之后，常常需要采用扩孔和铰孔。

11.2.3　扩孔

扩孔是用扩孔钻（图 11-32）对工件上已有孔进行扩大加工（图 11-33）的方法。扩孔具有以下特点：

（1）背吃刀量小，切屑窄，易排出，不易擦伤已加工表面。同时容屑槽也可作得较小较浅，从而可以加粗钻心，大大提高扩孔钻的刚度，有利于加大切削用量和改善加工质量。

（2）容屑槽较浅，可在刀体上做出 3～4 个刀齿，所以可提高生产率。此外，刀齿增多，棱带也增多，导向作用也提高了，切削较平稳。

（3）切削刃不必自外圆延续到中心，避免了横刃和由横刃引起的不良影响。

由于上述原因，扩孔的加工质量比钻孔高，一般精度可达 IT10～IT9，表面粗糙度 R_a 值为 $3.2\sim6.3\mu m$，属于半精加工，常作为铰孔前的预加工，对于质量要求不太高的孔，扩孔也可作为孔的最终加工。

考虑到扩孔比钻孔有较多的优越性，在钻直径较大的孔时（一般 $D>30mm$）时，可先用小钻头（直径为孔径的 0.5～0.7 倍）预钻孔，然后再用原尺寸的大钻头扩孔。

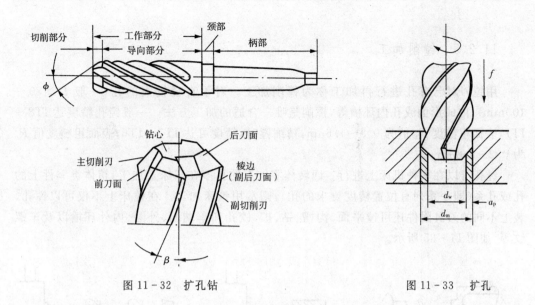

图 11－32　扩孔钻　　　　　　　　　　　　　图 11－33　扩孔

11.2.4　铰孔

铰孔是用铰刀对已有孔进行精加工，一般精度可达 IT10～IT9，表面粗糙度 R_a 值为 $3.2～6.3\mu m$。

铰孔加工质量较高的原因，除了具有上述扩孔的优点之外，还由于铰刀结构和切削条件比扩孔更为优越，主要是：

（1）铰刀具有修光部分（图 11－34），其作用是校准孔径、修光孔壁，从而进一步提高孔的加工质量。

（2）铰孔的余量小（粗铰为0.15～0.35mm，精铰为 0.05～0.15mm），切削力较小；铰孔时的切削速度一般较低（$v_c=1.5～10mm/min$），产生的切削热较少。因此，工件的受力变形和受热变形较小，加之低速切削，可避免积屑瘤的不利影响，使得铰孔质量比较高。

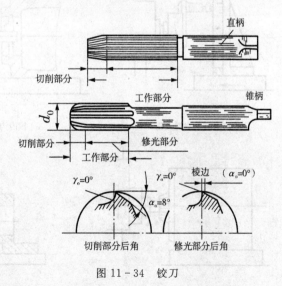

图 11－34　铰刀

麻花钻、扩孔钻和铰刀都是标准刀具，市场上比较容易买到。对于中等尺寸以下较精密的孔，在单件小批乃至大批大量生产中，钻—扩——铰都是经常采用的典型工艺。

钻、扩、铰只能保证孔本身的精度而不易保证孔与孔之间的尺寸精度及位置精度。为了解决这一问题，可以利用夹具（如钻模）进行加工，或者采用镗孔。

11.2.5 镗削加工

用镗刀对已有孔进行再加工称为镗削加工。对于直径较大的孔（一般 $D > 80 \sim$ 100mm）、内成形面或孔内环槽等，镗削是唯一合适的加工方法。一般镗孔精度达 IT8～ IT7，表面粗糙度 R_a 值为 $0.8 \sim 1.6\mu m$，精细镗时，精度可达 IT7～IT6，表面粗糙度值 R_a 为 $0.2 \sim 0.8\mu m$。

镗孔可以在多种机床上进行。回转体零件上的孔多在车床上加工，箱体类零件上的 孔或孔系（即一系列有位置精度要求的孔），则常用镗床加工。在镗床上不仅可以镗孔， 装上不同的刀具附件还可镗平面、沟槽、钻、扩、铰孔和车端面、外圆、内外环槽以及车螺 纹等，如图 11 - 35 所示。

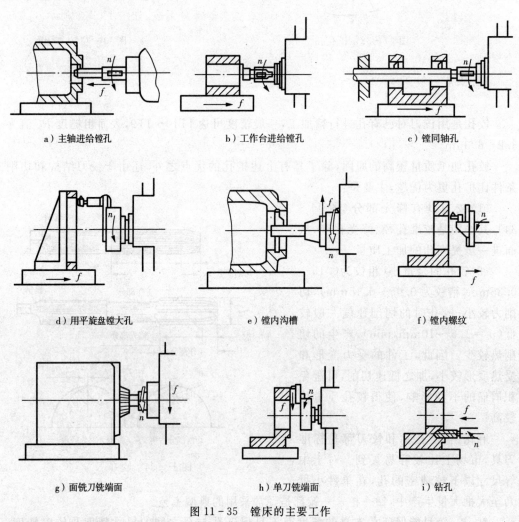

a）主轴进给镗孔　　　　b）工作台进给镗孔　　　　c）镗同轴孔

d）用平旋盘镗大孔　　　　e）镗内沟槽　　　　f）镗内螺纹

g）面铣刀铣端面　　　　h）单刀铣端面　　　　i）钻孔

图 11 - 35　镗床的主要工作

11.3　刨、插和拉削加工

刨、插和拉削是平面加工的主要方法之一。

11.3.1　刨床、插床和拉床

1. 刨床

常见的刨削类机床有牛头刨床和龙门刨床。

（1）牛头刨床

牛头刨床主要由床身、滑枕、刀架、工作台、横梁等部分组成，如图 11-36 所示。

① 床身。用于支承和连接刨床的各部件。其顶面导轨供滑枕作往复运动，侧面导轨供横梁升降，床身的内部有变速机构和摆杆机构。

② 滑枕。滑枕前端装有刀架，用于带动刀架沿床身水平导轨作直线往复运动。

③ 刀架。刀架（图 11-37）用于夹持刨刀。转动刀架手柄时，滑板可沿转盘上的导轨带动刨刀作上下移动，以调整刨削深度或加工垂直面时作进给运动。松开转盘上的螺母，将转盘扳转一定角度后，可使刀架作斜向进给，以加工斜面。滑板上还装有可偏转的刀座。抬刀板可绕刀座向上抬起，使刨刀在返回行程时，离开工件已加工表面，以减少刀具与工件的摩擦。

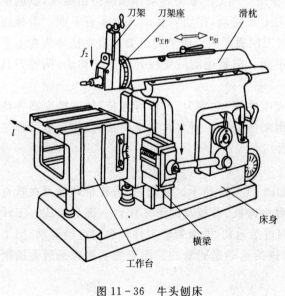

图 11-36　牛头刨床

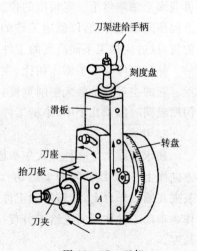

图 11-37　刀架

④ 工作台。工作台用于安装工件，它可随横梁作上下调整，并可沿横梁作水平方向移动或作进给运动。

牛头刨床的主参数是最大刨削长度。它适于单件小批生产或机修车间，用来加工中、小型工件。

(2)龙门刨床

龙门刨床如图 11-38 所示,因有一个"龙门"式的框架结构而得名。和牛头刨床不同的是主运动是工件的往复直线运动,进给运动是刀架(刀具)横向或垂直的间歇移动。

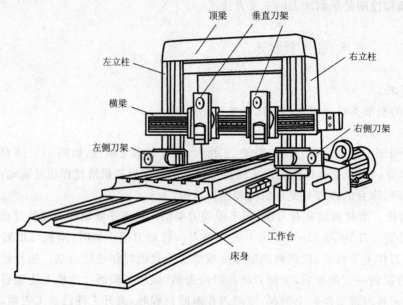

图 11-38 龙门刨床

刨削时,装在横梁上的立刀架,可在横梁导轨上间歇地移动作横向进给运动,以刨削工件的水平面;立刀架上的滑板可使刨刀上下移动,作切入运动或刨垂直平面。滑板还可绕水平轴调整至一定角度的位置,以加工倾斜平面。两个侧刀架可沿立柱导轨在上下方向作间歇地移动,以刨削工件的垂直平面。横梁还能沿立柱导轨上下移动,调整刀具位置,以适应加工不同高度的工件。

龙门刨床与牛头刨床相比,主要具有刚性好、功率大、工作行程长、加工精度高等特点。它的主参数是最大刨削宽度,主要用来加工大平面尤其是窄而长的平面,也可加工沟槽或同时加工几个中、小型工件的平面。

2. 插床

插床实际上是一种立式牛头刨床,如图 11-39 所示。插削时,滑枕带动插刀在垂直方向作上、下直线往复的主运动。工作台由床鞍、滑板及圆形工作台三部分组成。工件装夹在圆工作台上,床鞍带动工件作横向进给运动,滑板带动工件作纵向进给运动,圆工作台带动工件作周向进给或分度。插床进给运动是间歇的。插床的主参数是最大插削长度。

3. 拉床

按结构形式,拉床基本上分卧式的和立式的两种。拉床一般都是液压传动的。拉床的规格以额定拉力表示。

如图 11-40 所示为卧式拉床结构示意。床身的左侧装有液压缸,由压力油驱动活塞,通过活塞杆右部的刀夹(由随动支架支承)夹持拉刀沿水平方向向左作主运动。拉削时,工件以其基准面紧靠在拉床支承座的端面上。拉刀尾部支架和支承滚柱用于承托拉刀。一件拉完后,拉床将拉刀送回到支承座右端,将工件穿入拉刀,将拉刀左移使其柄部穿过拉床支承座插入刀夹内,即可第二次拉削。拉削开始后,支承滚柱下降不起作用,只有拉刀尾部支架随行。

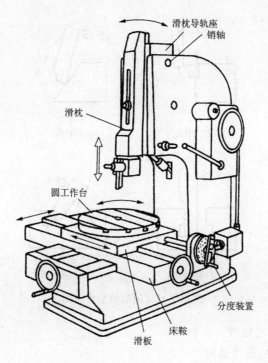

图 11-39　插床

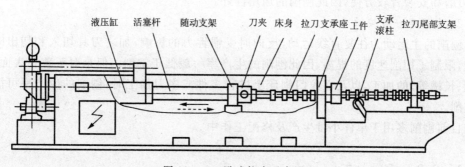

图 11-40　卧式拉床示意图

11.3.2　刨削加工

用刨刀在刨床上加工工件的工艺过程称为刨削加工。刨削主要用于加工平面(包括水平面、垂直面和斜面),也广泛地用于加工直槽如直角槽、燕尾槽和 T 型槽等,如图

11-41 所示。如果进行适当的调整和增加某些附件还可以用来加工齿条、齿轮、花键和母线为直线的成形面等。刨削加工的加工精度一般为 IT8～IT7，表面粗糙度 R_a 值为 6.3～1.6μm。当采用宽刀精刨时即在龙门刨床上，用宽刃刨刀以很低的切削速度，切去工件表面上一层极博的金属，平面度不大于 0.02/1000，表面粗糙度 R_a 值可达 0.4～0.8μm。

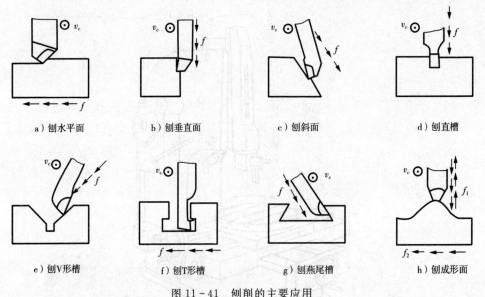

| a）刨水平面 | b）刨垂直面 | c）刨斜面 | d）刨直槽 |

| e）刨V形槽 | f）刨T形槽 | g）刨燕尾槽 | h）刨成形面 |

图 11-41　刨削的主要应用

刨削具有以下工艺特点：

1. 机床刀具简单、通用性好

刨床的结构比车床、铣床等简单，成本低，调整和操作也较简便。刨刀形状简单，制造、刃磨和安装皆较方便，因此刨削的通用性好。

2. 生产率一般较低

刨削的主运动为往复直线运动，反向时受惯性力的影响，加之刀具切入和切出时有冲击，限制了切削速度的提高，因此刨削的生产率一般低于铣削。但是对于狭长表面（如导轨、长槽等）的加工，以及在龙门刨床上进行多件或多刀加工时，刨削的生产率可能高于铣削。

目前刨削多用于单件小批生产及修配工作中。

11.3.3　插削加工

用插刀对工件作垂直相对直线往复运动的切削加工方法，称为插削。插削在插床上进行。

插削主要用于单件小批生产加工工件的内表面，如孔内键槽、方孔、长方孔、各种多边形孔和花键孔等。特别适于加工盲孔或有障碍台肩的内表面。

11.3.4　拉削加工

用拉刀在拉床上加工工件的过程称为拉削加工。拉刀是一种多齿刀具,拉削可看成是多把刨刀按高低顺序排列成队的多刃刨削(图 11 - 42),从切削性质上看,拉削近似刨削,它是刨削的进一步发展。拉削时只有主运动,即拉刀的直线移动,进给靠拉刀的结构来完成。拉

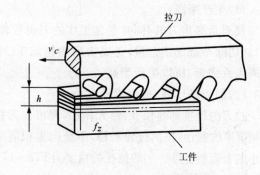

图 11 - 42　拉削过程

刀每后一刀齿都比前一刀齿高出一个齿升量,当拉刀相对工件作直线移动时,拉刀上的刀齿依次从工件表面切下一层很薄的金属。当拉刀的全部刀齿通过工件后,即完成了工件的加工。

1. 拉刀

根据工件加工面及截面形状不同,拉刀有各种形式。现以常用的圆孔拉刀为例来说明拉刀的组成。

拉刀主要由以下几部分组成,如图 11 - 43 所示。

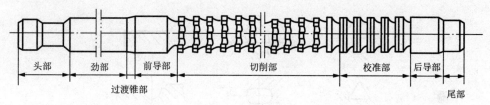

头部　　劲部　　前导部　　切削部　　校准部　　后导部

过渡锥部　　　　　　　　　　　　　　　　　　　尾部

图 11 - 43　圆孔拉刀

(1)头部。用来将拉刀夹持在机床上,传递动力。

(2)颈部。头部和过渡锥的连接部。

(2)过渡锥。使拉刀容易进入工件的孔中。

(4)前导部。拉削开始时,使工件孔的轴线与拉刀的轴线重合,并可检查拉前孔径是否太小,以免拉刀第一个刀齿因余量太大而损坏。

(5)切削部。用来切去全部加工余量,其长度根据工件的加工余量和刀具后一齿较前一齿的齿升量确定。

(6)校准部。对加工表面起刮光、校准作用,刀齿无齿升量,最后确定加工表面的精度及粗糙度。

(7)后导部。用来保证拉刀最后一齿与工件间的正确位置,防止拉刀在即将离开工件时,因工件下垂而损坏已加工表面及刀齿。

(8)尾部。支持拉刀不使其下垂。

2. 拉削加工的工艺特点及应用

拉削加工与其他加工方法相比,主要有如下特点:

（1）生产率高

拉刀是多齿刀具，同时参加工作的刀齿数较多，总的切削宽度大；并且拉刀的一次行程，能切除全部加工余量，完成表面的粗加工、半精加工和精加工，基本工艺时间和辅助时间大大缩短，所以生产率高。

（2）加工精度高、表面粗糙度小

拉刀的校推部起校准、修光作用，并可作为精切齿的后备刀齿。另外，拉削速度低，每齿切削厚度很小，拉削过程平稳，不会产生积屑瘤。所以拉削加工可以达到较高的精度和较小的表面粗糙度。一般拉孔的精度为IT8～IT7，表面粗糙度 R_a 值为 $0.4～0.8\mu m$。

（3）拉床简单

拉削只有一个主运动，即拉刀的直线运动。没有进给运动，进给量由拉刀结构保证，所以拉床结构简单操作也较方便。

（4）拉刀寿命长

由于拉削时切削速度较低，刀具磨损慢，刃磨一次，可以加工数以千计的工件，一把拉刀又可以重磨多次，故拉刀的寿命长。

（5）加工范围较广

拉削加工不但可以加工平面和没有障碍的外表面，而且还可以加工各种形状的通孔和沟槽（图11-44）。所以，拉削加工范围较广。

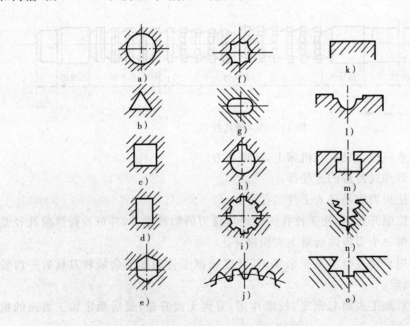

图 11-44 拉削的加工范围

虽然拉削具有以上优点，但是由于拉刀结构比一般孔加工刀具复杂，制造困难，成本高，所以仅适用于成批或大量生产。在单件、小批生产中，对于某些精度要求较高、形状特殊的成形表面，用其他方法加工困难时，也有采用拉削加工的。但对于盲孔、深孔、阶梯孔和有障碍的外表面，则不能用拉削加工。

11.4　铣削加工

用铣刀在铣床上加工工件的过程称为铣削加工。铣削也是平面的主要加工方法之一。铣削时,铣刀旋转为主运动,工件的移动或旋转为进给运动。

11.4.1　工件的安装

工件在铣床上的安装方法主要有以下几种:

1. 用平口钳安装

平口钳是一种通用的装夹工具。先把平口钳钳口找正并固定在工作台上,然后装夹工件。常用的按划线的装夹方法如图 11-45 所示。此法用于安装小型和形状规则的工件。

2. 用压板安装工件

对于较大或形状特殊的工件,可用压板、螺栓直接安装在铣床的工作台上,如图 11-46 所示。

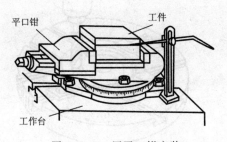

图 11-45　用平口钳安装

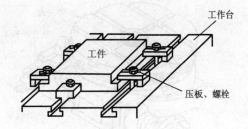

图 11-46　用压板安装

3. 用夹具安装

利用各种简易和专用夹具安装工什,如图 11-47 所示,可提高生产效率和加工精度。

4. 用分度头安装

当铣削四方、六方、齿离合器,齿轮和多齿刀具的容屑槽时,每铣过一个表面后,需要将工件转动一定角度,再铣另一表面,这种工作称为分度。铣削各种需要分度的工件时,可用分度头安装,如图 11-48 所示。分度头是铣床的重要附件之一,其中最常用的是万能分度头。

5. 用圆形工作台安装

当铣削一些有弧形表面的工件时,可通

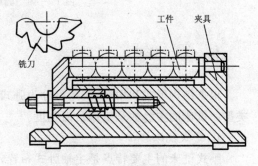

图 11-47　用夹具安装

过圆形工作台安装。圆形工作也是铣床上的重要附件之一,如图 11-49a 所示。它的内部有一副蜗轮蜗杆,手轮与蜗杆同轴连接。转台与蜗轮连接。转动手轮,通过蜗杆蜗轮传动,使转台转动。转台周围有 0~360°刻度,可用来观察和确定转台位置。转台中央的孔可以装夹心轴,用以找正和方便地确定工件的回转中心。回转工作台一般用于零件的分度工作和非整圆弧面的加工。图 11-49b 为在回转工作台上铣圆弧槽的情况,工件装夹在转台上,铣刀旋转,缓慢地摇动手轮,使转台带动工件进行圆周进给,铣削圆弧槽。

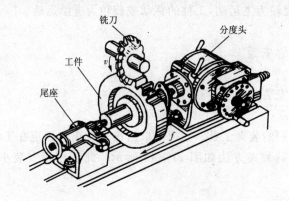

图 11-48 用分度头安装

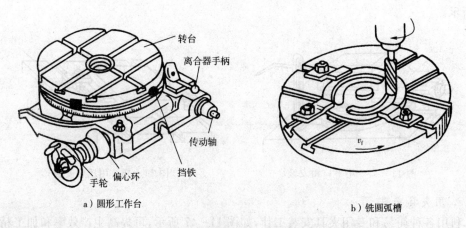

a) 圆形工作台   b) 铣圆弧槽

图 11-49 圆形工作台及其应用

11.4.2 铣床

根据结构形式和用途,铣床可分为卧式铣床、立式铣床、龙门铣床和万能工具铣床等类型。铣床的主参数是工作台面宽度。

1. 卧式铣床

卧式铣床的主要特点是主轴卧式布置,工作台可沿纵、横、垂直三个方向移动。根据是否有转台,卧式铣床又分为普通卧式铣床与万能卧式铣床。不带转台的卧式铣床称为普通卧式铣床,带转台的称为万能卧式铣床。万能卧式铣床可使工作台在水平面内转动一定的角度,以适应铣削时不同的工作需要。

图 11-50 为万能卧式升降台铣床的外观图,它是铣床中应用最广泛的一种。主要由以下部分组成:

(1)床身。用于固定和支承铣床上所有部件及机构。主电机及主运动变速装置都安装在它的内部。在床身前面有垂直燕尾导轨,供升降台上下移动;床身顶部有水平燕尾导轨,供横梁水平移动。床身后面装有主运动电动机。床身内装有主轴和主运动变速机构。

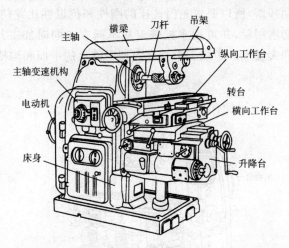

图 11-50 万能卧式铣床

(2)主轴。是一根空心轴,前端有锥孔用来安装铣刀刀杆;前端外部还有一段准确的外圆柱面,在安装大直径的面铣刀时用它来定心。由两块端面键来传递转矩。

(3)横梁。可沿床身顶部导轨水平移动,调节位置。在横梁上可安装支架以支承铣刀刀杆悬伸端,增加刀杆的刚度。支架在横梁上的位置可以调节,适应不同长度的铣刀刀杆。

(4)工作台。包括三个部分,即纵向工作台、转台和横向工作台,它们依次重叠在一起,纵向工作台可在转台的导轨上作纵向移动.以实现台面上工件的纵向进给。横向工作台可连同其他两部分一起沿升降台的水平导轨作横向移动,实现台面上工件的横向进给。转台能使纵向工作台在水平面内旋转一角度(最大范围为±45°),以便加工螺旋槽。

(5)升降台。装在床身下部,它可以使整个工作台沿床身上的垂直导轨上下移动,实现工件的垂直进给,并调整工件与铣刀之间的距离。升降台内装进给电机以及进给运动变速机构等。

万能卧式铣床主要用于铣削中小型零件上的平面、沟槽尤其是螺旋槽和需要分度的零件。

2. 立式铣床

图 11-51 为立式升降台铣床的外观图。与卧式铣床的主要区别是主轴立式布置,立铣头可以根据加工需要在垂直平面内扳转一定角度(≤±45°)以便铣削斜面。

立式铣床主要用于使用面铣刀加工平面,另外也可以加工键槽、T 形槽、燕尾槽等。

3. 龙门铣床

龙门铣床的外形与龙门刨床相似(图 11-52),它也有一个龙门式框架。铣刀主轴箱

（铣削头）安装在横梁和立柱上,通用的龙门铣床一般有4个铣削头。铣削头是一个独立的主运动传动部件,其中包括单独的驱动电机、变速机构、传动机构、操纵机构及主轴等部分。两个垂直铣削头,可沿横梁左右移动,两个水平铣削头能沿立柱导轨上下移动,每个铣削头都能沿轴向进行调整,并可根据加工需要旋转一定的角度。横梁还可沿立柱导轨作上下移动(调整运动)。加工时,工作台带动工件沿床身的导轨作纵向进给运动。由于铣削力大而且变动频繁,所以要求龙门铣床的刚性和抗振性比龙门刨床大很多。龙门铣床允许采用较大切削用量,并可用多把铣刀从不同方向同时加工几个表面,故生产率高。它适于在成批和大量生产中加工中型或大型零件上的平面和沟槽。

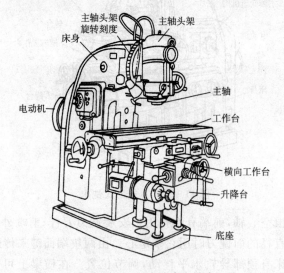

图 11-51 立式升降台铣床

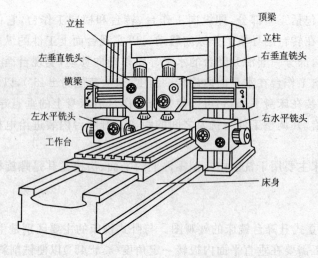

图 11-52 龙门铣床

11.4.3 铣刀

铣刀是多刃的旋转刀具,它有许多类型。常用的有圆柱铣刀、面铣刀、三面刃盘铣刀和锯片铣刀、立铣刀、键槽铣刀、角铣刀、成形铣刀等。

1. 圆柱铣刀

圆柱铣刀(图 11-53)用在卧铣上加工宽度不大的平面。它的切削刃分布在圆柱面上,无副切削刃。圆柱铣刀有粗齿和细齿两种。粗齿齿数少、螺旋角大,适用于粗加工。细齿齿数多,切削平稳,适用于精加工。圆柱铣刀一般用高速钢制造。用圆柱铣刀铣平面,工件表面质量不太好,生产率也不高。

a)粗齿   b)细齿

图 11-53 圆柱铣刀

2. 面铣刀

面铣刀(图 11-54)主要用在立铣上加工大平面,也可在卧铣上使用。它的主切削刃分布在圆柱面或圆锥面上,副切削刃在端面上,有两种常用的结构:

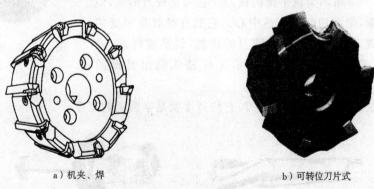

a)机夹、焊   b)可转位刀片式

图 11-54 面铣刀

(1)焊有硬质合金刀片的小刀机夹在铣刀盘上(图 11-54a);

(2)涂层硬质合金可转位刀片机夹在铣刀盘上(图 11-54b)。目前后者使用更广泛。用面铣刀加工平面,生产效率高,加工表面质量好,可加工带硬皮或淬硬的工件,所以它是铣削平面最常用的刀具。

3. 三面刃盘铣刀和锯片铣刀

三面刃盘铣刀(图 11-55)主要用于加工直槽,也可加工台阶面,三面刃盘铣刀主切削刃在圆柱面上,两个侧面上都有副切削刃。三面刃盘铣刀有直齿(图 11-55a)和错齿(图 11-55b)两种结构。后者圆柱面上主切削刃呈左、右旋交叉分布.切削刃逐渐切入工件,切削平稳,两个端面上副切削刃数只有刀齿数的一半,副切削刃有前角,切削条件较好,故生产率高,加工质量也较好。如图 11-55c 所示为镶有硬质合金刀片的三面刃盘铣刀,用它生产率较高。

　a) 直齿三面刃盘铣刀　　b) 错齿二面刃盘铣刀　　c) 硬质合金三面刃盘铣刀

图 11-55　三面刃盘铣刀

图 11-56 所示为锯片铣刀,用于铣削要求不高的窄槽和切断。

4. 立铣刀

立铣刀(图 11-57)主要用在立铣上加工沟槽、内凹平面,也可用于铣垂直平面和二维曲面。它的主切削刃分布在圆柱面上,副切削刃分布在端面上。近年来,硬质合金可转位刀片立铣刀已用得愈来愈多。

5. 键槽铣刀

如图 11-58 所示为铣平键的铣刀。它与立铣刀形似,但只有两个刃瓣,端面切削刃直达中心。它的直径就是平键的宽度。键槽铣刀兼有钻头和立铣刀的功能,铣平键时,先沿铣刀轴线对工件钻平底孔,然后沿工件轴线铣出键槽的全长。

图 11-56　锯片铣刀

半圆键铣刀相当于一把盘铣刀,它的宽度就是半圆键的宽度。

　a) 高速钢立铣刀　　　　　　b) 硬质合金可转位刀片立铣刀

图 11-57　立铣刀

6. 角铣刀

角铣刀(图 11-59)主要用于铣 V 型槽。

7. 铲齿成形铣刀

铲齿成形铣刀(图 11-60)的后刀面由成形车刀在铲齿车床上铲削而成。铣刀磨损后刃磨前刀面,可保持切削刃形状不变。铲齿成形铣刀是铣削成形表面的专用铣刀。

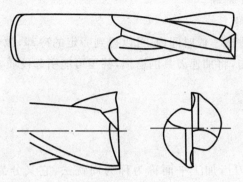

图 11-58　平键铣刀

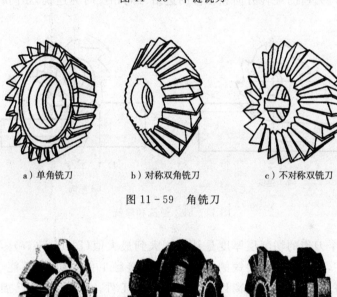

a）单角铣刀　　　b）对称双角铣刀　　　c）不对称双铣刀

图 11-59　角铣刀

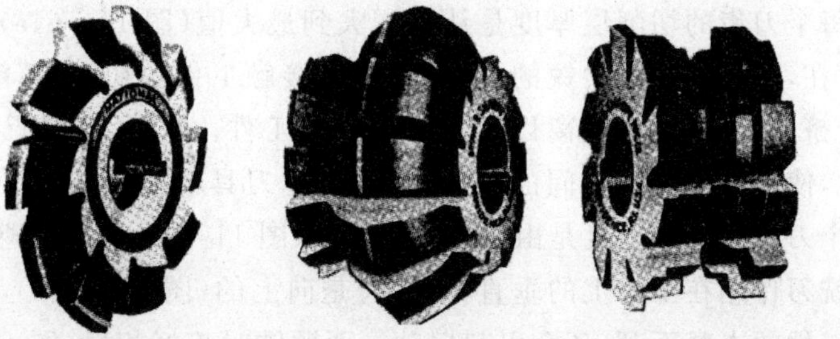

图 11-60　铲齿成形铣刀

11.4.4　铣削的工艺特点

1. 生产率较高

铣刀是典型的多齿刀具,铣削时有几个刀齿同时参加切削,总的切削宽度较大。铣削的主运动是铣刀的旋转,有利于采用高速铣削,所以铣削的生产率一般比刨削高。

2. 容易产生振动

铣刀铣削时,每个刀齿轮流切削,每个刀齿切入和切出时都会产生一定的冲击、振动,并且铣削时,切削力是变化的,因此,铣削过程不平稳,容易产生振动,限制了铣削加工质量和生产率的进一步提高。

3. 刀齿散热条件较好

铣刀刀齿在切离工件的一段时间内,可以得到一定的冷却,散热条件较好。但是,切入和切出时热和力的冲击,将加速刀具的磨损,甚至可能引起硬质合金刀片的碎裂。

11.4.5 铣削方式

1. 周铣法

用圆柱铣刀的圆周刀齿加工平面称为称为周铣法,它又分为逆铣和顺铣(图 11 - 61)。在切削部位刀齿的旋转方向和工件的进给方向相反时为逆铣;相同时为顺铣。

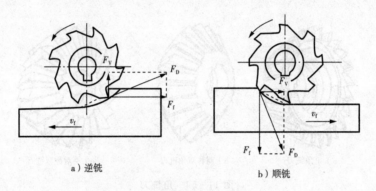

a) 逆铣　　　　　　　　　b) 顺铣

图 11 - 61　逆铣和顺铣

逆铣时,每个刀齿的切削层厚度是从零增大到最大值(图 11 - 61a)。由于铣刀刃口处总有圆弧存在,而不是绝对尖锐的,所以在刀齿接触工件的初期,不能切入工件,而是在工件表面上挤压、滑行一段距离以后才真正切入工件。这样,工件已加工表面产生严重的冷作硬化,使刀齿与工件之间的摩擦加大,加速刀具磨损,同时也使表面质量下降。而顺铣时,每个刀齿的切削厚度是由最大减小到零(图 11 - 61b),从而避免了上述缺点。

逆铣时,铣刀作用在工件上的垂直分力 F_v 是向上的(图 11 - 61a),有将工件向上抬起的趋势,对工件的夹紧不利,还会引起振动。而顺铣时正好相反(图 11 - 61b),F_v 将工件压向工作台,减少了工件振动的可能性,尤其铣削薄而长的工件时,更为有利。

由上述分析可知,从提高刀具耐用度和工件表面质量、增加工件夹持的稳定性等观点出发,一般以采用顺铣法为宜。但是,顺铣时,水平分力 F_f 对铣削过程会产生一定的影响。因为铣床工作台的纵向进给是由工作台下面的丝杆和螺母传动的。丝杆螺母传动时,需要有一定的间隙,加上水平分力 F_f 是变化的,忽大忽小且与工件的进给方向相同,因此铣削过程不平稳,容易造成啃刀、打刀甚至机床损坏等事故,如图 11 - 62 所示。

逆铣时,由于水平分力 F_f 与工作台进给方向相反,使工作台上的丝杠螺牙的右侧始终与螺母螺牙的左侧贴靠(图 11 - 63),当每齿切削层厚度由零到最大,水平分力 F_f 由小到大时,丝杠与螺母之间的间隙对工作台移动不会发生有害的影响。

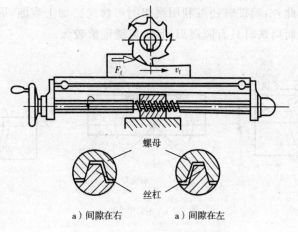

图 11-62　顺铣时丝杆螺母间隙

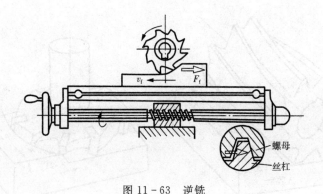

图 11-63　逆铣

目前,一般铣床没有调整间隙的机构,所以生产中常采用逆铣。此外,加工具有硬皮的铸件、锻件毛坯,或工件硬度较高时,也应采用逆铣。精加工时,铣削力较小,为提高加工表面质量和刀具耐用度,多采用顺铣。

2. 端铣法

用端铣刀的端面刀齿加工平面,称为端铣法。根据铣刀和工件相对位置的不同,端铣可分为对称铣和不对称铣。在对称铣削时(图 11-64a),每个刀齿在切削过程中,有一半是逆铣一半是顺铣,适于铣削表面宽度接近端铣刀直径,且刀齿较多的情况。图 11-64b 所示为不对称逆铣,适于铣削较窄的平面。这是因为窄平面在对称铣削时,端铣刀的同时工作齿数不多,切削很不平稳,图 11-64c 为不对称顺铣,一般不采用。

3. 周铣法与端铣法的比较

图 11-65 所示,周铣时,同时切削的刀齿数与加工余量(相当于铣削宽度)有关,一般仅有 1~2 个。端铣时,同时切削的刀齿数与被加工表面的宽度(也相当于 a_e)有关,而与加工余量(相当于背吃刀 a_p)无关,即使在精铣时,同时切削的刀齿也有较多。因此,端铣时切削力变化小,不易振动,铣削过程比较平稳,加工质量较周铣高。

端铣刀的刀齿切入和切出工件时,虽然切削层厚度较小,但不像周铣时切削厚度最小时为零,改善了刀具后刀面与工件加工表面之间的摩擦状况,提高了刀具耐用度,并可减小表面粗糙度。此外,端铣时还可利用副切削刃修光已加工表面,因此,端铣可达到较小的表面粗糙度。而周铣时只有圆周刃切削,粗糙度值较大。

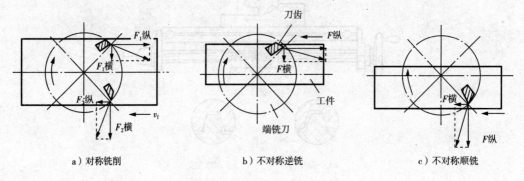

图 11-64　对称铣和不对称铣

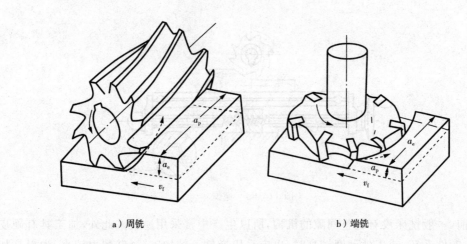

图 11-65　周铣和端铣

端铣时,端铣刀一般直接安装在铣床的主轴端部,悬伸长度较小,刀具系统的刚性较好。同时,端铣刀可方便地镶装硬质合金刀片,允许的切削速度高、进给量大,所以生产率高。而周铣时,圆柱铣刀安装在细长的刀轴上,刀具系统的刚性较端铣差,且圆柱铣刀多采用高速钢制造,不能采用大的切削用量,生产率比端铣低。

由于端铣法具有以上的优点,所以,在平面的铣削中,目前大都采用端铣法。但是,周铣法的适应性较广,可以利用多种形式的铣刀,除加工平面外还可较方便地进行沟槽、齿形和成形面等的加工,生产中仍常采用。

11.4.6　铣削的应用

铣削主要用于加工平面、沟槽、各种成形面(如花键、齿轮和螺纹)和模具的特殊形面等,如图 11-66 所示为铣削的运动和加工范围。铣削加工精度一般可达 IT8~IT7,表面粗糙度度 R_a 值为 1.6~3.2μm。

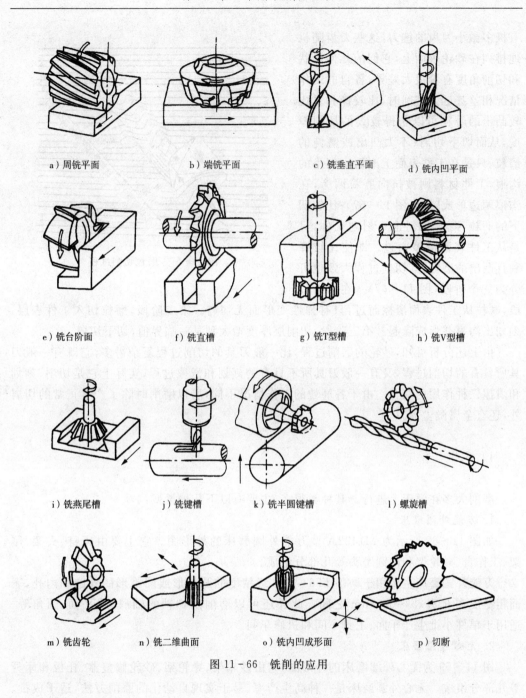

a) 周铣平面　　　　b) 端铣平面　　　　c) 铣垂直平面　　　　d) 铣内凹平面

e) 铣台阶面　　　　f) 铣直槽　　　　g) 铣T型槽　　　　h) 铣V型槽

i) 铣燕尾槽　　　　j) 铣键槽　　　　k) 铣半圆键槽　　　　l) 螺旋槽

m) 铣齿轮　　　　n) 铣二维曲面　　　　o) 铣内凹成形面　　　　p) 切断

图 11-66　铣削的应用

11.5　磨削加工

用磨料、磨具(如砂轮、砂带)对工件进行切削加工的方法称为磨削。

磨削加工从本质上讲也是一种切削加工,砂轮表面上的每一颗磨粒,可以近似地看成一个微小刀齿,突出的磨粒尖棱,可以认为是微小的切削刃。因此,砂轮可以看做是具有极多微小刀齿的铣刀,这些刀齿随机地排列在砂轮表面上,它们的几何形状和切削角度有着很大差异,各自的工作情况相差甚远。磨削时,比较锋利且比较凸出的磨粒可以获得较大的切削厚度,从而切下切屑;不太凸出或磨钝的磨粒,只是在工件表面上刻划出细小的沟痕,工件材料则被挤向磨粒两旁,在沟痕两边形成隆起(图11-67);比较凹下的磨粒,既不切削也不刻划工件,只是从工件表面滑擦而过。即使比较锋利且凸出的磨粒,其切削过程大致也可分为三个阶段(图11-67)。在第一

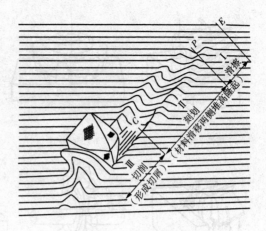

图 11-67　磨粒切削过程

段,磨粒从工件表面滑擦而过,只有弹性变形而无切屑。第二阶段,磨粒切入工件表层,刻划出沟痕并形成隆起。第三阶段,切削层厚度增大到某一临界值,切下切屑。

由上述分析可知,砂轮的磨削过程,比一般刀具的切削过程复杂得多,它既有一般刀具所具有的切削过程,又有一般刀具所不具有的刻划和滑擦过程,实际上它是切削、刻划和滑擦三种作用的综合。由于各磨粒的工作情况不同,所以磨削时除了产生正常的切屑外,还有金属微尘等。

11.5.1　磨床

磨削大多在磨床上进行。其种类很多,主要有以下几种类型:

1. 万能外圆磨床

如图11-68所示为M1432A型万能外圆磨床的外形图。它主要由床身、头架、尾架、工作台、砂轮架和内圆磨头等几部分组成。

万能外圆磨床主要用于磨削IT6~IT7级精度的圆柱形或圆锥形的外圆和内孔,表面粗糙度在$R_a1.25 \sim 0.08$um之间。此外还可以磨削阶梯轴的轴肩、端平面、圆角等。适用于单件小批生产车间、工具车间和机修车间。

2. 无心外圆磨床

图11-69为无心外圆磨床的外形图,它由砂轮架、导轮架、砂轮修整器、托板和床身等几部分组成。无心外圆磨床是一种高生产率、易于实现自动化的磨削方法,适于成批、大量生产。

3. 内圆磨床

图11-70所示为内圆磨床外形图。它主要由床身、工作台、磨具和砂轮架等部件组成。内圆磨床主要用于磨削圆柱孔和圆锥孔,有些内圆磨床还附有专门磨头,可在一次装夹中同时磨出工件端面。

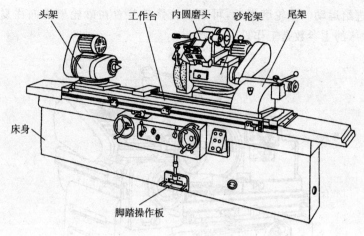

图 11-68 万能外圆磨床

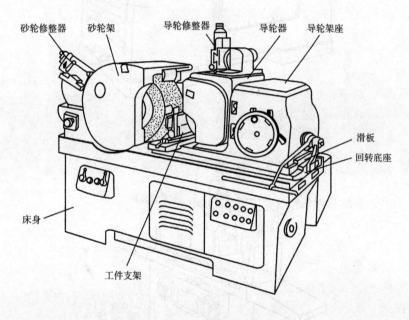

图 11-69 无心外圆磨床的外形图

4. 平面磨床

平面磨床主要用于磨削各种工件的平面。普通平面磨床有卧轴矩台平面磨床、卧轴圆台平面磨床、立轴矩台平面磨床和立轴圆台平面磨床等。其中卧轴矩台和立轴圆台式平面磨床应用最广。

如图 11-71 所示为卧轴矩台平面磨床外形图。它主要由床身、工作台、立柱、滑鞍、砂轮架和砂轮修整器等部件组成。砂轮架内装有电动机,直接驱动砂轮轴旋转,作主运动。砂轮架可以随着滑鞍一起沿立柱上的垂直导轨上下移动,作调节位置或切入运动用。砂轮架又可由液压传动驱动,沿着滑鞍的导轨间歇运动,作横向进给运动。工作台上安装着磁性工作台以装夹工件。工作台由液压传动在床身顶部的导轨作直线往复运动,这是纵向进给运动。砂轮磨损后,可用砂轮修整装置在砂轮架横向往复运动中修整砂轮。平面磨床的主参数是工作。

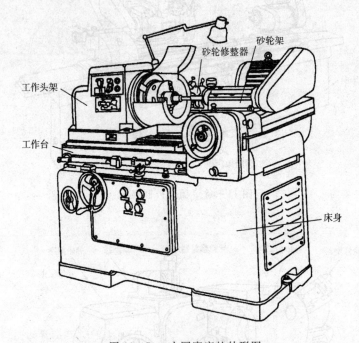

图 11-70　内圆磨床的外形图

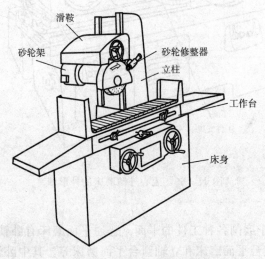

图 11-71　卧轴矩台平面磨床

11.5.2　砂轮

砂轮是磨削的主要工具,它是由磨料和结合剂经压坯、干燥和焙烧而成的多孔物体(图 11-72)。随着磨料、结合剂和砂轮制造工艺等的不同,砂轮特性可能差别很大。对磨削加工的精度、粗糙度和生产率影响很大。因此,在磨削时应根据磨削的具体条件,选用合适的砂轮。要选择合适的砂轮必须对砂轮的特性有一定的了解。

砂轮特性包括磨料、粒度、硬度、结合剂、组织、形状及尺寸等,现分别介绍如下:

1. 磨料及其选择

磨料是砂轮的主要原料,它担负着

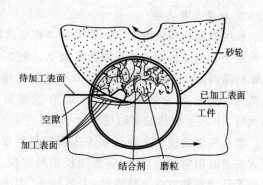

图 11-72 砂轮及磨削示意图

切削工作,因此,磨料必须锋利,并具备高的硬度、耐热性和一定的韧性。磨料分刚玉类、碳化硅类和超硬类等。常用磨料特性及用途见表 11-1。

表 11-1 常用磨料

类别	名称	代号	特性	适用范围
刚玉类	棕刚玉	A (GZ)	含 91%～96%氧化铝。棕色,硬度高,韧性好,价格便宜	磨削碳素钢、合金钢、可锻铸铁、硬青铜等
	白刚玉	WA (GB)	含 97%～99%氧化铝。白色,比棕刚玉硬度高,韧性低,自锐性好,磨削时发热少,易碎裂	精磨淬火钢、高碳钢、高速钢及薄壁零件
	铬刚玉	PA	玫瑰红色,韧性比 WA 好	磨削高速钢、不锈钢、成形磨削、高表面质量磨削
碳化物类	黑碳化硅	C	含 95%以上的碳化硅。呈黑色或深蓝色,有光泽。硬度比刚玉类高,但韧性差。导热性、导电性良好	磨削脆性材料,如铸铁、有色金属、耐火材料、非金属材料
	绿碳化硅	GC (TL)	含 97%以上的碳化硅。呈绿色,硬度和脆性比 C 更高,导热性、导电性好	磨硬质合金、光学玻璃、宝石、玉石、陶瓷及珩磨发动机缸套等
超硬类	人造金刚石	D (JR)	无色透明或淡黄色、黄绿色、黑色。硬度高。比天然金刚石性脆,价格比其他磨料贵好多倍	磨削硬质合金、宝石等高硬度材料
	立方碳化硼	CBN (JLD)	硬度仅次于金刚石,韧性较金刚石好	磨削、研磨、珩磨各种既硬又韧的淬火钢和高钼、高矾、不锈钢

2. 粒度及其选择

粒度指磨料颗粒的大小。粒度分磨粒与微粉两组。磨粒用筛选法分类,它的粒度号以筛网上一英寸长度内的孔眼数来表示。例如 60$^#$ 的磨粒,说明能通过每英寸长有 60 个孔眼的筛网,而不能通过每英寸 70 个孔眼的筛网。粒度号越大,磨粒尺寸越小;微粉用显微测量法分类,它的粒度号以代号 W 及磨料的实际尺寸来表示。如 W40(其中 W 表示微粉,40 表示磨粒的实际尺寸为 40μm 左右)。数值越大,微粉也越大。

磨粒粒度的选择主要与加工表面粗糙度要求和生产率有关。粗磨时,磨削余量大,要求的表面粗糙度值较大,应选用较粗的磨粒。因为磨粒粗,空隙大,磨削深度可较大,砂轮不易堵塞和发热。精磨时,余量较小,要求粗糙度值较小,可选取较细磨粒,一般来说,磨粒愈细,磨削表面粗糙度值愈小。

3. 结合剂及其选择

砂轮中用以粘结磨料的物质称结合剂。砂轮的强度、抗冲击性、耐热性及抗腐蚀能力,主要决定于结合剂的性能。常用的结合剂种类、性能及用途见表 11 - 2。

表 11 - 2 常用结合剂

名　称	代号	性　　能	用　　途
陶瓷结合剂	V(A)	耐水、耐油、耐酸碱,能保持正确的几何形状,气孔率大,磨削率高,强度较大,韧性、弹性、抗振性差,不能承受侧向力	$v_{砂}<35$m/s 的磨削,这种结合剂应用最广,能制成各种磨具,适用于成形磨削和磨螺纹、齿轮、曲轴等
树脂结合剂	B(S)	强度大,弹性好,耐冲击,能高速工作,有抛光作用,坚固性和耐热性比陶瓷结合剂差,不耐酸碱,气孔率小,易堵塞	$v_{砂}>50$m/s 高速磨削,能制成薄片砂轮磨槽,刃磨刀具前刀面。高精度磨削湿磨时,切削液中含碱量应$<1.5\%$
橡胶结合剂	R(X)	强度和弹性比树脂结合剂更大,气孔率小,磨粒容易脱落,耐热性差,不耐油、不耐酸,而且还有臭味	制造磨削轴承沟道的砂轮和无心磨削砂轮,导轮以及各种开槽和切割用薄片砂轮,制成柔软抛光砂轮等
金属结合剂(青铜、电镀镍)	M	韧性、成型性好,强度大,自锐性能差	制造各种金刚石磨具,使用寿命长

4. 硬度及其选择

砂轮的硬度是指砂轮表面上的磨粒在磨削力作用下脱落的难易程度。容易脱落时,硬度低,反之为高。砂轮硬度与磨料硬度是两个不同的概念。硬度相同的磨料可以制成硬度不同的砂轮,它主要取决于结合剂的性质、数量及砂轮的制造工艺,例如结合剂越多,砂轮硬度越高。

砂轮的硬度对磨削质量和生产率有很大的影响。若砂轮硬度选得过高,磨粒纯化后不能及时脱落,磨屑易堵塞砂轮空隙,使摩擦力、磨削力和磨削热增加,引起加工表面粗糙度值增大,工件产生变形甚至烧伤、退火和裂纹,生产率下降;若硬度选得过低,磨粒尚未钝化就过早脱落,使砂轮损耗大,并很快失去正确形状,影响磨削质量。只有硬度选择合适时,磨钝的磨粒才能及时脱落,使砂轮工作面经常保持锋利的磨粒而继续正常磨削。

　　一般磨削硬的材料选择软砂轮,磨削软的材料选择硬砂轮。磨削特别软的韧性材料时(如有色金属),为防止磨屑堵塞砂轮,可选软砂轮;工件热导性差,为防止烧伤、裂纹(例如磨削硬质合金),应选软砂轮;精密和成形磨削,为保持砂轮形状精度,应选较硬砂轮;机械加工中常用的砂轮硬度等级是 H～N。表 11-3 为砂轮硬度分级代号及选择。

表 11-3　砂轮硬度分级及代号

硬度等级	大级	超软	软			中软		中		中硬			硬		超硬
	小级	超软	软1	软2	软3	中软1	中软2	中1	中2	中硬1	中硬2	中硬3	硬1	硬2	超硬
代　号		D、E、F	G	H	J	K	L	M	N	P	Q	R	S	T	Y
选　择		磨未淬硬钢选用 L～N,磨淬火合金钢选用 H～K,高表面质量磨削时选用 K～L,刃磨硬质合金刀具选用 H～J													

　　5. 组织及其选择

　　组织是表示砂轮内部结构松紧程度的参数。砂轮的松紧程度与磨粒、结合剂和气孔三者的体积比例有关。砂轮组织号是以磨粒占砂轮体积的百分比来划分的。组织级别分紧密、中等和疏松三大类 15 个等级。其中号数越小,磨粒占砂轮体积的百分比越大,组织越紧密,磨粒之间的空隙越小,详见表 11-4。

表 11-4　砂轮组织分类及其应用

组织级别	紧　密				中　等				疏　松					
组织号	0	1	2	3	4	5	6	7	8	9	10	11	12	14
磨粒占砂轮体积(%)	62	60	58	56	54	52	50	48	46	44	42	40	38	36	34
用　途	成形磨削、精密磨削				磨削淬火钢、刀具刃磨				磨削韧性大而硬度不高的材料				磨削热敏性大的材料	

　　6. 形状、尺寸及其选择

　　根据机床结构与磨削加工的需要,砂轮可制成各种形状与尺寸。

　　砂轮的外径应尽可能选得大些,以提高砂轮的圆周速度,这样对提高磨削加工生产率与降低表面粗糙度值有利。此外,在机床刚度及功率许可的条件下,如果选用宽度较大的砂轮,同样能收到提高生产率和降低粗糙度值的效果,但是在磨削热敏性高的材料时,为避免工件表面的烧伤和产生裂纹,砂轮宽度应适当减小。

由于更换一次砂轮很麻烦,因此,除了重要的工件和生产批量较大时,需要按照以上所述的原则选用砂轮外,一般只要机床上现有的砂轮大致符合磨削要求,就不必重新选择,而是通过适当地修整砂轮,选用合适的磨削用量来满足加工要求。

砂轮的各特性按其形状、尺寸、磨料、粒度、硬度、组织、结合剂、线速度次序书写,即可得到砂轮的代号。如:

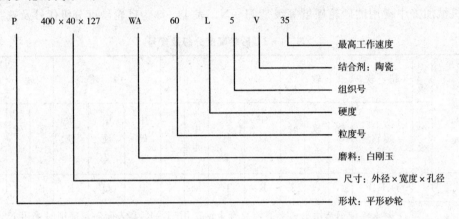

11.5.3 磨削的工艺特点

1. 精度高、表面粗糙度小

磨削时,砂轮表面有极多的切削刃,并且刃口圆弧半径很小、很锋利,能够切下一层很薄的金属,切削厚度可以小到数微米,这是精密加工必须具备的条件之一;磨床精度比其他机床精度高,刚性及稳定性好,具有微量进给机构;精密磨削通常选用较细磨粒的砂轮或经精细修整后每个磨粒具有微刃等高性的粗磨粒砂轮。在瞬时内(万分或几万分之一秒)就有无数磨刃以超高速($v>30m/s$)参加切削,每个磨刃切削量很小,加工表面几乎全部受到切削,残留面积小,又无积屑瘤,所以加工质量好。

2. 可以加工硬度很高的材料

砂轮上的磨粒硬度很高(如刚玉类磨料的显微硬度在 HV2000 以上,绿色碳化硅的显微硬度为 HV3286~3400),所以磨削可以加工一些用一般切削刀具很难加工甚至是无法加工的高硬度材料。如淬火钢、高强度合金、陶瓷等。但对较软的有色金属,不宜采用磨削加工,因为砂轮易被软材料所堵塞。

3. 磨削速度大,温度高

磨削时切削速度很高,砂轮的圆周速度可达 35~50m/s,精磨时 $V_{砂}>50m/s$,是一般切削加工的 10~20 倍。为了使砂轮平稳地工作,一般直径大于 125mm 的砂轮都应进行静平衡。

磨削速度高,磨粒形状不规则,多为负前角切削,挤压和摩擦较严重,消耗功率大,产生的切削热多。又因为砂轮本身的传热性很差。大量的磨削热在短时间内传散不出去,在磨削区形成瞬时高温,有时高达 800℃~1000℃。

高的磨削温度容易烧伤工件表面,使淬火钢件表面退火,硬度降低。即使出于切削液的浇注可能发生二次淬火,也会在工件表层产生拉应力及微裂纹,降低零件的表面质量和使用寿命。高温下,工件材料将变软而容易堵塞砂轮,这不仅影响砂轮的耐用度,也影响工件的表面质量。

因此在磨削过程中,应采用大量的切削液。磨削时加注切削液,除了冷却和润滑作用之外,还可以起到冲洗砂轮的作用。切削液将细碎的切屑以及碎裂或脱落的磨粒冲走,避免砂轮堵塞,可有效地提高工件的表面质量和砂轮的耐用度。

磨削钢件时,广泛应用的切削液是苏打水或乳化液。磨削铸铁、青铜等脆性材料时一般不加切削液,用吸尘器清除尘屑。

4. 砂轮具有自锐性

磨削过程中,磨粒在高速、高压与高温的作用下,将逐渐磨损而变得圆钝。圆钝的磨粒,切削能力下降,作用于磨粒上的力不断增大。当此力超过磨粒强度极限时,磨粒就会破碎,产生新的较锋利的棱角,代替旧的圆钝磨粒进行磨削;若此力超过砂轮结合剂的粘结力时,圆钝的磨粒就会从砂轮表面脱落,露出一层新鲜锋利的磨粒,继续进行磨削。砂轮的这种自行推陈出新、以保持自身锋锐的性能称为"自锐性"。但是,由于切屑与碎磨粒会把砂轮堵塞,以及磨粒脱落不均匀,会使砂轮失去外形精度。所以,砂轮工作一定时间后,仍需进行修整。

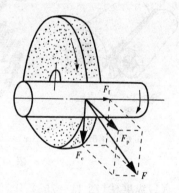

砂轮的自锐作用是其他切削刀具所没有的。一般刀具的切削刃,如果磨钝或损坏,则切削不能继续进行,必须换刀或重磨。而正是由于砂轮本身具有自锐性,使得砂轮始终能够以比较锋利的磨粒对工件进行切削。实际生产中,有时就利用这一原理,进行强力连续磨削,以提高磨削加工的生产效率。

5. 磨削力 F_p 较大

磨削时的切削力与车削时一样,也可以分解为三个互相垂直的分力 F_c、F_f 和 F_p(图 11-73)。由于背吃刀量和切削厚度都较小,所以切向力 F_c 很小,轴向力 F_f 更小,一般均不考虑。但是由于砂轮与工件的

图 11-73　磨削力

接触宽度较大,并且磨粒多以负前角进行切削,致使 F_p 较大,一般情况下 $F_p = (1.5 \sim 3) F_c$,此为磨削过程特点之一。F_p 过大易使工件产生弯曲变形,出现腰鼓形或锥形误差,为此,在精磨时应有几次无横向进给的光磨,以消除或减小加工误差。

11.5.4　磨削的应用

磨削加工是零件精加工的主要方法之一,精度可达 IT6~IT5,表面粗糙度一般为 R_a 为 0.8~0.008。如图 11-74 所示为磨削的运动和加工范围。

1. 外圆磨削

外圆磨削时工件的安装方法与车削时基本相同,只是磨床上所用的顶尖不随工件一

起转动。这是为了避免顶尖转动带来的误差,提高加工精度。尾顶尖是靠弹簧推力顶紧工件的,以便自动控制松紧程度。另外磨削细长轴时,磨床中心架与车床上用的中心架也不相同,它只有两个支承块,而且用硬木制成。

外圆磨削一般在外圆磨床和无心外圆床上进行。磨削方式主要有纵磨法、横磨法、综合磨法、深磨法和无心磨法。

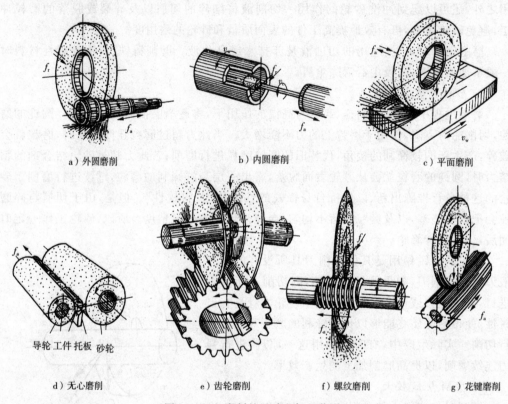

a) 外圆磨削　　　　　　　　b) 内圆磨削　　　　　　　　c) 平面磨削

导轮 工件 托板 砂轮

d) 无心磨削　　　　e) 齿轮磨削　　　　f) 螺纹磨削　　　　g) 花键磨削

图 11-74　磨削的运动和加工范围

(1)纵磨法(图 11-75a)

磨削时砂轮作高速旋转的主运动,工件旋转并和工作台一起作往复直线运动,完成圆周进给和纵向进给运动,每当工件一次往复行程终了时,砂轮做周期性的横向进给运动。每次磨削量很小,磨削余量是在多次往复行程中切除的,

由于每次磨削量小,所以磨削力小,磨削热少,散热条件较好,还可以利用最后几次无横向进给的光磨行程进行精密,因此加工精度和表面质量较高。此外,纵磨法具有较大的适应性,可以用一个砂轮加工不同长度的工件。但是,它的磨削效率较低,因为砂轮的宽度处于纵向进给方向,其前部分的磨粒担负主要切削作用,而后部分的磨粒担负修光作用,故广泛用于单件、小批生产及精磨,特别适用于细长轴的磨削。

（2）横磨法（图 11-75b）

又称切入磨法，磨削时，工件没有纵向进给运动，而砂轮以很慢的速度作连续的横向进给运动，直至磨去全部磨削余量。由于砂轮全宽上各处的磨粒的切削能力都能充分发挥，因此磨削效率高。但因为没有纵向进给运动，砂轮由于修整不好或磨损不均匀所产生的形状误差会复映到工件上；并且因砂轮与工件的接触长度大，磨削力大，发热量多，磨削温度高。因此，磨削精度比纵磨法的低，而且工件表面容易退火和烧伤。横磨法一般适于成批及大量生产中，磨削刚性较好，长度较短的工件外圆表面或者两侧都有台阶的轴颈，如曲轴的曲拐颈等，尤其是工件上的成形表面，只要将砂轮修整成形，就可直接磨出，较为简便，生产率高。

（3）综合磨法（图 11-75c）

先用横磨法分段粗磨，相邻两段间有 5～10mm 的重叠量，留下 0.01～0.03mm 的余量，然后用纵磨法进行精磨。此法综合了横磨法和纵磨法的优点。

（4）深磨法（图 11-75d）

磨削时用较小的纵向进给量（一般取 1～2mm/r），较大的背吃刀量（一般为 0.3mm 左右），在一次行程中切除全部余量，生产率较高。为避免切削负荷集中和砂轮外圆棱角迅速磨钝，应将砂轮修整成锥形或阶梯形，外径小的阶梯面起粗磨作用，可修粗一些，外径最大的起精磨作用，修细些。此法磨削方法可获得较高的加工精度和生产率，粗糙度值较小，但砂轮的修整比较费时。深磨法只适用于大批大量生产中，加工刚度较大的工件，且被加工表面两端要有较大的距离允许砂轮切入和切出。

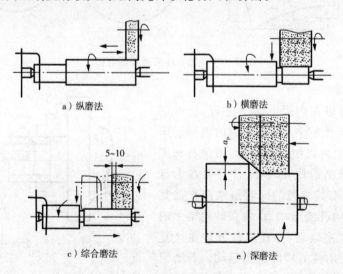

a）纵磨法　　　b）横磨法

c）综合磨法　　　e）深磨法

图 11-75　在外圆磨床上磨外圆

（5）无心磨法（图 11-76）

无心磨削在无心磨床上进行。磨削时工件不用顶尖支持，而是放在两个砂轮之间，下面由托扳支承，所以称为无心磨。两个砂轮中较小的一个是用橡胶结合剂做的，磨粒较粗，称为导轮，导轮线速度很低，无切削能力，靠摩擦力带动工件旋转；较大的一个是用来磨削工件的，称为磨削轮，线速度较高。为了使工件作轴向进给，导轮轴线在垂直平面

内应倾斜一角度 $\alpha(1°\sim5°)$，这样导轮和工件接触处的线速度 $v_{砂}$ 可分解为两个分速度：一个是沿工件圆周切线方向的 $v_{工}$，另一个是沿工件轴线方向的 $v_{通}$。因此，工件一方面旋转作圆周进给，另一方面作轴向进给运动。为了使工件与导轮能保持线接触，应当将导轮修整成双曲面形。

无心外圆磨削时，工件两端不需预先打中心孔，安装也比较方便；并且机床调整好之后，可连续进行加工，易于实现自动化，生产效率较高。工件被夹持在两个砂轮之间，不会因背向磨削力而被顶弯，有利于保证工件的直线性，尤其是对于细长轴类零件的磨削，优点更为突出。但是，无心外圆磨削要求工件的外圆面在圆周上必须是连续的，如果圆柱表面上有较长的键槽或平面等，导轮将无法带动工件连续旋转，故不能磨削。又因为工件被托在托板上，依靠本身的外圆面定位，若磨削带孔的工件，则不能保证外圆面与孔的同轴度。另外，无心外圆磨床的调整比较复杂。因此无心外圆磨削主要适用于大批量生产销轴类零件，特别适合于磨削细长的光轴。如果采用切入磨法，也可以加工阶梯抽、锥面和成形面等。

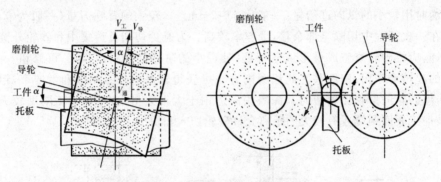

图 11-76　无心外圆磨削示意图

2. 孔的磨削

孔的磨削可以在内圆磨床上进行，也可以在万能外圆磨床上进行。目前应用的内圆磨床多是卡盘式的，它可以加工圆柱孔、圆锥孔和成形内圆面等。纵磨圆柱孔时，工件安装在卡盘上（图 11-77），在其旋转的同时沿轴向作往复直线运动（即纵向进给运动）。装在砂轮架上的砂轮高速旋转作主运动，并在工件或砂轮往复行程终了时做周期性的横向进给运动。若磨圆

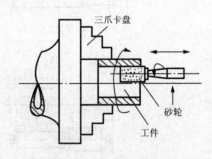

图 11-77　磨圆柱孔

锥孔，只需将磨床的头架在水平方向偏转一个斜角即可。

磨孔与磨外圆比较，存在如下主要问题：

（1）表面粗糙度较大

由于磨孔时砂轮直径受工件孔径限制，一般较小，磨头转速又不可能太高（一般低于20000r/min），故磨削速度较磨外圆时低。加上砂轮与工件接触面积大，切削液不易进入磨削区，所以磨孔的表面粗糙度较磨外圆时大。

(2)生产率较低

磨孔时,砂轮轴细、悬伸长,刚性很差,不宜采用较大的背吃刀量和进给量,故生产率较低。由于砂轮直径小,为维持一定的磨削速度,转速要高,增加了单位时间内磨粒的切削次数,磨损快;磨削力小,降低了砂轮的自锐性,且易堵塞。因此需要经常修整砂轮和更换砂轮,增加了辅助时间,使磨孔的生产效率进一步降低。

磨孔与铰孔、拉孔相比,有以下特点:

可磨削淬硬工件的孔;即可保证孔的尺寸精度和表面质量,又可提高孔的位置精度和轴线的直线度;用同一砂轮可以磨削不同直径和长度的孔,且不仅可以磨通孔,还可以磨削阶梯孔和盲孔等,适应性较大;但生产率比铰孔、拉孔低。因此,内圆磨削在单件小批生产中应用较多,特别是对于非标准尺寸的孔,其精加工用磨削更为合适。

3. 平面的磨削

与平面铣削类似,可以分为周磨和端磨两种方式。周磨是利用砂轮的圆周面进行磨削(图 11-78a、b),端磨是利用砂轮的端面进行磨削(图 11-78c、d)。

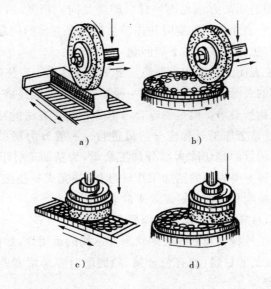

图 11-78 平面的磨削

周磨时,砂轮与工件的接触面积小,磨削力小,磨削热少,冷却与排屑条件好,砂轮磨损均匀,所以加工质量较高,但效率较低,适于单件小批,以及大批大量生产中加工质量要求较高的工件(例如齿轮等盘套类零件的端面以及平形板条状的中小型零件)。卧轴矩台平面磨床适用性好,是周磨时最常用的机床。周磨后的两平面之间的尺寸公差等级可达 IT6~IT5,表面粗糙度值 R_a 为 0.4~0.1μm,直线度可达 0.02~0.03mm/m。

端磨时,砂轮轴悬伸长度短,刚性好,可采用较大的磨削用量,生产率较高。但砂轮与工件接触面积较大,发热量多,冷却与散热条件差,工件热变形大,易烧伤,砂轮端面各点圆周速度不同,砂轮磨损不匀,所以磨削质量较低。一般用于磨削精度要求不高的平面,或代替铣削、刨削作为精加工前的预加工。

平面磨削利用电磁吸盘装夹工件,操作简单方便,且能同时装夹多个工件。工件定位面被均匀吸紧,能保证定位面与加工面间的平行度要求。如磨削互为基准相对的两平面,则可提高平行度。此外,使用具有磁导性夹具,可磨削垂直面和倾斜面。磨削铜、铝等非磁性材料,可用精密虎钳装夹,然后用电磁吸盘吸牢,或采用真空吸盘进行装夹。键、垫圈、薄壁套等小尺寸工件与吸盘接触面小,吸力弱,易被磨削力弹飞或挤碎砂轮,因此装夹时需在工件周围用面积较大的铁板围住。

11.6　典型表面加工分析

零件的结构形状虽然多种多样,但都可以把它们视为是一些典型表面,如外圆面、孔、平面和成形面的组合。这些典型表面不仅具有一定的形状和尺寸,而且还要达到一定的技术要求,如尺寸精度、形位精度和表面质量等。

工件表面的加工过程,实际上就是获得符合要求的工件表面的过程。由于表面的类型和要求不同,所采用的加工方法也不一样。即使是同一精度,所采用的加工方法也是各种各样。在选择某一表面加工方案时往往涉及到许多方面的问题,需要对其进行综合分析,具体选择加工方法时应该考虑下列问题:

(1)应根据被加工表面的精度和表面质量要求来选择加工方法确定加工顺序。

对于要求比较高的表面,往往不是仅用一种加工方法就能经济、高效地加工出来;也不是只加工一次就能达到要求。而是要综合考虑各种加工方法的特点,采用多种方法相组合的加工方案,并且整个加工过程应分阶段进行。一般分为粗加工、半精加工和精加工三个阶段。粗加工的目的是切除大部分加工余量,为精加工打下一个比较好的基础。半精加工的目的是为各主要表面的精加工作好准备,并完成一些次要表面的加工。精加工的目的是获得符合精度和表面粗糙度要求的表面。

(2)应考虑被加工材料的性能及热处理要求。

各种加工方法对工件材料及其热处理状态有不同的适用性,如淬硬钢的精加工一般都要用磨削;而硬度太低的材料(如有色金属等)磨削时容易堵塞砂轮,所有的精加工要采用精细车、精细镗等。

(3)应考虑生产批量的大小来确定加工方法。

如非圆内表面的加工方法有插削和拉削,但小批量生产时,选插削比较适宜。大批量生产时,选拉削比较适宜,因为拉刀的制造成本高、生产率高。但也有例外,花键孔为保证其精度,小批生产时也采用拉刀。

(4)应考虑到工件的结构形状和尺寸是否与加工方法相适应。

工件的结构形状和尺寸涉及工件的装夹与切削运动方式,对加工方法的限制较多。如孔的加工方法有多种,但箱体等较大的零件不宜采用磨削和拉削,普通内圆磨床只能磨套类零件的孔,铰削适于较小且有一定深度的孔,车削适于回转体轴线上的孔。

(5)应考虑到本单位的设备情况、工人的技术水平等。

在选择加工方法时,应考虑在现有生产条件下,积极采用新技术和新工艺,提高经济效益。

本节将通过对常见典型表面加工的分析来说明各种加工方法的综合运用。

11.6.1 外圆面的加工

外圆面是轴、套、盘类零件的主要表面,这类零件在机器中占有相当大的比例。不同零件上的外圆面或同一零件上不同的外圆面,往往具有不同的技术要求,需要结合具体的生产条件,拟定较合理的加工方案。

1. 外圆面的技术要求

对外圆面的技术要求,主要有:

(1)尺寸和形状精度。直径和长度的尺寸精度、外圆面的圆度、圆柱度等形状精度。

(2)位置精度。与其他外圆面或孔的同轴度、与端面的垂直度等。

(3)表面质量。主要指的是表面粗糙度、对某些重要零件,还对表层硬度、残余应力和显微组织等有要求。

2. 外圆面加工方案的分析

外圆的切削加工方法有:车削、普通磨削、精密磨削、砂带磨削、超精加工、研磨和抛光等。外圆面常用加工方案框图如图 11-79 所示,图中所列出的 9 种加工方案,按其主干大致可归纳为车削类和车磨类,供选择时参考。

车削类方案①②③一般用于加工中等精度的盘套、短轴销类零件的外圆,有色金属件的外圆以及零件结构不宜磨削的外圆(如止口外圆)等。方案②、③只用于少数零件的精密加工,其中②多用于单件小批生产,⑧多用于大批大量生产,且不宜加工黑色金属件。

车磨类方案④⑤⑥⑦⑧⑨用于加工除有色金属以外的结构形状适宜磨削而精度又较高的各类零件上的外圆,尤其适用于要求淬火处理的外圆。方案⑤⑥⑦⑧只用于少数零件的精密加工,其中⑤⑥多用于单件小批生产,⑦⑧多用于大批大量生产。方案⑨主要用于电镀前的预加工。

11.6.2 孔的加工

孔是盘、套类和支架、箱体类零件的重要表面之一。与外圆相比,孔有两个显著特点:一是孔的类型多,二是孔的加工难度大。根据孔的结构和用途,可将孔分为以下几种类型:

① 紧固孔(如螺钉孔等)和其他非配合的油孔等;

② 回转体零件上的孔,如套筒、法兰盘及齿轮上的孔等;

③ 箱体类零件上的孔,如床头箱箱体上的主轴和传动轴的轴承孔等。

④ 深孔,即 $L/D>5\sim10$ 的孔,如车床主轴上的轴向通孔等;

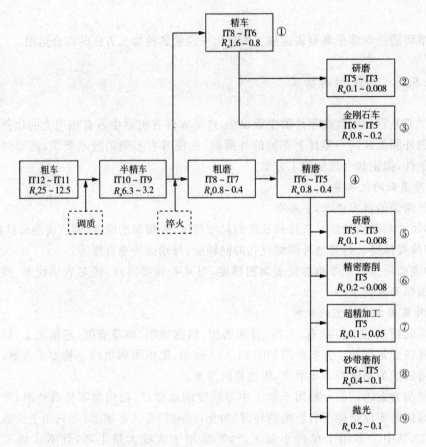

图 11 - 79 外圆表面常用加工方案框图

⑤ 圆锥孔,如车床主轴前端的锥孔以及装配用的定位销孔等。

这里仅讨论圆柱孔的加工方案,由于对各种孔的要求不同,也需要根据具体的生产条件,拟定较合理的加工方案。

1. 孔的技术要求

与外圆面相似,孔的技术要求也主要有:

(1)尺寸精度孔径和孔深的尺寸精度;孔的形状精度,如圆度、圆柱度及轴线的直线度等。

(2)位置精度。孔与孔,或孔与外圆面的同轴度;孔与孔,或孔与其他表面之间的尺寸精度、平行度及垂直度等。

(3)表面质量表面粗糙度和表层物理力学性能要求等。

2. 孔加工方案的分析

孔的加工方法很多,常用的加工方法有钻孔、扩孔、铰孔、车孔、镗孔、拉孔、磨孔等。

孔的加工方案也很多,最常用的加工方案框图如图 11 - 80 所示,图中所列出的 10 种加工方案,按其主干大致可归纳为四类,即车(镗)类、车(镗)磨类、钻扩铰类和拉削类,供选择时参考。

(1)车(镗)类方案①②③用于加工除淬硬钢件以外孔径＞8(常用孔径＞15)的各种

金属件上的孔。其中方案①②③只用于少数精密零件的精密加工。方案①多用于单件小批生产，方案②③多用于大批大量生产。

（2）车（镗）磨类方案⑤⑥⑦用于加工淬硬和不淬硬钢件上的孔，除有色金属件以外的轴、盘、套类金属件上高精度孔。方案⑤多用于单件小批生产，方案⑥⑦多用于大批大量生产。

（3）钻扩铰类方案⑨用于加工不淬硬的中批生产中的孔以及各种批量中的小孔和细长孔。

（4）拉削类方案⑩用于加工大批大生产中除淬硬件以外的结构适宜拉削的孔。一般深径比≤5，孔径为 $\phi 8 \sim \phi 100$。

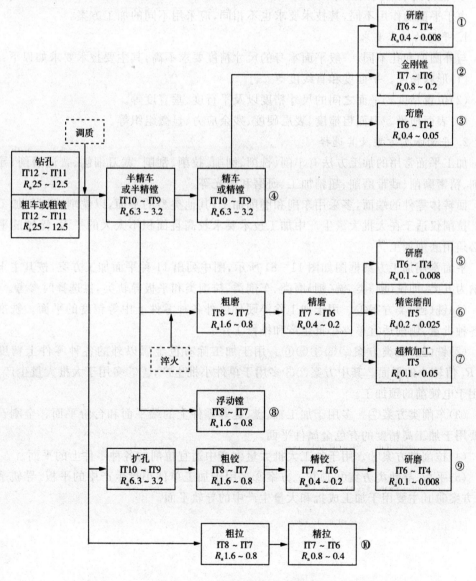

图 11-80　孔常用加工方案框图

11.6.3　平面的加工

平面是组成平板、支架、箱体、床身、机座、工作台以及各种六面体零件的主要表面之一。

据平面所起的作用不同,大致可以分为如下几种:

◆ 非结合面,这类平面只是在外观或防腐蚀需要时才进行加工;

◆ 结合面和重要结合面,如零部件的固定连接平面等;

◆ 导向平面,如机床的导轨面等;

◆ 精密测量工具的工作面等。

由于平面的作用不同,其技术要求也不相同,应采用不同的加工方案。

1. 平面的技术要求

与外圆面和孔不同,一般平面本身的尺寸精度要求不高,其主要技术要求如以下:

(1)形状精度。平面度和直线度等。

(2)位置精度。平面之间的尺寸精度以及平行度、垂直度等。

(3)表面质量。表面粗糙度、表层硬度、残余应力、显微组织等。

2. 平面加工方案及其选择

加工平面常用的加工方法有车削、铣削、刨削、拉削、刮削、宽刀细刨、普通磨削、导轨磨削、精密磨削、砂带磨削、超精加工、研磨和抛光等。

回转体零件的端面,多采用车削和磨削加工;其他类型的平面,以铣削或刨削加工为主。拉削仅适于在大批大量生产中加工技术要求较高且面积不太大的平面,淬硬的平面则必须用磨削加工。

平面常用加工方案框图如图 11-81 所示,图中列出 11 种平面加工方案,按其主干可归纳为五类,即铣(刨)类、铣(刨)磨类、车削类、拉削类和平板导轨类,供选择时参考。

(1)铣(刨)类方案①。用于加工除淬硬件以外各种零件上中等精度的平面。铣削适宜各种批量,刨削适宜单件小批生产和维修工作。

(2)铣(刨)磨类方案②③④⑤⑥。用于加工除有色金属以外的各种零件上精度较高、R_a 值较小的平面。其中方案②③多用于单件小批生产;④⑤多用于大批大量生产;⑥多用于电镀前的预加工。

(3)车削类方案⑦。多用于加工轴、盘、套等零件上的端平面和台阶平面。金刚石车主要用于加工高精度的有色金属件平面。

(4)拉削类方案⑧。用于加工大批大量生产中适宜拉削的各种零件上的平面。

(5)平板、导轨类方案⑨⑩⑪。方案⑨多用于加工单件小批生产中的平板、导轨平面等;方案⑩⑪主要用于加工成批和大量生产中的导轨平面。

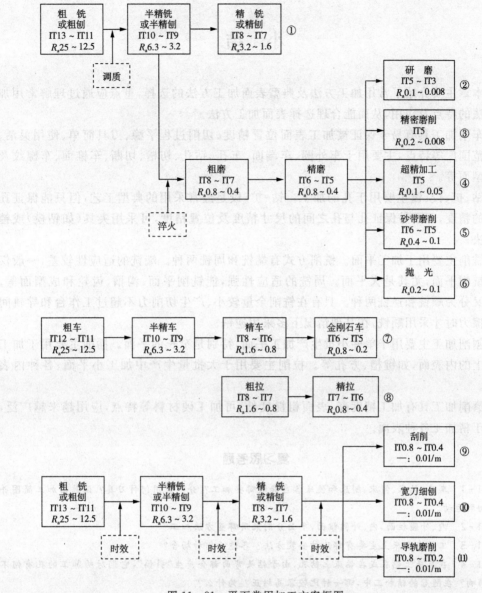

图 11-81　平面常用加工方案框图

先导案例解答

　　孔的加工方法:$\phi 7$ 孔采用钻削方法,沉孔 $\phi 12$ 采用锪孔的方法;$\phi 14$ 孔采用钻削方法,沉孔 $\phi 20$ 采用锪孔的方法;$\phi 18$ 孔采用钻-扩的方法加工;$\phi 25$、$\phi 30$ 孔采用镗孔。

　　平面的加工方法:底面、顶部 $\phi 30$ 台阶面、后侧 $\phi 30$ 台阶面、右侧 $\phi 45$ 台阶面都采用铣削方法加工。

小　结

本章主要介绍了常用加工方法及典型表面加工方法的选择,重点应通过理解常用加工方法的特点及应用,从而能合理选择表面加工方法。

车削加工具有易于保证被加工表面位置精度、切削过程平稳、刀具简单、使用灵活、应用范围广等特点,主要用于车外圆、车端面、车孔、钻孔、切槽、切断、车锥面、车螺纹及车成型面等。

钻、扩、铰、镗主要用于孔的加工。钻-扩-铰是经常采用的典型工艺,但只能保证孔本身的精度,而不易保证孔与孔之间的尺寸精度及位置精度,可采用夹具(如钻模)或镗孔解决。

铣削主要用于加工平面。铣削方式有端铣和周铣两种。端铣的适应性较差,一般仅用于铣削平面,尤其是大平面。周铣的适应性强,能铣削平面、沟槽、齿轮和成型面等。周铣又分为顺铣和逆铣两种。只有在铣削余量较小、产生切削力不超过工作台和导轨间的摩擦力时才采用顺铣,在其他情况下多采用逆铣。

刨削加工主要用于单件小批生产加工平面,特别是窄长的平面。插削主要用于加工工件上的内表面,如键槽、方孔等。拉削主要用于大批量生产中加工小平面、各种内表面等。

磨削加工具有加工精度高、表面粗糙度低、可加工硬材料等特点,应用越来越广泛,可用于精加工各种表面。

复习思考题

11-1　车床、钻床、镗床、刨床和铣床各自能做哪些加工?分别使用何种刀具?试画出加工简图并标出切削运动。

11-2　内、外圆柱面,内、外圆锥面,平面分别采用哪些方法加工?

11-3　工件在车床上主要有哪几种安装方法?各适于何种场合?

11-4　在车床上钻孔或在钻床上钻孔,由于钻头弯曲都会产生"引偏",它们对所加工的孔有何不同的影响?在随后的精加工中,哪一种比较容易纠正?为什么?

11-5　试述钻孔、扩孔、铰孔和锪孔的区别。

11-6　扩孔和铰孔为什么能达到较高的精度和较小的表面粗糙度?

11-7　台式钻床、立式钻床和摇臂钻床各适于何种场合应用?

11-8　何谓定尺寸刀具?本章所述哪些刀具是定尺寸刀具?

11-9　铣削、刨削和拉削的主运动、进给运动和加工范围有何异同?

11-10　常用铣刀有哪几种?各有何特点?各用于何种场合?

11-11　分析顺铣和逆铣的优、缺点及使用场合。

11-12　内圆磨削与铰孔、拉孔相比有何特点?

11-13　试决定下列零件外圆的加工方案:

① 小轴,420h7,RdO8

② 紫铜小轴,ϕ20h7,R_a0.8m,表面淬火 HRC 40~50。

11-14　下列零件上的孔,用何种方案加工比较合理

① 单件小批生产中,铸铁齿轮上的孔,$\phi 20H7,R_a1.6$;

② 大批大量生产中,铸铁齿轮上的孔,$\phi 50H7,R_a0.8\mu m$

③ 高速钢三面刃铣刀上的孔,$\phi 27H6,R_a0.2\mu m$;

④ 变速箱箱体(材料为铸铁)上传动轴的轴承孔,$\phi 62J7,R_a\mu m$。

11-15　试决定下列零件上平面的加工方案:

① 单件小批生产中,机座(铸铁)的底面,$L\times B=500mm\times 300mm,R_a3.2\mu m$;

② 成批生产中,铣床工作台(铸铁)台面,$L\times B=1250mm\times 300mm,R_a1.6\mu m$;

③ 大批大量生产户,发动机连杆(45 钢调质,217~255HB)侧面 $L\times B=25mm\times 10mm,R_a3.2\mu m$。

第 12 章 零件的结构工艺性

【本章知识点】

掌握零件结构工艺性的一般原则,能分析零件结构的合理性。

【先导案例】

如图 12-1 所示零件采用铣削方法进行加工是否合理?

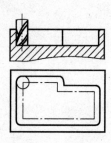

零件结构工艺性是指所设计的零件在能满足使用要求
的前提下,加工(包括毛坯成形、切削加工,热处理、装配和拆
卸等)零件的难易程度。零件的结构工艺性,是评价零件设
计好坏的一项重要技术经济指标。零件结构工艺性良好,是
指设计的零件,能用生产率高、劳动量小、材料消耗少和生产
成本低的加工方法制造出来,从而获得良好的经济效益。

图 12-1 零件图

随着科学技术的发展,先进工艺和新技术的不断涌现,使零件的结构工艺不断变化。
电火花、电解、激光、电子束和超声波加工等工艺的发展,使难加工材料、复杂形面,精密
微孔等的加工变得较为容易和方便。

零件的结构工艺性涉及零件加工各个环节,如毛坯制造、切削加工、热处理和装配
等。所以零件的结构工艺应从各个生产环节加以综合考虑。

12.1 一般原则

与铸件、锻件和焊件结构设计一样,设计切削加工零件结构时,不仅要考虑零件结构
满足使用性能的要求,而且还要考虑满足切削加工工艺对零件结构的要求,使设计的零
件结构与切削加工工艺特点相适应。

为了使零件在切削加工过程中具有良好的工艺性,对零件的结构设计提出以下原则
要求:

(1)零件结构应便于安装,定位准确,夹紧可靠;

(2)零件结构应便于加工和测量;

（3）零件结构应有利于保证加工质量和提高生产效率；

（4）零件参数应尽量采用标准参数，如孔径、齿轮模数、螺纹、键槽宽度等的标准化数值，以便采用标准刀具和通用量具，降低生产成本。

（5）尽量减少零件加工表面的数量和面积，降低对加工表面质量要求；

（6）既要结合本单位的具体加工条件（如设备和工人的技术水平等），又要考虑应与先进的加工工艺方法相适应；

（7）合理采用零件的组合。

12.2　实例分析

本节将通过实例分析，对零件切削加工的结构工艺性优劣作出对比说明，以供比较，见表 12-1。

表 12-1　零件结构的切削加工工艺性对比

设计原则	不合理结构	合理的结构	说　明
便于安装	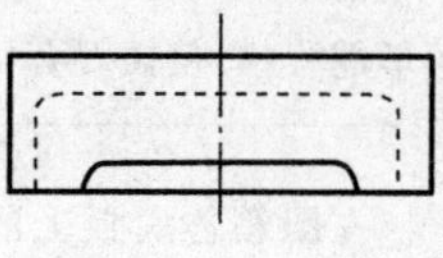	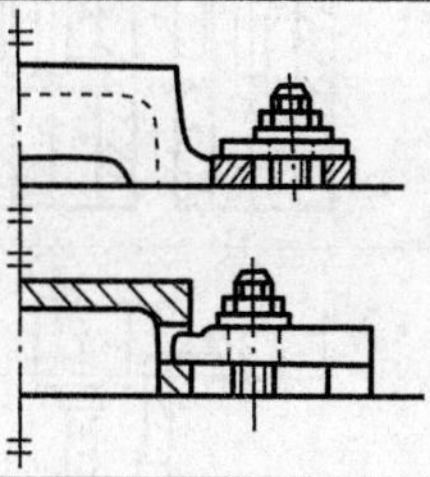	左图零件在龙门刨床或龙门铣床上加工上平面时，不便用压板、螺钉装夹在工作台上。右图零件增设了装夹凸缘或装夹孔，便容易可靠地夹紧，同时也便于吊装和搬运
	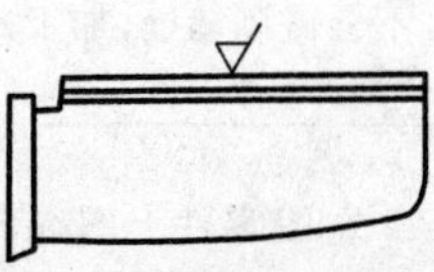	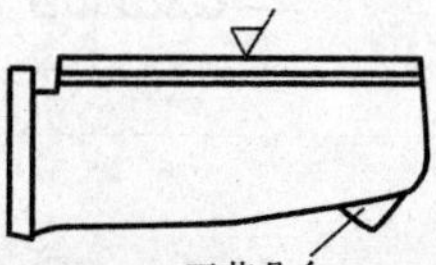	刨削较大型工件时，往往把工件直接安装在工作台上。为了刨削图示零件的上表面，必须使加工面水平。左图设计较难安装。右图设计，增加了工艺凸台，便容易安装。精加工后，再把凸台切除
	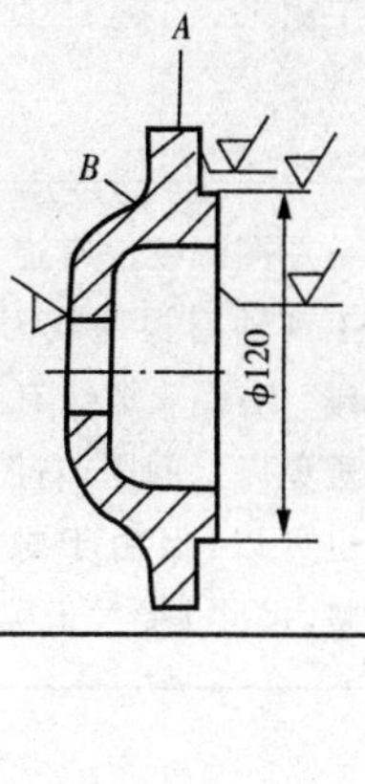	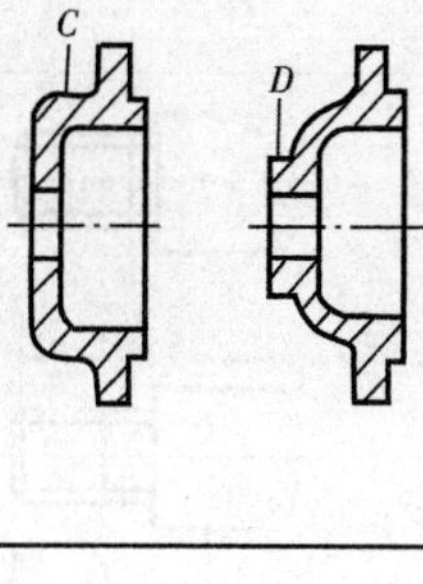	左图零件为轴承盖，要车削 φ120 外圆及端面，夹在 A 处，卡爪伸出长度不够，夹在 B 处，圆弧面与卡爪是点接触，不能夹紧工件。右图改为圆柱面 C 或增加辅助安装面 D 便容易夹紧。辅助面可在加工后切除（辅助安装面也可称为工艺凸台）

设计原则	不合理结构	合理的结构	说 明
便于加工和测量	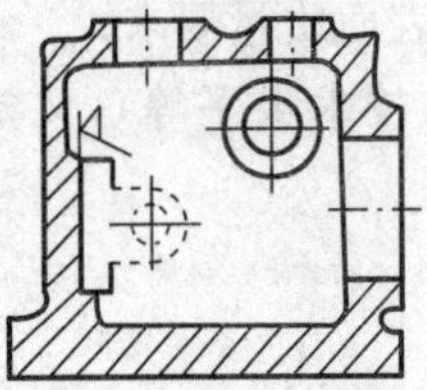	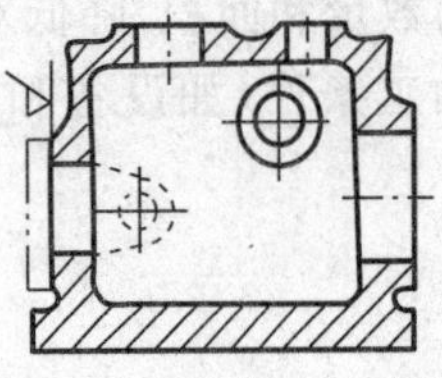	左图箱体内安放轴承座的凸台，加工和测量都不方便，右图改用带法兰的轴承座，使它和箱体外面的凸台连接，将内表面的加工改为外表面的加工就比较方便
	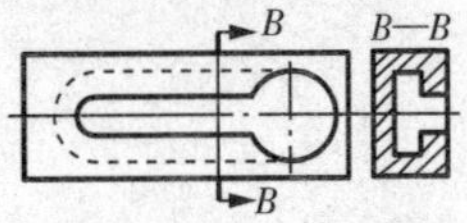 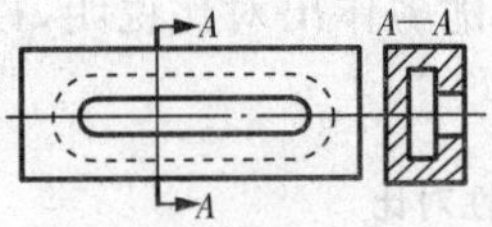		左图 a 零件，设计有封闭的 T 形槽，T 形槽铣刀无法进入槽内，左图 b) 零件 T 形槽铣刀可从大圆孔中进入槽内，但不容易对刀，不便操作和测量。右图零件设计成开口的形状，加工方便
	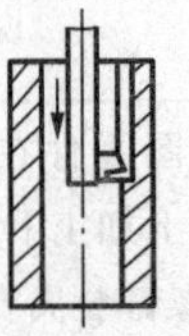	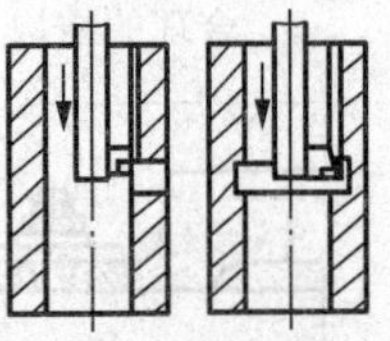	左图孔内不通键槽没有插刀切出的位置。右图孔内不通键槽前端设计了一个孔或一个环形越程槽，使插刀有切出空间
	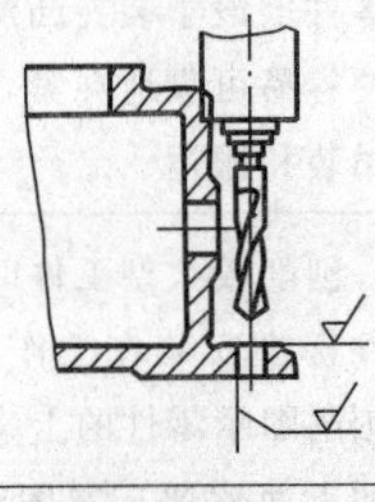	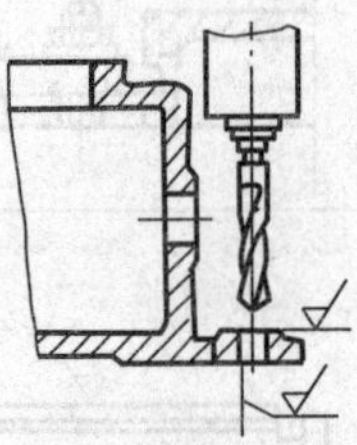	左图箱体底板上的小孔距离箱壁太近，使标准长度的麻花钻无法加工。左图箱体底板上的小孔距离箱壁比较远，钻卡头不会碰到箱壁，加工比较方便
	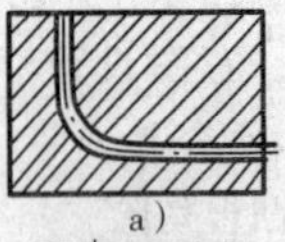 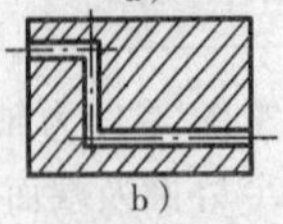	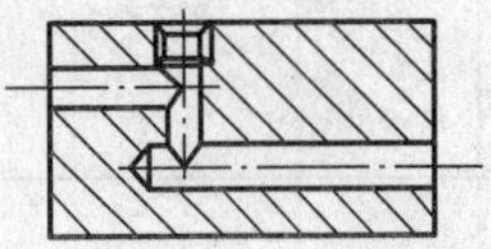	左图零件上图 a 的弯曲孔和图 b 的中段孔都无法钻出。右图零件上的孔加柱塞后即能加工出来。
		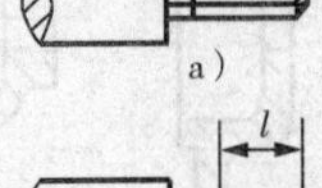 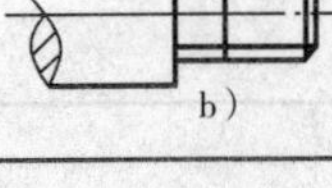	左图螺纹没有退刀槽，无法加工到轴肩根部或刀具与轴肩相碰。右图 a 螺纹有退刀槽，既可避免以上问题；右图 b 螺纹结构也可以，但由于螺尾牙形不完整，尺寸 l 要大于实际旋合长度

设计原则	不合理结构	合理的结构	说　明
利于保证加工质量和提高生产效率	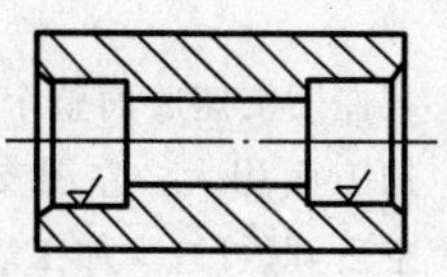	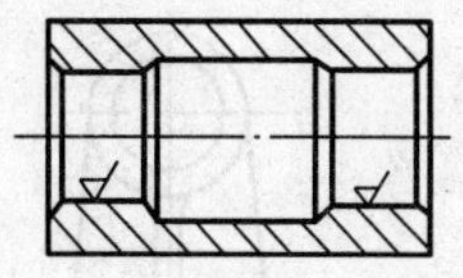	左图轴套两端的孔需两次安装才能加工出来。右图轴套可在一次安装中加工出来，既可减少安装次数又有利于保证两孔间的同轴度
	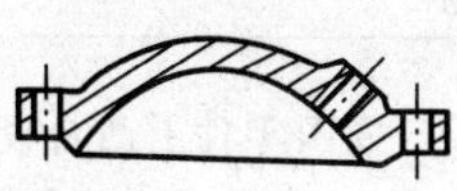	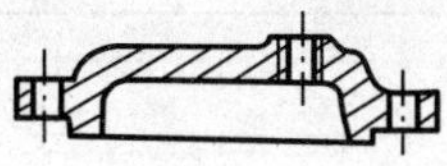	左图轴承盖上的螺孔设计成倾斜的，既增加了安装次数又使钻孔和攻丝都不方便。右图轴承盖上螺孔的设计减少了一次安装
	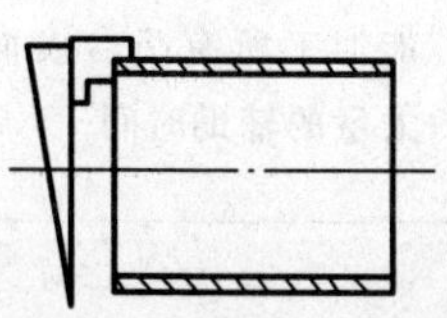	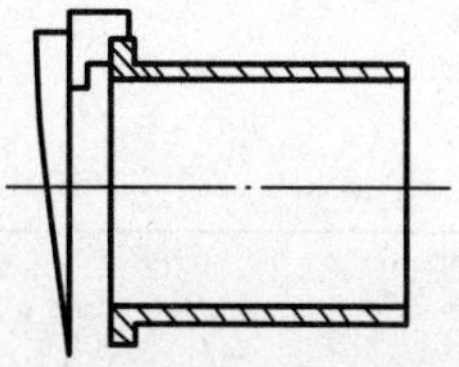	左图薄壁套筒，在卡盘卡爪夹紧力的作用下，容易变形，车削后形状误差较大。右图薄壁套筒增设了凸缘，提高了薄壁套筒的刚性
	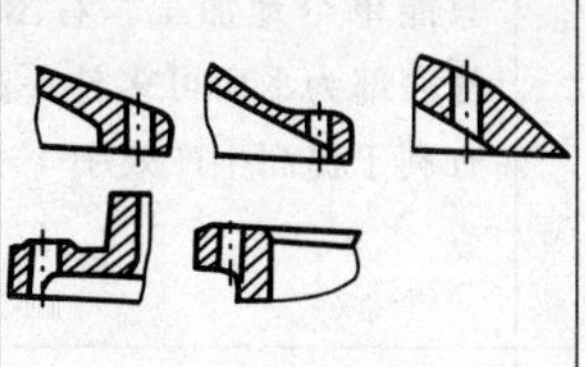	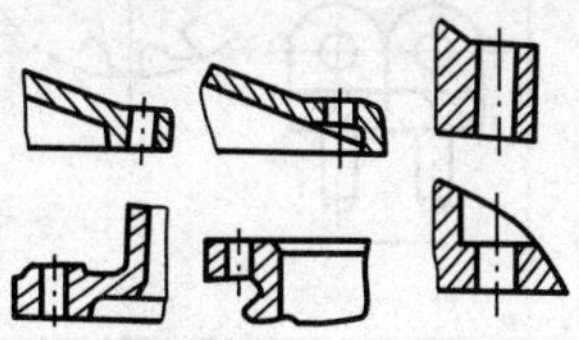	左图孔轴线不垂直于进口或出口的端面或钻头单边切削，钻孔时钻头容易产生偏斜或弯曲，甚至折断。右图孔的设计可以避免以上问题
	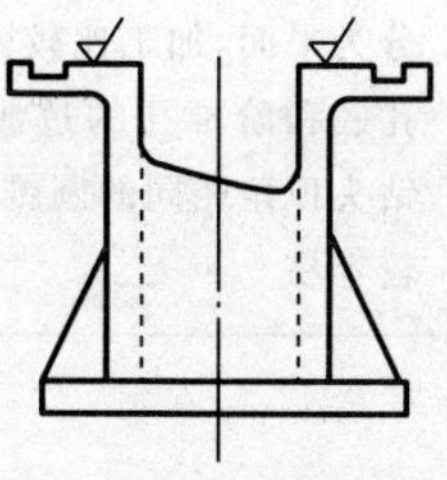	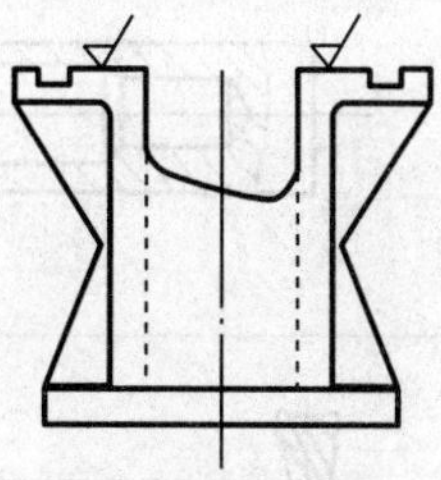	左图床身导轨，加工时切削力使边缘挠曲，产生较大的加工误差。右图床身导轨增设了加强筋，大大提高了刚性，可采用端铣刀铣削，提高生产率。
	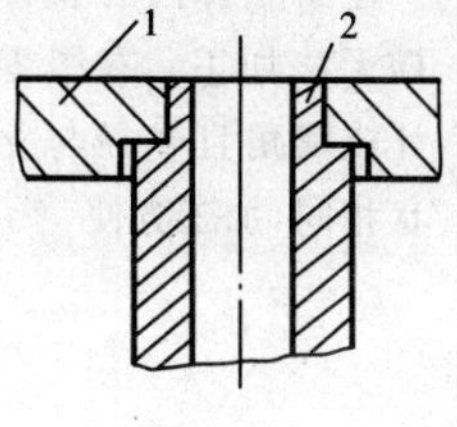	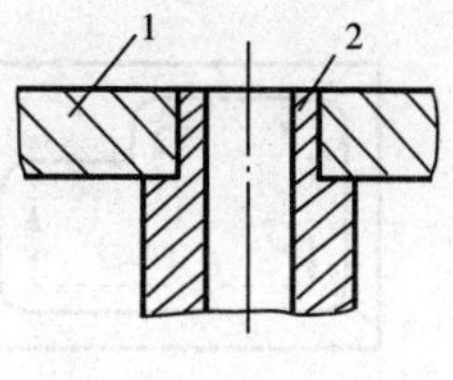	左图零件 1 设计成阶梯孔，加工比较困难。右图零件 1 设计成简单孔通孔，加工方便，可减少切削的工作量。

设计原则	不合理结构	合理的结构	说　明
尽量减小加工面积	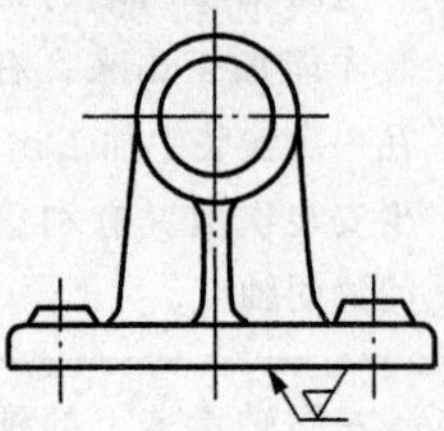	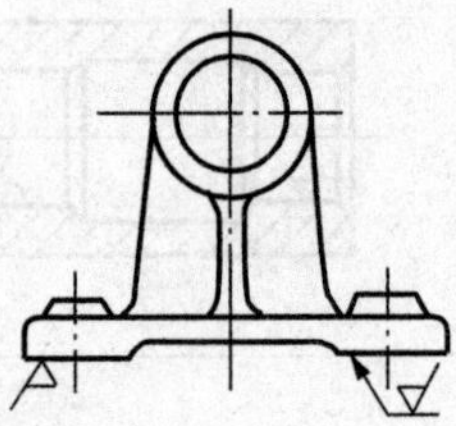	左图支座底面整个都要加工，加工面积大。左图支座底面挖空后，既可减少加工表面积又能保证装配时零件间很好地结合
尽量减小机床的调整时间	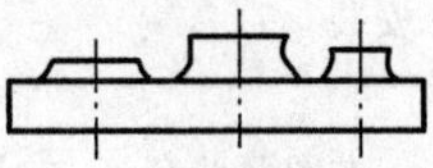	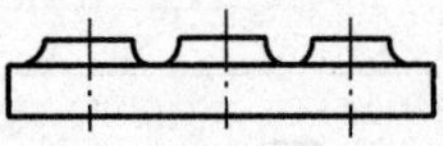	左图零件上凸台设计成不同高度，加工时，需要逐一调整工作台升降。右图零件上的凸台设计得等高，在一次走刀中，就能加工所有凸台表面。可节省大量的辅助时间
便于多件同时加工	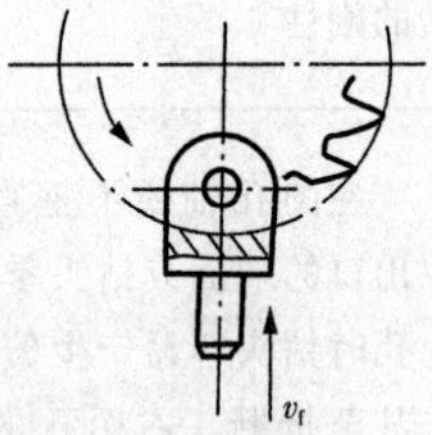	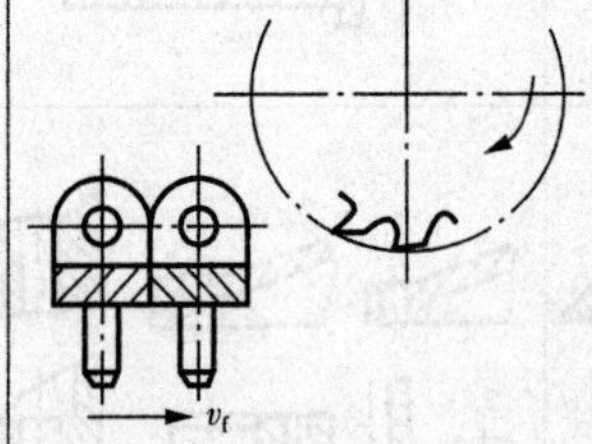	左图拨叉沟槽底部为圆弧形，只能单个地加工。右图拨叉沟槽底部为平面可多件一起加工，有利于提高生产效率
应能使用标准刀具加工	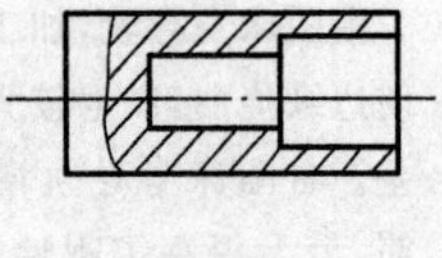	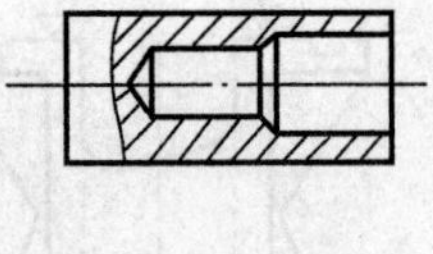	左图孔底和阶梯孔的过渡部分为平面，加工比较困难。右图孔底和阶梯孔的过渡部分为与钻头顶角相同的圆锥面，加工比较容易
应能使用标准刀具加工	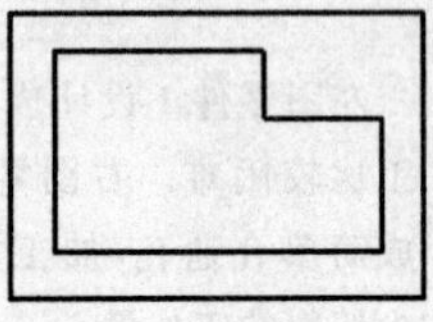	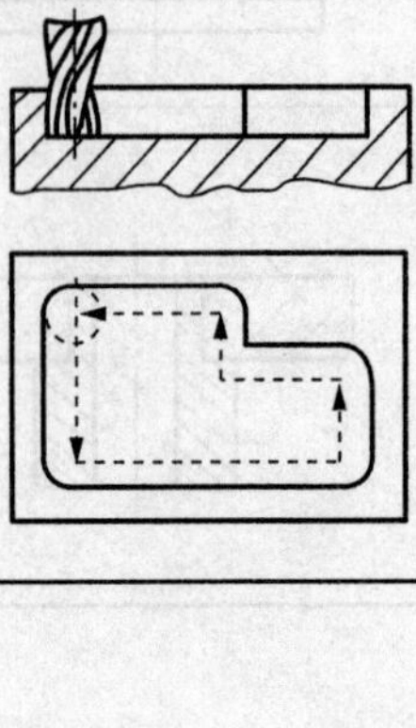	左图零件内腔设计成直角凹槽无法加工。右图零件内腔设计成圆角且半径与立铣刀的形状相同，加工方便

（续表）

设计原则	不合理结构	合理的结构	说　明
合理采用零件的组合	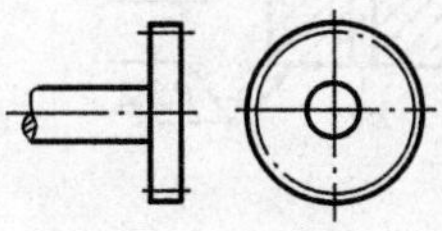	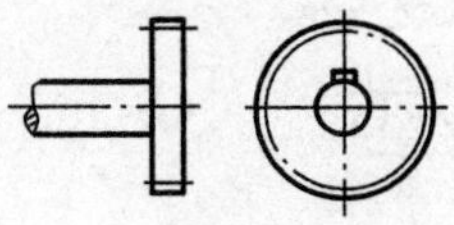	左图齿轮轴,轴较长齿轮较大,做成一体,很难加工。右图将其分成三件:轴、齿轮、键,分别加工,再装配到一起,加工很方便
	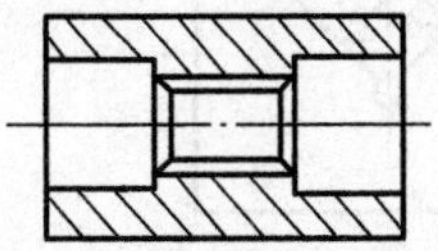	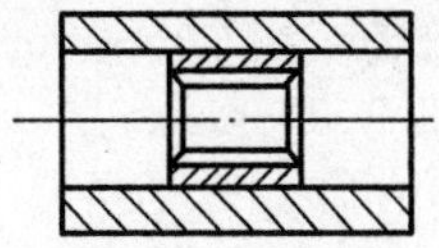	左图滑动轴套中部设计了花键孔,加工比较困难。右图将滑动轴套分为两件,即圆套和花键套分别加工,再组合起来,加工比较方便
	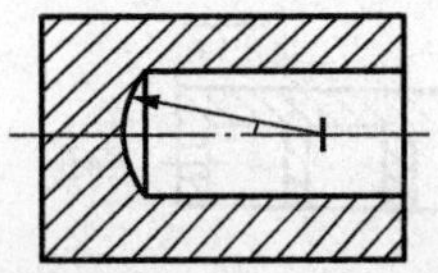	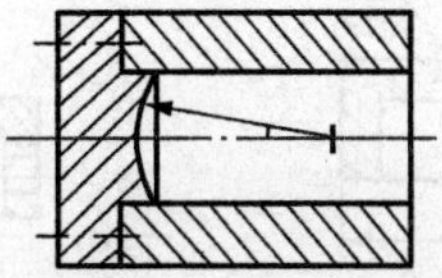	左图零件,设计了孔内凹面,很难加工。右图将零件分为两件,内凹面的加工变为外部加工,比较方便

　　需要说明的是,零件的结构工艺性是一个非常实际和重要的问题,上述原则和实例分析、只不过是一般原则和个别事例。设计零件时,应根据具体要求和条件,综合所掌握的工艺知识和实际经验,灵活地加以运用,以求设计出结构工艺性良好的零件。

🔍 先导案例解答

　　此结构不合理,因为铣刀的形状是圆形,加工时主运动是铣刀的旋转运动,不可能加工出直角。

小　结

　　本章简要介绍了零件结构的机械加工工艺性,分析了结构在零件加工和使用中的重要性,结合典型实例分析了零件结构加工工艺性的好坏。

复习思考题

　　12-1　什么是零件的结构工艺性? 试从切削加工的角度出发,零件要获得良好的结构工艺性应注意哪些问题?

　　12-2　如图所示为同一零件具有两种不同的结构设计,试从切削加工对零件结构工艺性的要求,对比两种结构的优劣,并分别说明理由。

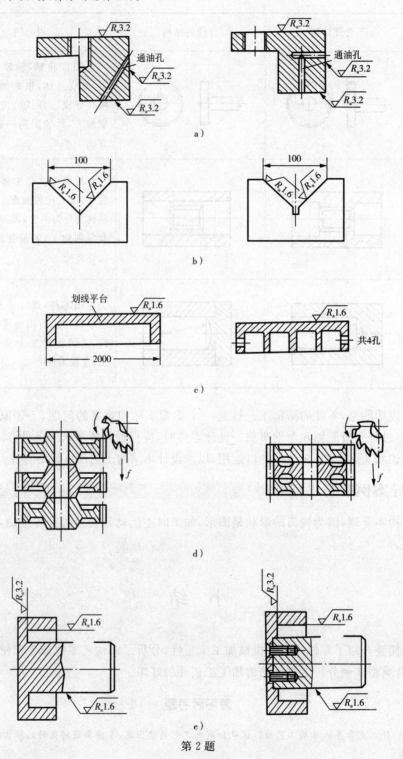

a)

b)

c)

d)

e)

第 2 题

12-3　分析图示各零件的结构,找出结构工艺性不合理的部位,并说明理由。绘出改进后的图形。

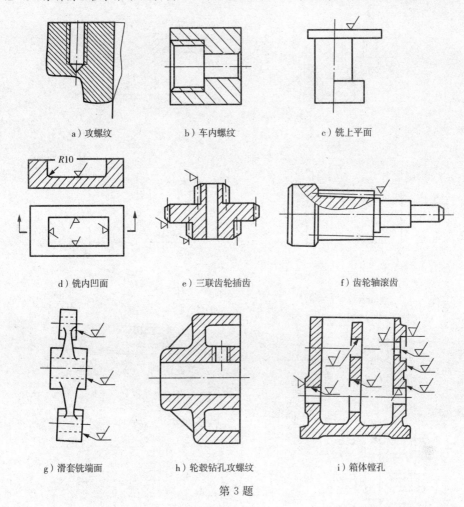

　　a) 攻螺纹　　　　　　　b) 车内螺纹　　　　　　c) 铣上平面

　　d) 铣内凹面　　　　e) 三联齿轮插齿　　　　f) 齿轮轴滚齿

　g) 滑套铣端面　　　　h) 轮毂钻孔攻螺纹　　　　i) 箱体镗孔

第 3 题